高职高专院校“十二五”规划教材

工程力学

主编　栾永华　刘玉娟

合肥工业大学出版社

图书在版编目(CIP)数据

工程力学/栾永华,刘玉娟主编.—合肥:合肥工业大学出版社,2014.1
ISBN 978-7-5650-1632-5

Ⅰ.①工… Ⅱ.①栾…②刘… Ⅲ.①工程力学—高等职业教育—教材 Ⅳ.①TB12

中国版本图书馆CIP数据核字(2013)第297533号

工 程 力 学

栾永华 刘玉娟 主编 责任编辑 武理静

出 版	合肥工业大学出版社	版 次	2014年1月第1版
地 址	合肥市屯溪路193号	印 次	2014年1月第1次印刷
邮 编	230009	开 本	787毫米×1092毫米 1/16
电 话	理工编辑部:0551—62903087	印 张	12
	市场营销部:0551—62903198	字 数	275千字
网 址	www.hfutpress.com.cn	印 刷	合肥现代印务有限公司
E-mail	hfutpress@163.com	发 行	全国新华书店

ISBN 978-7-5650-1632-5 定价:32.00元

前　言

本书为高职高专院校机电类专业系列教材之一，是根据教育部关于面向21世纪教学内容和课程体系改革的指示精神，依据目前高职高专院校的学生现状和人才培养目标，对传统的工程力学教材内容进行精选和改编。全书主要内容包括静力学和材料力学两部分：静力学部分包括力学基础、平面力系和空间力系；材料力学部分包括轴向拉伸和压缩、剪切与挤压的实用计算、圆轴扭转的强度和刚度计算、直梁弯曲强度计算、组合变形和压杆稳定问题。

在编写中，本着以全面素质为基础，能力为本位，理论教学达到够用、实用的原则，既注意学习、吸收有关高职高专院校工程力学课程改革的成果，又广泛征求了相关教师的建议与意见，注重实用性，切实培养学生应用能力、分析和解决问题的能力。因而本教材具有如下特点：

(1)重组教学内容，叙述力求简明，加强前后内容的贯通与一致性。

(2)在教材内容上，突出实用性，减少了一些不必要的理论推导，降低了难度。

(3)每章有“本章要点”，章后配有“本章小结”和习题，重点突出，便于学生在学习中掌握相关内容，培养他们独立思考问题和解决问题的能力。

本书由栾永华、刘玉娟主编，吉宁、柳艳为副主编，王淑君主审，参与编写的还有刘春光、邢佳磊、赵继东。编写分工如下：第1章、第9章由刘玉娟编写；第2章、第3章吉宁编写；第4章、第5章、第7章栾永华编写；第6章、第8章柳艳编写。刘春光、邢佳磊、赵继东参与编写了部分章节内容。

由于编者水平有限，错误和不足之处在所难免，恳请广大读者批评指正。

编　者

2013年10月

目　　录

第1篇　静力学

第2篇　材料力学

第1篇

静 力 学

【本篇要点】

(1)力、刚体、平衡、约束、力矩、力偶、力偶矩、摩擦、自锁的概念。

(2)静力学公理及推论、物体的受力分析。

(3)力的投影、力矩计算、力系的平衡、平面物体系的平衡(包括考虑摩擦时的平衡问题)问题的解法。

静力学主要是研究物体在力的作用下保持平衡的条件的科学,即研究物体平衡时作用于物体上的力应满足的条件。

在工程中,物体相对于地球处于静止或做匀速直线运动的状态称为平衡。静力学是研究物体在力的作用下处于平衡的规律以及如何建立各种力系的平衡条件。

在静力学中所指的物体都是刚体。所谓刚体是指物体在力的作用下,其内部任意两点之间的距离始终保持不变,这是一个理想化的力系模型。事实上,任何物体受力后或多或少都会发生变形。但是,对那些变形很小,忽略变形对问题的研究结果不仅没有影响而且可以使问题简化。这时,该物体可抽象为刚体。由于静力学中所研究的物体只限于刚体,所以又称为刚体静力学。

在工程实际中,经常遇到物体处于平衡状态下的受力分析问题。像许多机器的零件和结构构件,如机床的主轴、起重机的起重臂等,它们在工作时处于平衡状态或可近似地看做平衡状态。为了合理的设计这些零件和构件的形状、尺寸,选择恰当的材料,往往需要对它们进行的强度、刚度或稳定性的分析计算。为此,必须首先运用静力学知识,对零件和构件进行受力分析,并根据平衡条件计算出这些力。学习静力学,就为解决这类问题提供了必要的基础知识。

第 1 章　静力学基础

【本章要点】

本章主要介绍了静力学的基本概念、静力学公理、约束和约束反力、物体的受力分析等内容。通过对本章内容的学习，应达到以下要求：

(1)掌握静力学的基本概念，静力学的公理及对公理的熟练应用。

(2)掌握工程上常见的三种约束及约束反力的画法。

(3)熟练掌握物体的受力分析，会画物体的受力分析图，为后续学习奠定基础。

1.1　静力学的基本概念

1.1.1　力的概念

力的概念是人们从长期的生产劳动中获得的。例如，当人们用手握、推、拉及举起物体时，人手和物体之间有了相互作用，这种作用使得物体的运动状态或形状发生变化。可见，力是物体间相互的机械作用，这种作用使物体的运动状态发生变化，称为力的外效应。同时，力使物体的形状发生变化，称为力的内效应。

实践表明，力对物体的效应取决于力的三要素：力的大小，力的方向和力的作用点。三个要素中有任何一个要素改变时，力的作用效果也随之改变。

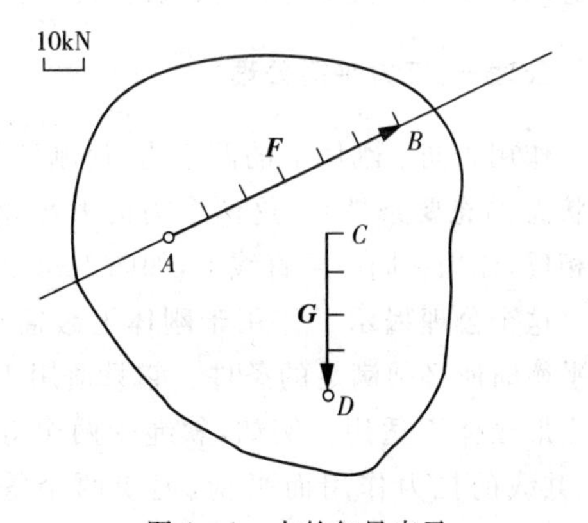

图 1-1　力的矢量表示

力的单位采用国际制单位牛顿(N)或千牛顿(kN)。力是矢量，可用一有向线段来表示，如图 1-1 所示。线段的长度按一定的比例尺寸表示力的大小，箭头表示力的方向，线段的起点(或终点)表示力的作用点。为了简化，矢量通常用一个加黑的斜体字母表示，如 $\boldsymbol{F}$(书写时，字母不加黑，也可表示为成 $\vec{F}$)，其值的大小用斜体字母 F 表示。

1.1.2 力系的概念

力系是指同时作用在物体上的一群力。如果两个力系对同一物体产生相同的效应，则称这两个力系等效。若一个力系和另一个力等效，则称这个力是该力系的合力，而力系中的各个力都是其合力的分力。求合力的过程称为力系的合成，求分力的过程称为力系的分解。

1.1.3 平衡的概念

物体的平衡是指物体相对于地面保持静止或做匀速直线运动状态。如果物体在力系作用下处于平衡状态，这个力系称为平衡力系。物体在力系的作用下处于平衡状态时所需满足的条件，称为力系的平衡条件。

静力学中研究的物体的平衡问题，实际上就是研究物体在力系的作用下处于平衡状态时所满足的平衡条件，应用这些条件解决实际问题。

1.1.4 刚体和变形固体的概念

刚体是受力后大小和形状都保持不变的物体。在正常情况下，工程上的机械零件在力的作用下发生的变形是很微小的，这种微小的变形对研究力的外效应影响很小。因此，在静力学分析中，把物体视为刚体。而在材料力学的研究中，物体的变形为主要因素，就不能将物体视为刚体，而是变形固体（变形固体是指在力的作用下，大小和形状都发生变化的物体）。

1.2 静力学公理

所谓公理，就是符合客观事实的真理。静力学公理是人们从长期的生产和生活实践中总结出来的，其正确性已被人们所公认，它是静力学的基础。

公理一：二力平衡公理

作用于同一刚体上的两个力，使刚体处于平衡状态的充要条件是：这两个力的大小相等、方向相反，作用在同一条直线上，如图 1-2 所示。

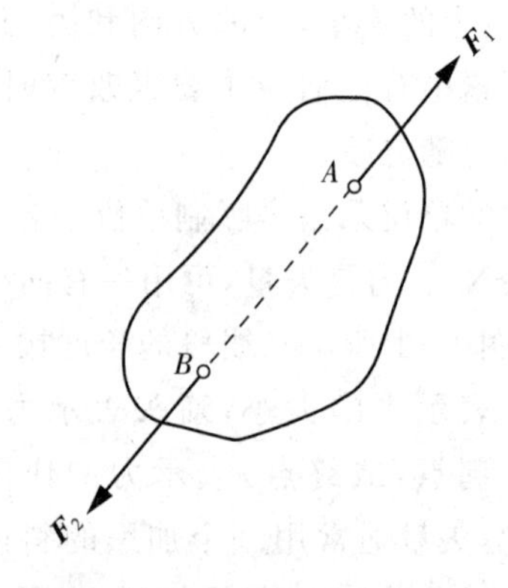

图 1-2 二力平衡

这个公理揭示了作用于刚体上最简单的力系平衡时所必须满足的条件。它只适用于刚体，对变形固体不适用。例如，软绳受两个等值、反向、共线的拉力作用而平衡，但受两个等值、反向、共线的压力作用时却不能平衡，如图 1-3 所示。

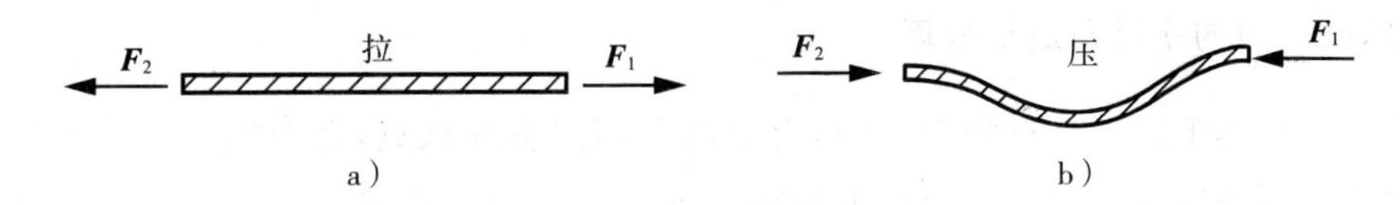

图 1-3　软绳受力情况

a)拉力作用　b)压力作用

工程上把只受到两个力作用而平衡的构件,称为二力构件。

公理二:加减平衡力系公理

在作用于刚体上的已知力系中,加上或减去任一平衡力系,都不改变原力系对刚体的效应。

推论:力的可传性原理

作用于刚体上的力可沿其作用线移到刚体任一点,而不改变该力对刚体的作用效应。

证明:(1)任一力 $\boldsymbol{F}$ 作用于刚体上的 A 点,如图 1-4a 所示。

(2)在力 $\boldsymbol{F}$ 的作用线上任取一点 B,并在 B 点加上一对平衡力系($\boldsymbol{F}_1$、$\boldsymbol{F}_2$),且 $F_2=F=-F_1$,如图 1-4b 所示。

(3)$\boldsymbol{F}$ 与 $\boldsymbol{F}_1$ 组成一对平衡力系,由加减平衡力系公理,从该力系中去除平衡力系($\boldsymbol{F}$、$\boldsymbol{F}_1$),刚体上只剩下 $\boldsymbol{F}_2$,且 $F_2=F$,如图 1-4c 所示,与原力等效。

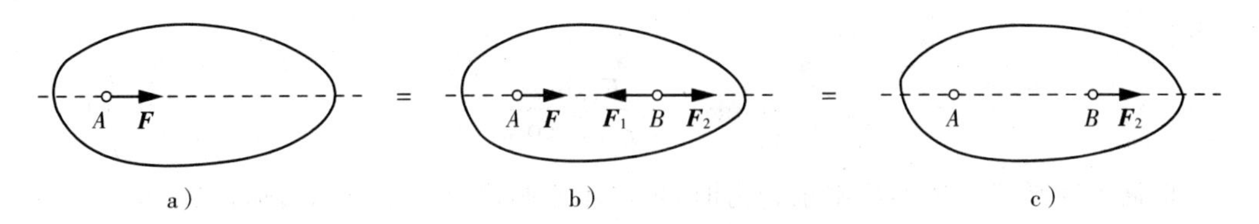

图 1-4　刚体上的作用力

a)力 $\boldsymbol{F}$ 作用　b)力 $\boldsymbol{F}$ 和平衡力系($\boldsymbol{F}_1$,$\boldsymbol{F}_2$)共同作用　c)力 $\boldsymbol{F}_2$ 作用

必须指出,力的可传性原理仅适用于刚体。对于需要考虑变形的固体,力沿其作用线移动后,会改变物体的受力和变形情况。如图 1-5a 所示的杆件,在平衡力系($\boldsymbol{F}$,$\boldsymbol{F}$)的作用下,产生拉伸变形,若去掉该平衡力系,则杆件无变形;如图 1-5b 所示,杆件在平衡力系($\boldsymbol{F}$,$\boldsymbol{F}$)的作用下,同样产生压缩变形,若去掉该平衡力系,则杆件无变形。

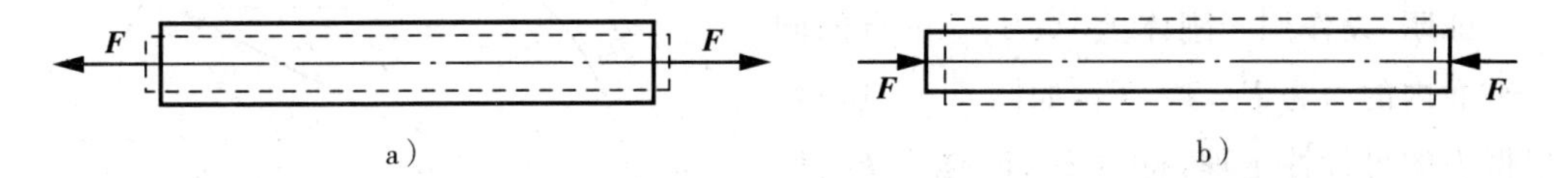

图 1-5　杆件的平衡力系

a)拉伸变形　b)压缩变形

公理三:力的平行四边形公理

作用于物体上同一个点的两个力,合力的作用点也在该点,合力的大小和方向是由这两个力为邻边的平行四边形的对角线确定的,如图 1-6a 所示。

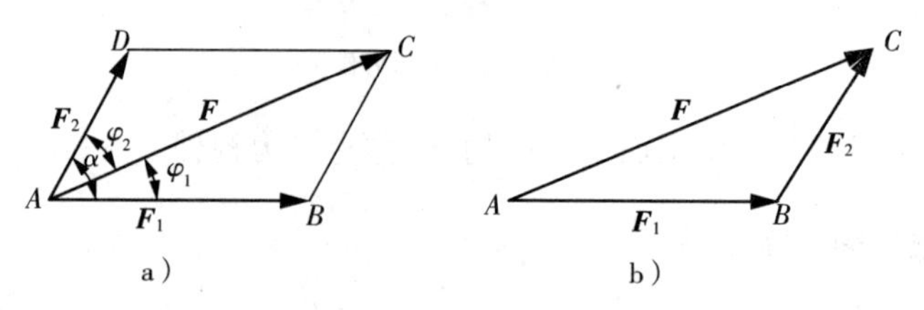

图 1-6　合力的大小与方向

a)平行四边形法则　b)三角形法则

由于力是矢量,因此两个相交力的合力不能简单地进行相加减,而必须按平行四边形法则求其合力,这种求合力的方法称为矢量加法。合力 $\boldsymbol{F}$ 等于原来两分力的矢量和,其表达式为

$$\boldsymbol{F}=\boldsymbol{F}_1+\boldsymbol{F}_2$$

合力的大小可由余弦定理计算,其大小为

$$F=\sqrt{F_1^2+F_2^2+2F_1F_2\cos\alpha} \tag{1-1}$$

合力的方向可用 $\boldsymbol{F}$ 与 $\boldsymbol{F}_1$(或 $\boldsymbol{F}_2$)之间的夹角 φ_1(或 φ_2)来表示,如图 1-6a 所示,其计算公式为

$$\tan\varphi_1=\frac{F_2\sin\alpha}{F_1+F_2\cos\alpha} \tag{1-2}$$

根据力的平行四边形法则求合力时,可以不必画出整个平行四边形,只需从 A 点开始先画矢量 $AB=\boldsymbol{F}_1$,过 B 点画 $BC=\boldsymbol{F}_2$,则 AC 就是力 $\boldsymbol{F}_1$、$\boldsymbol{F}_2$ 的合力 $\boldsymbol{F}$,这种求合力的方法称为三角形法则,如图 1-6b 所示。

应当指出,由两个分力求合力,其解是唯一的;但由一个合力求两个分力,则有无穷多解。在实际问题中,往往将一个力沿两垂直方向分解为两个互相垂直的分力。

推论:三力平衡汇交定理

若刚体受同一平面内而又互不平行的三个力作用而平衡时,则这三个力必汇交于一点。

证明:设作用于刚体上 A、B、C 三点的同一平面内的力为 $\boldsymbol{F}_1$、$\boldsymbol{F}_2$、$\boldsymbol{F}_3$,如图 1-7 所示。根据力的可传性定理,将力 $\boldsymbol{F}_1$、$\boldsymbol{F}_2$ 移至 $\boldsymbol{F}_1$、$\boldsymbol{F}_2$ 作用线的交点 O,根据公理三,将 $\boldsymbol{F}_1$、$\boldsymbol{F}_2$ 合成为 $\boldsymbol{F}_R$。现在,刚体上仅有 $\boldsymbol{F}_3$ 和 $\boldsymbol{F}_R$ 两个力作用。根据公理一,$\boldsymbol{F}_3$ 与 $\boldsymbol{F}_R$ 必在同一直线上,

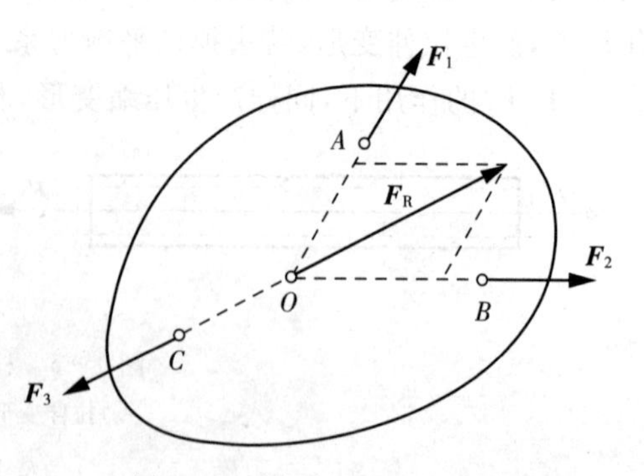

图 1-7　同一平面受力分析

所以 $\boldsymbol{F}_3$ 也通过 O 点，于是得证 $\boldsymbol{F}_1$、$\boldsymbol{F}_2$、$\boldsymbol{F}_3$ 均通过 O 点。

公理四：作用与反作用公理

两物体间相互作用的力，总是大小相等、方向相反、沿同一作用线，并且分别作用在两个物体上。

此公理概括了自然界中物体间相互作用的关系，指出力总是成对出现的，有作用力，必定有反作用力，两者同时存在，同时消失。

需要强调的是作用与反作用公理与二力平衡公理的区别，公理一是两个力作用在同一刚体上，并且是一对平衡力，而公理四是两个力作用在两个不同的物体上，并且作用力与反作用力也不能平衡。

1.3　约束与约束反力

1.3.1　约束与约束反力

在工程实际中，每个零部件总是以一定的形式与周围的其他零部件互相制约。例如，车辆受地面的限制使它只能沿地面运动；转轴受到轴承的限制，使其只能绕轴心转动等。

不受任何限制，可向任何方向自由运动的物体，称为自由体；受到周围物体的限制而不能任意运动的物体，称为非自由体。凡是限制非自由体运动的物体，称为约束。如图 1-8 所示，灯是非自由体，绳是灯的约束。例如上面提到的地面是车的约束，轴承是转轴的约束。

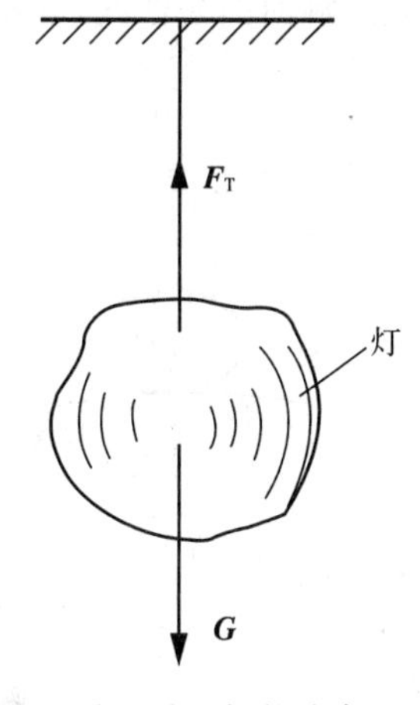

图 1-8　灯的约束

非自由体所受的力可分为两类：一类是使物体产生运动或运动趋势的力，称为主动力，其一般是给定或已知的；另一类是由约束引起的对物体的作用力，称为约束反力，约束反力是未知的。显然，主动力企图使物体运动，而约束反力限制物体的运动。因此，约束反力的方向是与该约束所能限制的物体的运动或运动趋势方向相反，其作用点总是在约束物体与被约束物体的接触处。

1.3.2　工程上常见的几种约束

1. 柔性约束

由绳索、链条或皮带等非刚性物体构成的约束称为柔性约束。这类约束只能受拉不能受压，并且只能限制物体沿约束中心线离开约束的运动，而不能限制其他方向的运动。所以，柔性约束的约束反力方向总是沿着约束中心线而背离被约束物体，通常用符号 $\boldsymbol{F}_T$

表示,如图 1-9 所示。

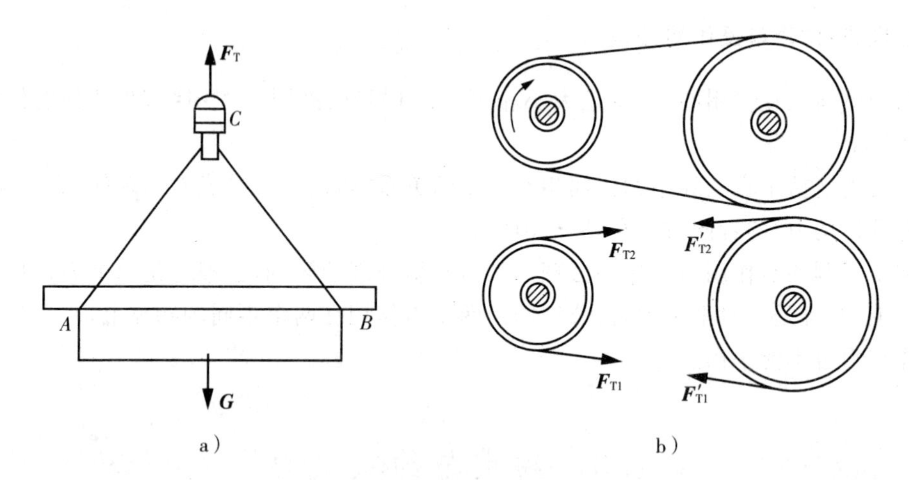

图 1-9 柔性约束力的方向

a)吊灯 b)皮带传动

2. 光滑面约束

两物体互相接触,如果略去接触面的摩擦力,即构成光滑面约束。这类约束是约束物体与被约束物体成点、线、面接触,它只能限制物体沿接触面共法线方向的运动,而不能限制被约束物体沿接触面切线方向的运动。因此,光滑面约束的约束反力是通过接触点,沿接触面的公法线,并指向被约束物体,通常用符号 $\boldsymbol{F}_{\mathrm{N}}$ 表示,如图 1-10 所示。

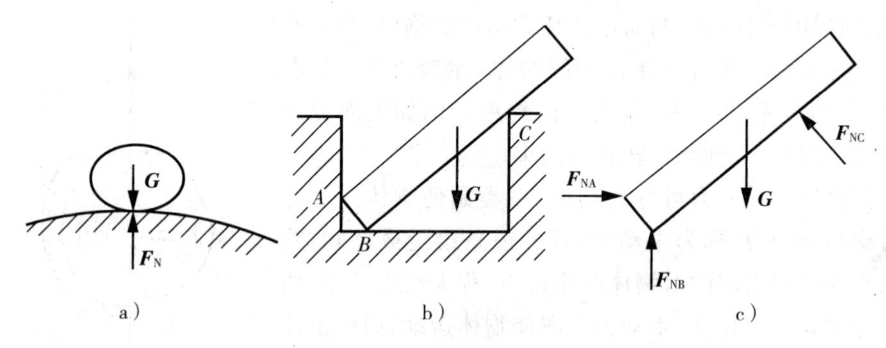

图 1-10 光滑面约束

a)圆形物体 b)长条形物体 c)长条形物体受力分析

3. 圆柱形铰链约束

两构件用一圆柱形销钉连接起来,所形成的约束称为圆柱形铰链约束。这种约束的实例如图 1-11a 所示。

这种约束的本质是光滑面约束,即销钉只能限制物体在垂直于销钉轴线的平面内沿径向的运动,而不能限制物体绕销钉轴线的转动和平行于销钉轴线的移动。因接触点的位置不确定,故约束反力的方向也不能预先确定。通常用两个相互垂直的分力 $\boldsymbol{F}_{\mathrm{N}x}$、$\boldsymbol{F}_{\mathrm{N}y}$ 来表示,如图 1-11b 所示。

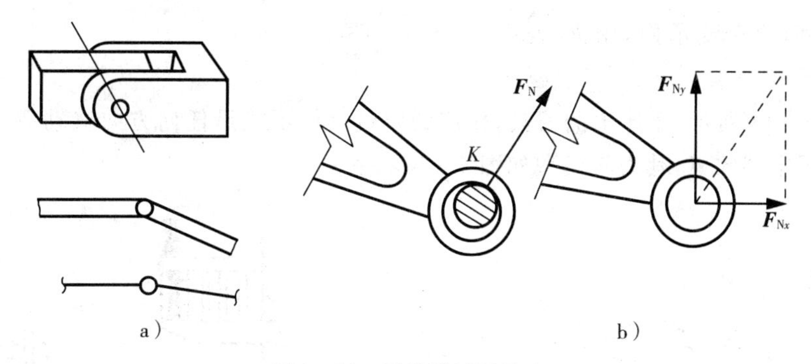

图 1-11　圆柱形铰链约束

a)圆柱形铰链　b)受力分析

圆柱形销钉连接常用于零部件的支座，有下面两种形式：

(1)固定铰链支座

它是由一个固定底座和一个构件用销钉连接而成的，其简图如图 1-12a 所示，其约束反力的分析方法和确定原则与圆柱形铰链的约束力相同，通常用两正交分力来表示，如图 1-12b 所示。

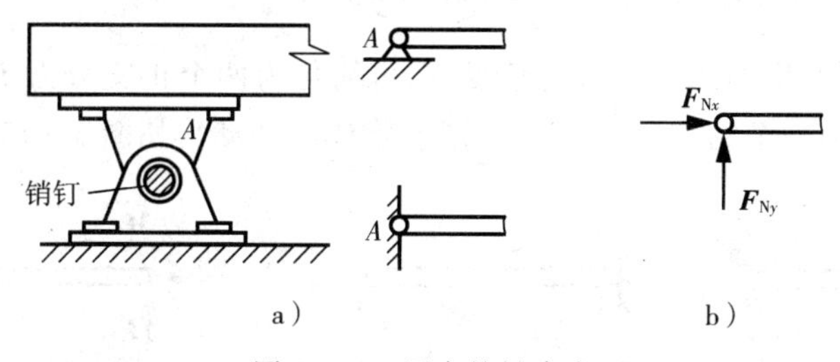

图 1-12　固定铰链支座

a)简图　b)受力分析

(2)活动铰链支座

将固定铰链支座底部安装一排滚轮，并与支承面接触，就构成活动铰链支座（见图 1-13a)，常用于桥梁、屋架、天车等工程结构中。这种约束只能限制构件沿支撑面垂直方向的运动，简化示意图如图 1-13b 所示。因此，活动铰链支座的约束反力通过铰

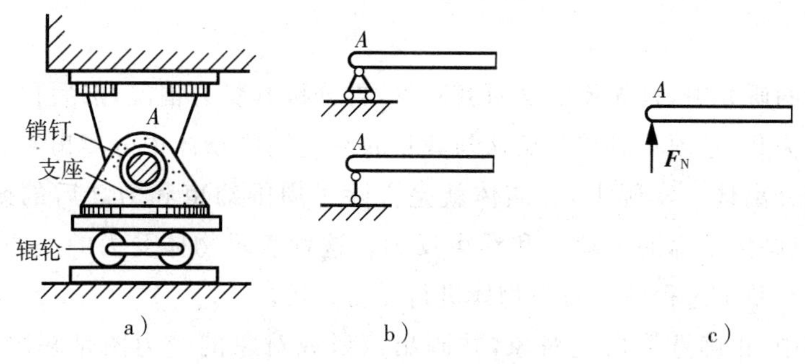

图 1-13　活动铰链支座

a)组成　b)简化示意图　c)力的方向

链中心，并垂直于支承面，用 $\boldsymbol{F}_N$表示(见图 1-13c)。

4. 固定端约束

如图 1-14 所示，车床上的刀具，楼房的阳台等均不能沿任何方向移动或转动，这种约束称为固定端约束，其力学模型如图 1-15a 所示。

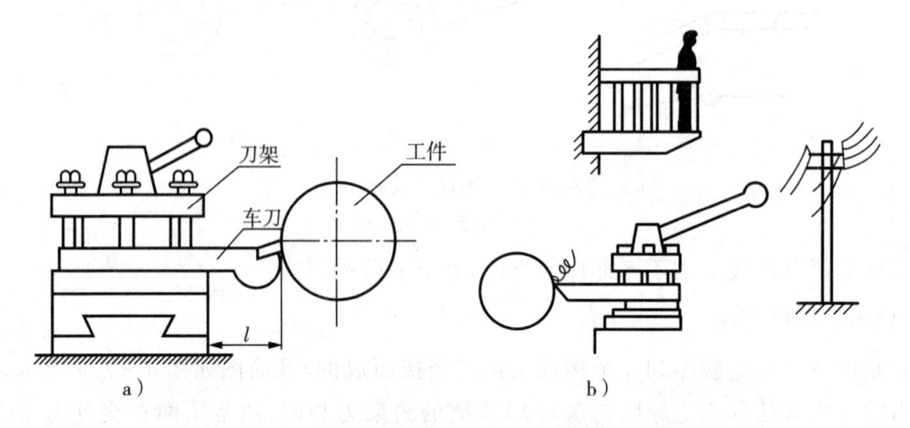

图 1-14 固定端约束实例

a)车床上的刀具 b)阳台

固定端约束所产生的约束反力比较复杂，可简化为两个正交分力 $\boldsymbol{F}_{Ax}$和 $\boldsymbol{F}_{Ay}$(两分力限制物体的移动)和一个约束反力偶 $\boldsymbol{M}_A$(限制物体的转动)，如图 1-15b 所示。

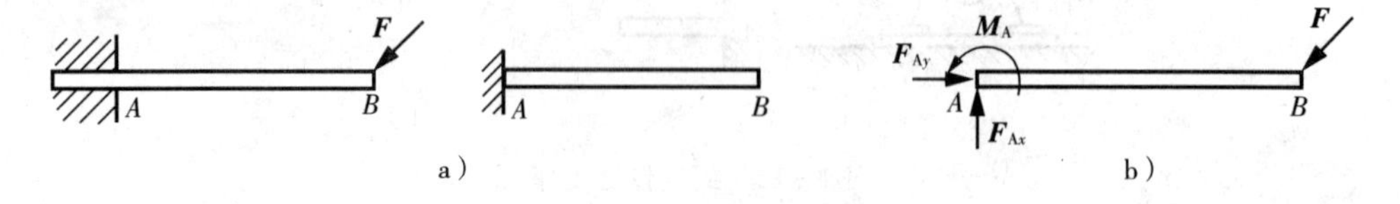

图 1-15 固定端约束力学分析

a)约束简图 b)受力分析

1.4 物体的受力分析和受力图

在静力学的研究中，首先要明确研究对象，再分析其受力情况，然后再用相应的平衡条件去计算。为此，必须将研究对象从与其相联系的周围物体中分离出来，单独画出，此时的物体称为分离体。实际上，分离体就是去除了周围约束和力之后的研究对象。然后，在分离体上画出全部的主动力和约束反力。这种表示物体受力的简明图形，称为该物体的受力图。整个过程就是对该物体进行受力分析。

在静力学中，正确选取研究对象，并画出该研究对象的受力图是解决问题的关键。画受力图的一般步骤为：

(1)根据题意确定研究对象，取分离体。

(2)在分离体上画出研究对象的全部主动力。

(3)在分离体上解除约束处画出研究对象的全部约束反力。

(4)检查受力图是否正确。

例 1.1　重量为 G 的球,用绳子拉住,放置在光滑的斜面上,如图 1-16a 所示,试画出小球的受力图。

解:(1)取小球为研究对象,画出分离体。

(2)画出主动力,小球的主动力只有 $\boldsymbol{G}$。

(3)画出约束反力,小球受到的约束有 C 点的柔性约束和 B 点的光滑面约束,故有两个约束反力,分别为 $\boldsymbol{F}_{\mathrm{T}}$ 和 $\boldsymbol{F}_{\mathrm{NB}}$。受力图如图 1-16b 所示。

(4)检查小球上所画之力是否正确、齐全。

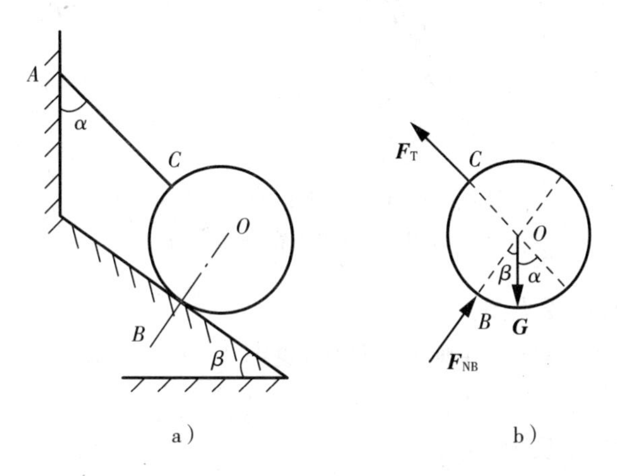

图 1-16　小球的受力情况

a)简图　b)受力分析

例 1.2　匀质杆 AB 的重为 G,A 端为光滑的固定铰链支座,B 端靠在光滑的墙面上,在 D 处受有与杆垂直的力 $\boldsymbol{F}$ 的作用,如图 1-17a 所示。试画出 AB 杆的受力图。

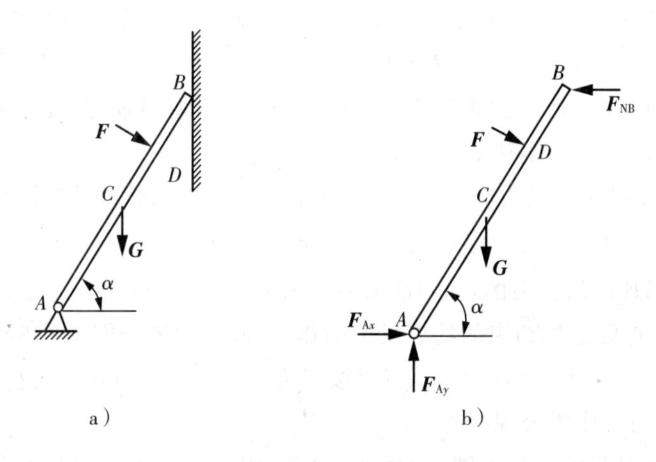

图 1-17　杆件的受力情况

a)简图　b)受力分析

解:(1)取分离体,单独画出 AB 杆。

(2)画出 AB 杆的主动力。AB 杆的主动力为重力 $\boldsymbol{G}$ 和外载荷 $\boldsymbol{F}$。

(3)画 AB 杆的约束力。AB 杆的约束有 B 点的光滑面约束和 A 点的固定铰链约束,对应有两个约束力,受力如图 1-17b 所示。

例 1.3 如图 1-18a 所示,画出 AD 杆、BC 杆的受力图。

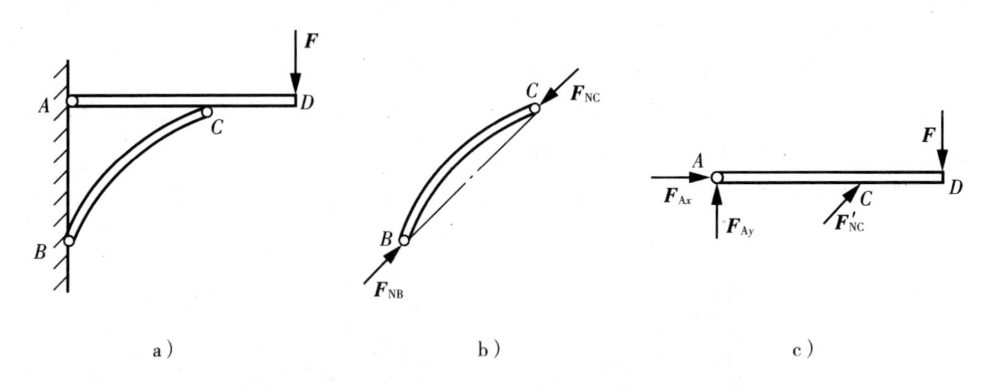

图 1-18 组合杆的受力分析

a)简图 b)分离体图 c)受力分析

解:(1)画 BC 杆的受力图。

① 以 BC 杆为研究对象,并画分离体图(见图 1-18b 所示)。

② BC 杆无主动力。

③ 画 BC 杆的约束反力。

(2)画 AD 杆的受力图。

① 以 AD 杆为研究对象,并画出分离体(见图 1-18c 所示)。

② 画主动力 $\boldsymbol{F}$。

③ 画约束反力。

C 点处为铰链约束,由公理四,可画出 $F_{NC}=-F'_{NC}$。铰链 A 处的约束反力,由推论可画出,也可用两个正交分力 $\boldsymbol{F}_{Ax}$、$\boldsymbol{F}_{Ay}$表示。

例 1.4 图 1-19a 所示的多跨梁由 AB 梁和 BC 梁铰接而成,支承和载荷情况如图所示。试画出 AB 梁、BC 梁和整体的受力图。

解:(1)先画 BC 梁的受力图,取 BC 梁为分离体。BC 梁受到一个主动力 $\boldsymbol{F}_2$ 和两处约束反力 $\boldsymbol{F}_C$、$\boldsymbol{F}_{Bx}$和 $\boldsymbol{F}_{By}$,其受力图如图 1-19b 所示。

(2)然后画 AB 梁的受力图,取 AB 梁为分离体。AB 梁受到一个主动力 $\boldsymbol{F}_1$ 和 B 点圆柱铰链约束及 A 点固定端约束的约束反力的作用,其受力图如图 1-19c 所示。

BC 梁由于只受三个力的作用,也可以按三力平衡汇交定理画出,这时 AB 梁在 B 点的受力应按作用与反作用公理画出。

(3)再画整体多跨梁的受力图,取整体为分离体。多跨梁有两个主动力 $\boldsymbol{F}_1$ 和 $\boldsymbol{F}_2$,还受到 A 和 C 两处的约束,其受力图如图 1-19d 所示。

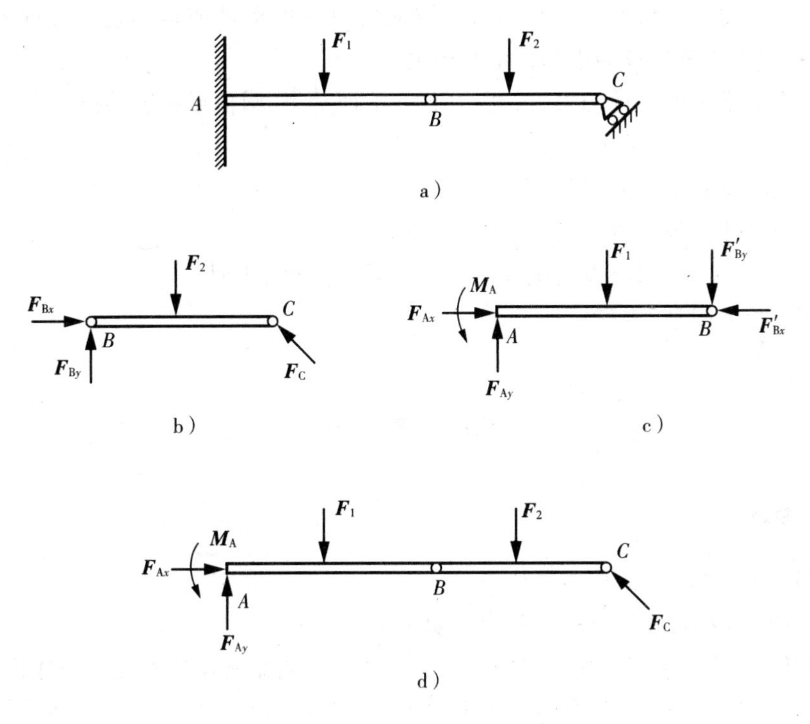

图 1－19　多跨梁受力分析

a)简图　b)*BC* 梁受力分析　c)*AB* 梁受力分析　d)整体受力分析

本章小结

1. 静力学的基本概念

力的概念、力系的概念、平衡的概念、刚体和变形固体的概念。

2. 静力学公理

(1)二力平衡公理:作用于同一刚体上的两个力,使刚体处于平衡状态的充要条件是:这两个力的大小相等、方向相反、作用在同一条直线上。

(2)加减平衡力系公理:在作用于刚体上的已知力系中,加上或减去任一平衡力系,都不改变原力系对刚体的效应。

(3)力的平行四边形公理:作用于物体上同一个点的两个力,合力的作用点也在该点,合力的大小和方向是由这两个力为邻边的平行四边形的对角线确定的。

(4)作用与反作用公理:两物体间相互作用的力,总是大小相等、方向相反、沿同一作用线,并且分别作用在两个物体上。

3. 约束与约束反力

(1)凡是限制非自由体运动的物体,称为约束。

(2)由约束引起的对物体的作用力,称为约束反力。

(3)约束反力的方向是与该约束所能限制的物体的运动或运动趋势方向相反,其作用点总是在约束物体与被约束物体的接触处。

(4)工程上常见的几种约束:柔性约束、光滑面约束、圆柱形铰链约束。

4. 画受力图的一般步骤

(1)根据题意确定研究对象,取分离体;

(2)在分离体上画出研究对象的全部主动力;

(3)在分离体上解除约束处画出研究对象的全部约束反力;

(4)检查受力图是否正确。

习 题 一

一、判断题

1. 物体的平衡就是指物体静止不动。
2. 力的作用效应就是使物体改变运动状态。
3. 在任意力的作用下,其内部任意两点之间的距离始终保持不变的物体称为刚体。
4. 两个力等效的条件是两力的大小相等、方向相反,且作用在同一物体上的同一点。
5. 作用在物体上某点的力,可沿其作用线移到物体内任一点,而不改变其作用效应。
6. 无论两个相互接触的物体处于何种运动状态,作用力与反作用力定律永远成立。

二、填空题

1. 力对物体的效应取决于力的三要素,即__________、__________和__________。
2. 物体的平衡是指物体相对于地面__________或__________。
3. 认为构件受力时不产生变形,这种理想化的物体称为__________。
4. 工程上把只受到两个力作用而平衡的构件,称为__________。
5. 约束反力的方向总是与其所限制的物体运动趋势方向__________,约束反力的作用点是__________。
6. 常见的约束类型是__________、__________、__________和__________。

三、选择题

1. 力的作用效果决定于力的__________。

   A. 三要素　　B. 大小　　C. 方向　　D. 作用点

2. 静力学的研究对象是__________。

   A. 变形体　　B. 固体　　C. 弹性体　　D. 刚体

3. 处于平衡状态的物体__________。

   A. 不受任何力的作用

   B. 只受一个力作用

C. 受平衡力系的作用

D. 只受主动力的作用

4. 工程上常见的约束中，只能受拉力的是__________。

A. 铰链　　B. 柔体　　C. 光滑面　　D. 固定端

5. 光滑面约束的约束反力方向总是__________指向受力物体。

A. 沿铅垂方向　　B. 沿水平方向

C. 沿接触表面的公法线　　D. 不能确定

四、简答题

1. 什么是平衡力系？如图 1-20 所示，设在刚体上 A 点作用有三个均不为零的力 $\boldsymbol{F}_1$、$\boldsymbol{F}_2$、$\boldsymbol{F}_3$，其中 $\boldsymbol{F}_1$ 与 $\boldsymbol{F}_2$ 共线，问此三力能否平衡？为什么？

2. 二力平衡条件和作用与反作用公理都是说二力等值、反向、共线，问二者有什么区别？

3. 如图 1-21 所示，当求铰链 C 的约束反力时，可否将作用于杆 AC 上点 D 的力 $\boldsymbol{F}$ 沿其作用线移动，变成作用于杆 BC 上 E 点的力 $\boldsymbol{F}'$，为什么？

4. 已知作用于如图 1-22 所示的物体上二力 $\boldsymbol{F}_1$ 与 $\boldsymbol{F}_2$，满足二力大小相等、方向相反、作用线相同的条件，物体是否平衡？

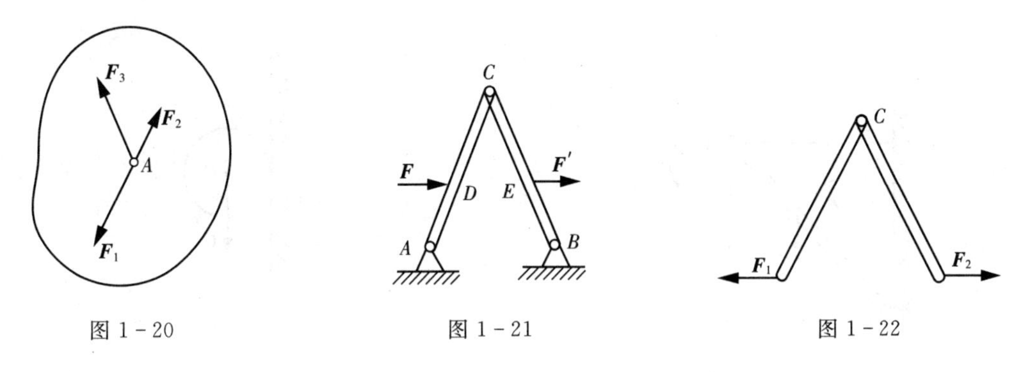

图 1-20　　图 1-21　　图 1-22

五、受力分析题

1. 画出图 1-23 所示物体的受力图。

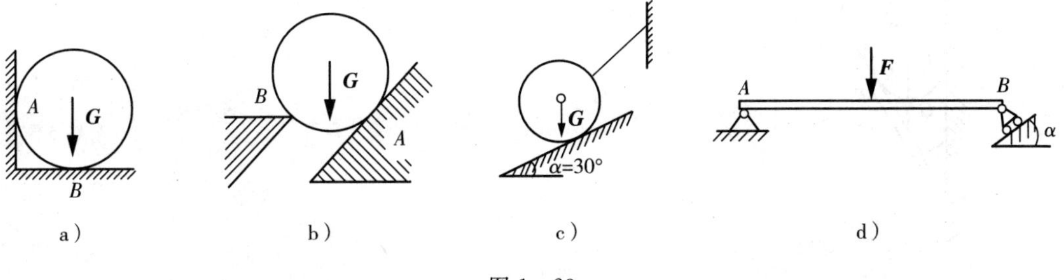

图 1-23

2. 画出图 1－24 所示指定物体的受力分析图。

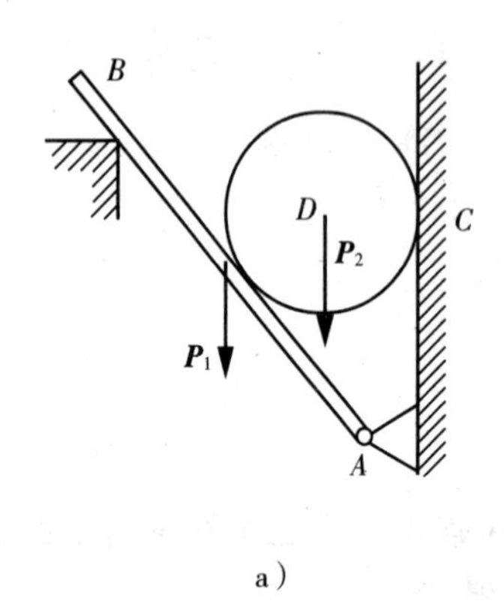

a）

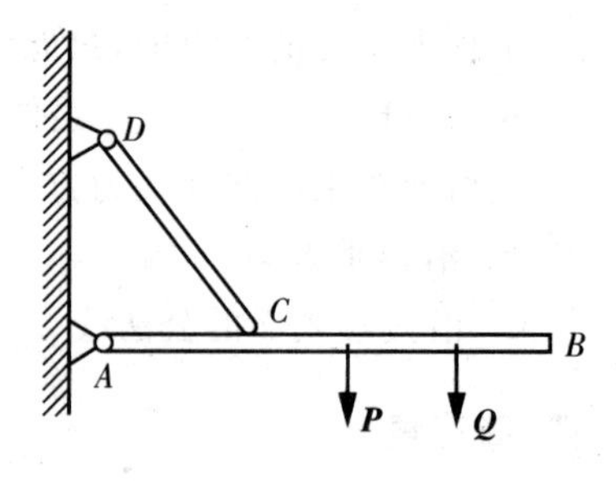

b）

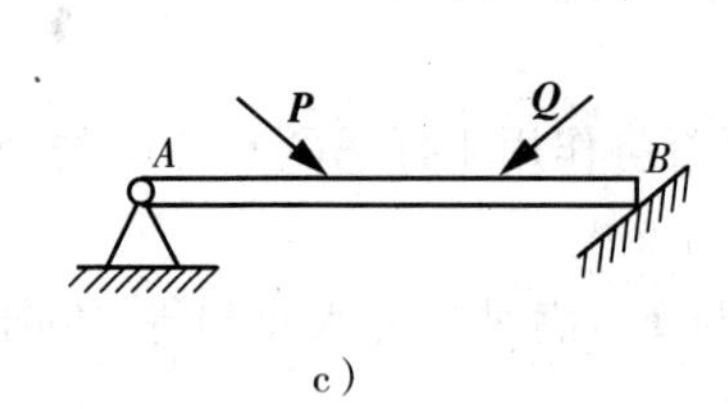

c）

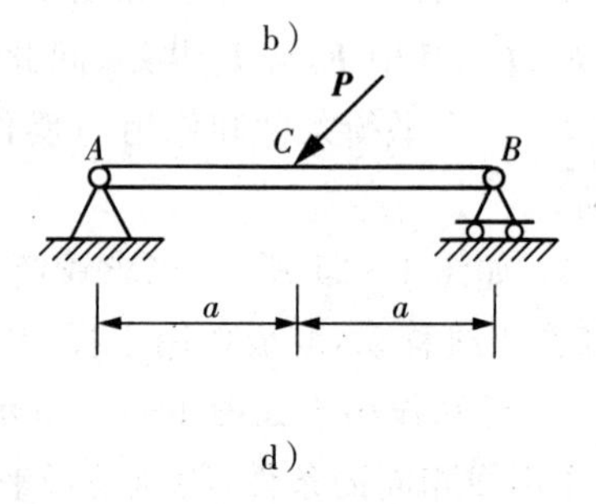

d）

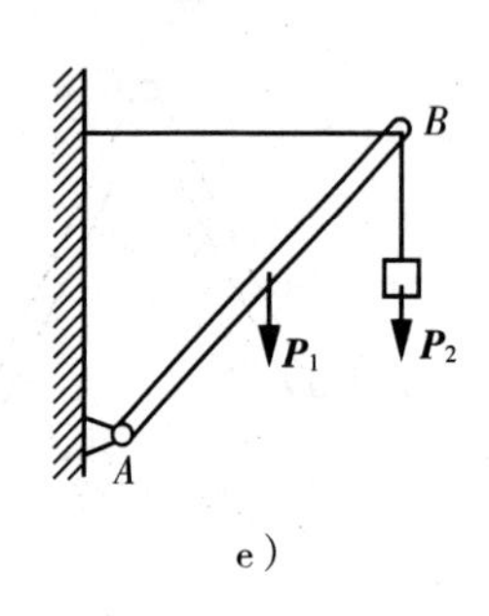

e）

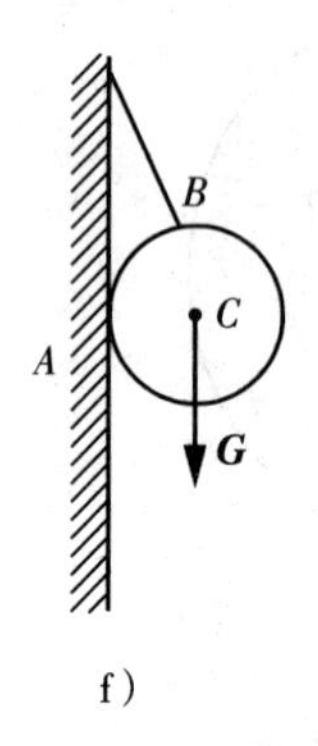

f）

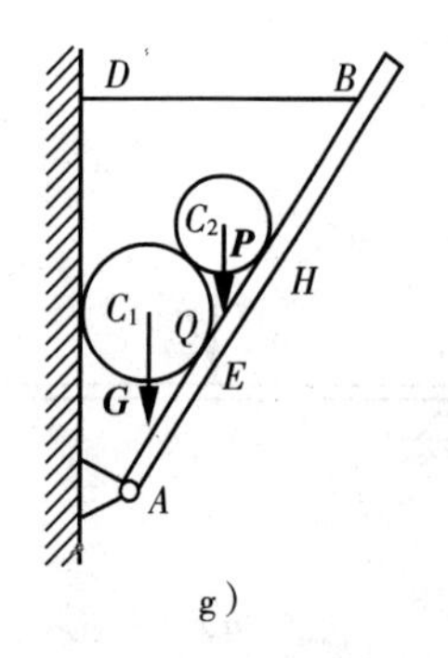

g）

图 1－24

第 2 章　平面力系

【本章要点】

本章主要介绍了平面力系的概念，主要有力对点之矩、合力矩定理、力偶、平面力偶系的合成定理、平面汇交力系和平面任意力系的合成及平衡条件等内容。通过对本章内容的学习，应达到以下要求：

(1)了解平面力系(平面汇交力系，平面任意力系)的概念。

(2)掌握力对点之矩，合力矩定理，力偶，平面力偶系的合成定理。

(3)熟练掌握平面汇交力系的合成及平衡条件。

(4)熟练掌握平面任意力系的合成及平衡条件。

(5)理解摩擦、自锁等概念，了解有摩擦时物体的平衡如何计算。

力系中各力的作用线都在同一个平面内，该力系称为平面力系。在平面力系中，如果各力的作用线全部汇交于一点，那么称此力系为平面汇交力系，如图 2-1a 所示；如果各力的作用线相互平行，那么称此力系为平面平行力系，如图 2-1b 所示；当各力的作用线既不汇交于一点，相互间也不全部平行，那么称此力系为平面任意力系，如图 2-1c 所示。其中，平面任意力系在工程上是最常见的一种力系，本章重点研究其合成及平衡条件。但是，平面汇交力系作为基础，应首先进行讨论。

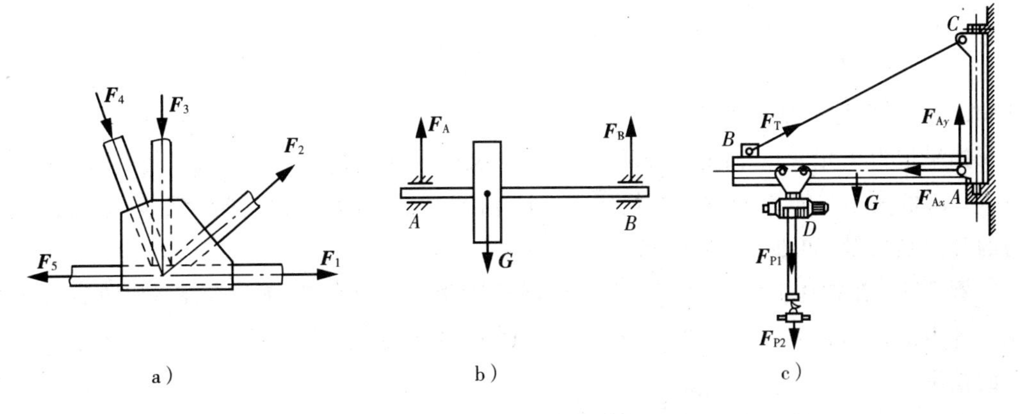

图 2-1　平面力系

a)平面汇交力系　b)平面平行力系　c)平面任意力系

2.1 平面汇交力系

2.1.1 力在直角坐标轴上的投影

设在一平面直角坐标系 Oxy 内，有一已知力 $\boldsymbol{F}$ 作用在物体上的 A 点，且与水平线成 α 的夹角，如图 2－2 所示。

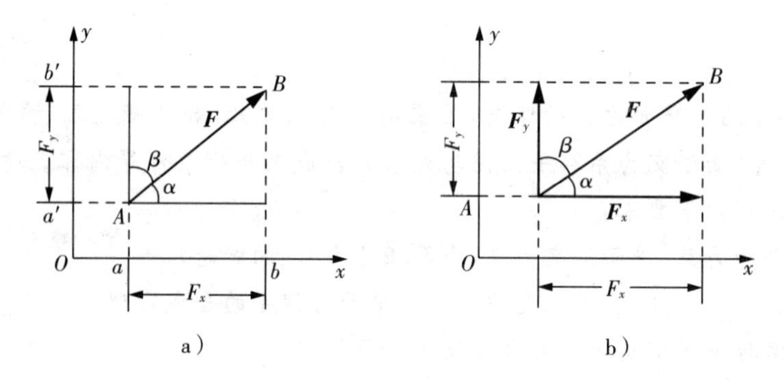

图 2－2 平面力的分解

a)力的投影 b)力的分解

从力 $\boldsymbol{F}$ 的两端点 A、B 分别向 x，y 轴做垂线，得到垂线段$\overline{ab}$和$\overline{a'b'}$。其中$\overline{ab}$为力 $\boldsymbol{F}$ 在 x 轴上的投影，用 F_x 表示；线段$\overline{a'b'}$为力 $\boldsymbol{F}$ 在 y 轴上的投影，用 F_y 表示。

力在坐标轴上的投影是代数量，其正负号规定如下：从 a 到 b(或由 a' 到 b')的指向与 x 轴(或 y 轴)的正向一致时，力的投影 F_x(或 F_y)取正值；反之，取负值。力在坐标轴上的投影为

$$\left.\begin{aligned} F_x &= \pm F \cdot \cos\alpha \\ F_y &= \pm F \cdot \sin\alpha \end{aligned}\right\} \tag{2-1}$$

式中，α 为力 $\boldsymbol{F}$ 与 x 轴所夹锐角。

如果把力 $\boldsymbol{F}$ 沿 x，y 轴进行分解，得到两正交分力 $\boldsymbol{F}_x$、$\boldsymbol{F}_y$(如图 2－2b 所示)，所得分力 $\boldsymbol{F}_x$、$\boldsymbol{F}_y$的大小与 $\boldsymbol{F}$ 在两轴上的投影 F_x、F_y 相等。显然，力在轴上的投影是代数量，而力的分力是矢量(如图 2－2b 所示)，不可将两者混同。

例 2.1 在物体上的 O、A、B、C、D 点，分别作用着力 $\boldsymbol{F}_1$、$\boldsymbol{F}_2$、$\boldsymbol{F}_3$、$\boldsymbol{F}_4$、$\boldsymbol{F}_5$，如图 2－3 所示。各力的大小为 $F_1=F_2=F_3=F_4=F_5=10\text{N}$，各力的方向如图所示，求各力在 x、y 轴上的投影。

解：由式(2－1)知，各力在 x 轴上的投影分别为

$$F_{1x}=F_1\cos45°=(10\times0.707)\text{N}=7.07\text{N}$$

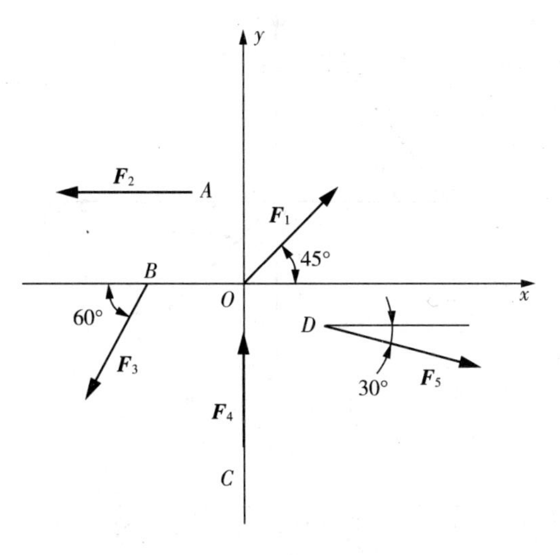

图 2－3　例 2.1 图

$$F_{2x}=-F_2\cos0°=(-10\times1)\text{N}=-10\text{N}$$

$$F_{3x}=-F_3\cos60°=(-10\times0.5)\text{N}=-5\text{N}$$

$$F_{4x}=F_4\cos90°=(10\times0)\text{N}=0\text{N}$$

$$F_{5x}=F_5\cos30°=(10\times0.866)\text{N}=8.66\text{N}$$

各力在 y 轴上的投影分别为

$$F_{1y}=F_1\sin45°=(10\times0.707)\text{N}=7.07\text{N}$$

$$F_{2y}=F_2\sin0°=(10\times0)\text{N}=0\text{N}$$

$$F_{3y}=-F_3\sin60°=(-10\times0.866)\text{N}=-8.66\text{N}$$

$$F_{4y}=F_4\sin90°=(10\times1)\text{N}=10\text{N}$$

$$F_{5y}=-F_5\sin30°=(-10\times0.5)\text{N}=-5\text{N}$$

由此得出：

(1)当力和坐标轴平行(或重合)时，力在坐标轴上投影的绝对值等于力的大小。

(2)当力和坐标轴垂直时，力在坐标轴上的投影为零。

若已知力在坐标轴上的投影 F_x 和 F_y，可求出力 $\boldsymbol{F}$ 的大小和方向：

$$\left.\begin{aligned}F&=\sqrt{F_x^2+F_y^2}\\ \alpha&=\arctan\left|\frac{F_y}{F_x}\right|\end{aligned}\right\}\tag{2-2}$$

例 2.2　已知 $F_{1x}=10\text{N}$、$F_{1y}=-10\text{N}$，$\boldsymbol{F}_1$ 作用在坐标原点 O；$F_{2x}=-6.43\text{N}$、$F_{2y}=-7.66\text{N}$，$\boldsymbol{F}_2$ 作用在点 $A(-2,4)$。求 $\boldsymbol{F}_1$ 及 $\boldsymbol{F}_2$ 的大小及方向。

解：(1)计算 $\boldsymbol{F}_1$ 的大小及方向。

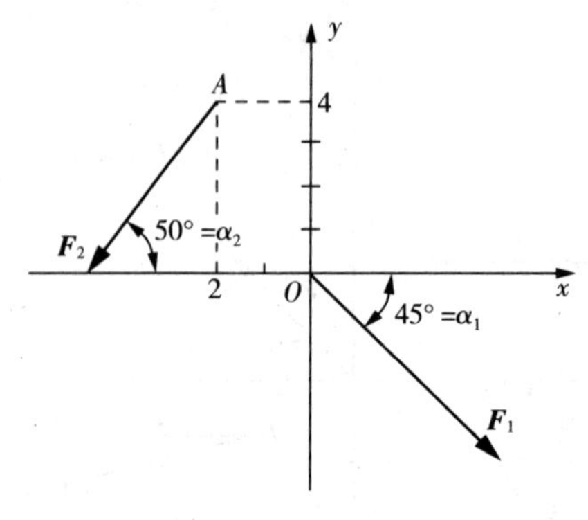

图 2-4　例 2.2 图

F_1的大小

$$F_1=\sqrt{F_{1x}^2+F_{1y}^2}=\sqrt{10^2+(-10)^2}\,\text{N}=10\sqrt{2}\,\text{N}$$

F_1的方向

$$\alpha_1=\arctan\left|\frac{-10}{10}\right|=\arctan 1=45^\circ$$

作法：过 O 点做出 $\boldsymbol{F}_1$，如图 2-4 所示。因 $\alpha_1=45^\circ$，且 F_{1x}为正，F_{1y}为负，故力 $\boldsymbol{F}_1$的作用线应与 x 轴成45°，箭头指向右下方。

(2)计算 $\boldsymbol{F}_2$的大小及方向。

F_2的大小

$$F_2=\sqrt{F_{2x}^2+F_{2y}^2}=\sqrt{(-6.43)^2+(-7.66)^2}\,\text{N}=\sqrt{100}\,\text{N}=10\text{N}$$

F_2的方向

$$\alpha_2=\arctan\left|\frac{-7.66}{-6.43}\right|=\arctan(1.19)=50^\circ$$

作法：过 A 点做出 $\boldsymbol{F}_2$，如图 2-4 所示。因 $\alpha_2=50^\circ$，且 F_{2x}为负，F_{2y}为负，故力 $\boldsymbol{F}_2$的作用线应与 x 轴成50°，箭头指向左下方。

2.1.2　平面汇交力系合成的解析法

设在刚体上作用了由 n 个力 $\boldsymbol{F}_1,\boldsymbol{F}_2,\cdots,\boldsymbol{F}_n$组成的平面汇交力系，如图 2-5 所示。用力的三角形法则求其合力 $\boldsymbol{F}$，可以得到

$$\left.\begin{aligned}F_x&=F_{1x}+F_{2x}+\cdots+F_{nx}=\sum F_{ix}\\F_y&=F_{1y}+F_{2y}+\cdots+F_{ny}=\sum F_{iy}\end{aligned}\right\}\qquad(2-3)$$

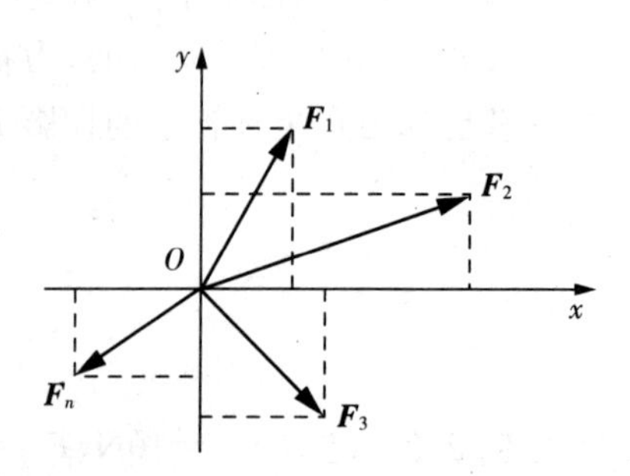

图 2-5　平面汇交力系

式(2-3)称为合力投影定理，即合力在某一坐标轴上的投影等于各分力在同一坐标轴上投影的代数和。

根据式(2-3)可求得合力的大小和方向：

$$\left.\begin{aligned} F&=\sqrt{F_x^2+F_y^2}=\sqrt{(\sum_{i=1}^{n}F_{ix})^2+(\sum_{i=1}^{n}F_{iy})^2} \\ \alpha&=\arctan\left|\frac{F_y}{F_x}\right|=\left|\frac{\sum_{i=1}^{n}F_{iy}}{\sum_{i=1}^{n}F_{ix}}\right| \end{aligned}\right\} \qquad (2-4)$$

式中，α 为合力 $\boldsymbol{F}$ 与 x 轴所夹锐角，合力的指向由 $\sum F_{ix}$ 及 $\sum F_{iy}$ 的正负来确定。

例 2.3　试用解析法求图 2-6a 所示平面汇交力系的合力的大小和方向。已知 $F_1=100\text{N}$，$F_2=100\text{N}$，$F_3=150\text{N}$，$F_4=200\text{N}$。

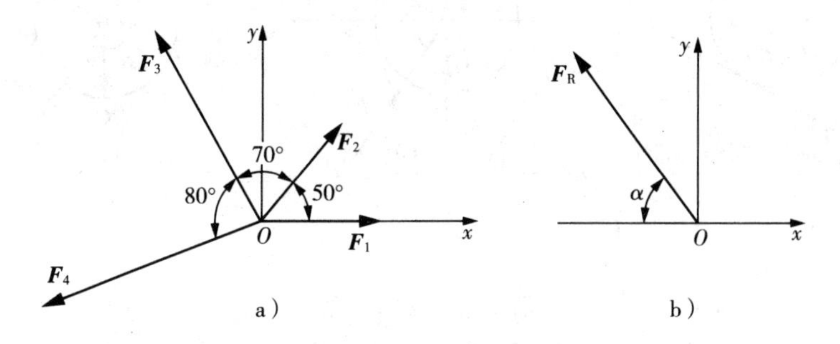

图 2-6　例 2.3 图

a) 平面汇交力系　b) 合力的大小与方向

解：先计算合力在 x，y 轴上的投影。

$$F_x=\sum F_{ix}=F_{1x}+F_{2x}+F_{3x}+F_{4x}=F_1+F_2\cos50°-F_3\cos60°-F_4\cos20°$$

$$=(100+64.28-75-187.94)\text{N}=-98.66\text{N}$$

$$F_y=\sum F_{iy}=F_{1y}+F_{2y}+F_{3y}+F_{4y}=0+F_2\sin50°+F_3\sin60°-F_4\sin20°$$

$$=(0+76.60+129.90-68.40)\text{N}=138.1\text{N}$$

合力(见图 2-6b)的大小和方向分别为

$$F=\sqrt{F_x^2+F_y^2}=\sqrt{(-98.66)^2+(138.1)^2}\ \text{N}=169.7\text{N}$$

$$\tan\alpha=\left|\frac{F_y}{F_x}\right|=\left|\frac{138.1\text{N}}{-98.66\text{N}}\right|=1.4$$

$$\alpha=54.5°$$

2.1.3　平面汇交力系平衡的解析条件

平面汇交力系平衡的充分与必要条件是合力等于零，即

$$\boldsymbol{F}=0$$

由此可得：

$$\left.\begin{aligned}\sum F_{ix}=0\\ \sum F_{iy}=0\end{aligned}\right\}\tag{2-5}$$

因此，平面汇交力系平衡的解析条件是：力系中所有各力在两个坐标轴上投影的代数和分别等于零。式(2-5)称为平面汇交力系的平衡方程。

例 2.4　重$G=100\text{N}$的球放在与水平面成$30°$角的光滑斜面上，并用与斜面平行的绳AB系住，如图2-7a所示。试求AB绳受到的拉力及球对斜面的压力。

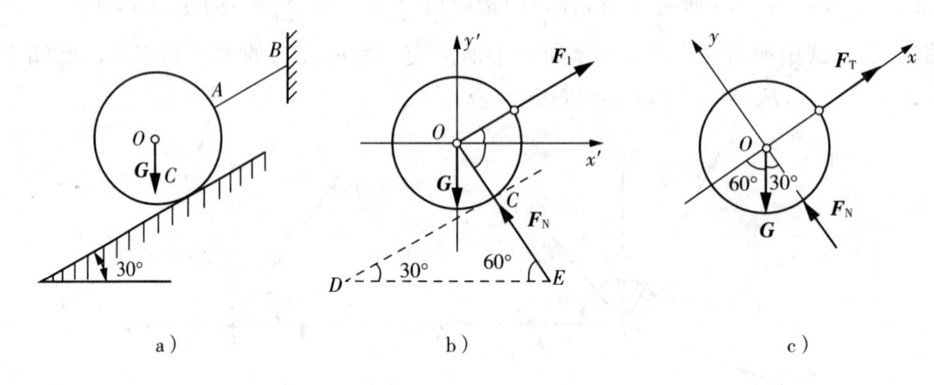

图 2-7　例 2.4 图

a) 实物简图　b) 受力分析　c) 重新选取坐标轴的受力分析

解：(1) 取球为研究对象并画受力图，如图2-7b所示。

(2) 选取坐标轴，如图2-7c所示。

(3) 列平衡方程并求解。

$$\sum F_x=0,\quad F_T-G\cos 60°=0$$

解得

$$F_T=G\cos 60°=(100\times 0.5)\text{N}=50\text{N}$$

$$\sum F_y=0,\quad F_N-G\sin 60°=0$$

解得

$$F_N=G\sin 60°=(100\times\frac{\sqrt{3}}{2})\text{N}=86.6\text{N}$$

例 2.5　绳索由绞车D拖动并跨过滑轮A匀速地起吊重$G=15\text{kN}$的重物(见图2-8a)。不计杆重及滑轮处的摩擦，并忽略滑轮的尺寸，试求杆AB和AC所受的力。

解：(1) 取滑轮A为研究对象，其受力情况如图2-8b所示。由于不计滑轮处摩擦，故绳索中拉力为

$$T=G=15\text{kN}$$

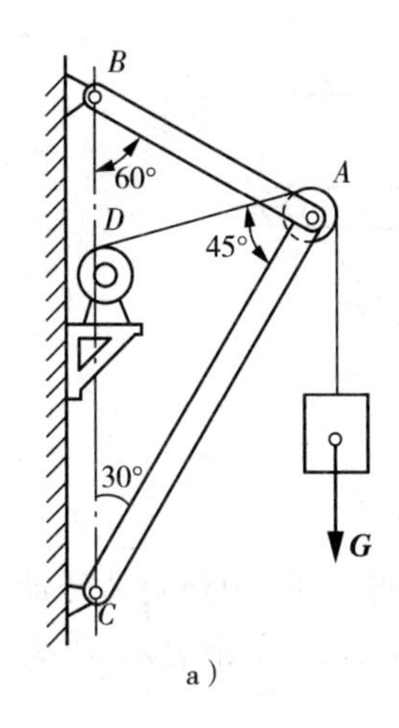

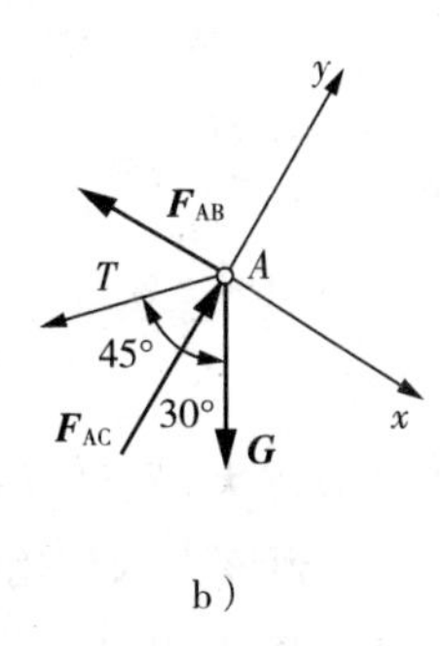

a)　　　　b)

图 2-8　滑轮起吊装置

a) 实物简图　b) 受力分析

(2) 选取图示的直角坐标系 A_{xy}，使 y 轴与 $\boldsymbol{F}_{AB}$ 垂直，列平衡方程。

$$\sum F_x = 0,\quad G\sin 30^\circ - T\sin 45^\circ - F_{AB} = 0$$

解得

$$F_{AB} = G\sin30^\circ - T\sin45^\circ = (15\times\sin30^\circ - 15\times\sin45^\circ)\text{kN}$$
$$= (7.5 - 10.61)\text{kN} = -3.11\text{kN}$$

$$\sum F_y = 0,\quad -G\cos 30^\circ - T\cos 45^\circ + F_{AC} = 0$$

解得

$$F_{AC} = G\cos30^\circ + T\cos45^\circ = (10\times\cos30^\circ + 10\cos45^\circ)\text{kN}$$
$$= (12.99 + 10.61)\text{kN} = 23.60\text{kN}$$

计算结果 F_{AB} 为负值，说明其实际方向与假设方向相反，即 AB 杆实际受压，其所受压力的大小为 3.11kN。AC 杆所受压力的大小为 23.6kN。

2.2　力对点之矩

2.2.1　力对点之矩

在生产实践中，当我们用扳子拧紧螺母时，其拧紧程度不仅与手力 $\boldsymbol{F}$ 的大小有关，而且还与转动中心 O 到 $\boldsymbol{F}$ 的作用线间的垂直距离 d 有关(见图 2-9)。显然，力 $\boldsymbol{F}$ 的值越大，

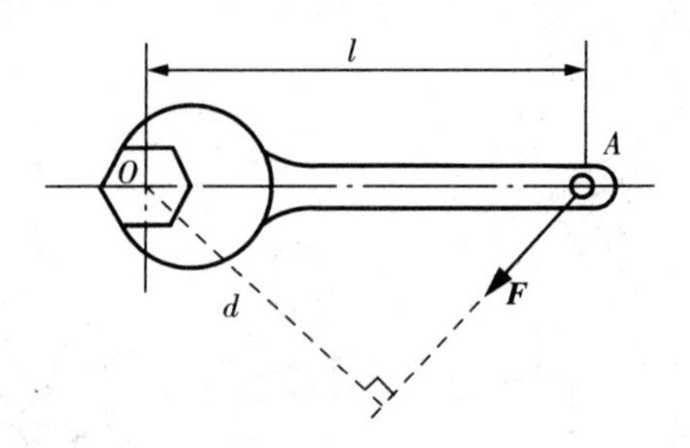

图 2-9　扳子的力矩

螺母拧的越紧；距离 d 越大，螺母也将拧的越紧。由此可见，力使物体转动的效应的程度，由力的大小 F 与矩心到该力的作用线垂直距离 d 的乘积 Fd 来表示，称为力对 O 点的矩，简称力矩，用 $\boldsymbol{M}_O(\boldsymbol{F})$ 表示，其值可以表示为

$$M_O(\boldsymbol{F}) = \pm Fd \tag{2-6}$$

式中，O 点 —— 称为力矩中心，简称矩心；

d—— 矩心 O 到力 $\boldsymbol{F}$ 作用线的垂直距离，称为力臂；

$\pm$ —— 力矩的转动方向。

力矩的单位是牛・米(N・m)或千牛・米(kN・m)。通常规定：力使物体作逆时针方向转动时，力矩为正；反之为负。

由式(2-6)可知，力矩的大小取决于力的大小和矩心的位置。因此，当力 $\boldsymbol{F}$ 沿其作用线移动时，力矩的大小不变。力矩等于零的条件是力的大小为零或力的作用线通过矩心，即力臂等于零。

例 2.6　汽车操纵系统的踏板装置如图 2-10 所示。已知工作阻力 $R=1700\text{N}$，驾驶员脚的蹬力 $F=193.7\text{N}$，尺寸 $a=380\text{mm}$，$b=50\text{mm}$，$\alpha=60°$。试求工作阻力 $\boldsymbol{R}$ 和蹬力 $\boldsymbol{F}$ 对 O 点之矩。

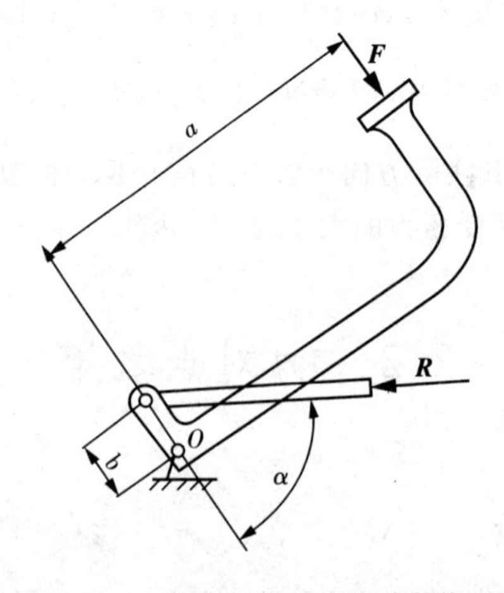

图 2-10　汽车操纵系统的踏板装置

解:根据式(2-6)可求得工作阻力 $\boldsymbol{R}$ 和蹬力 $\boldsymbol{F}$ 对 O 点之矩的值分别为

$$M_O(\boldsymbol{R}) = Rb\sin\alpha = (1700 \times 0.05 \times \sin 60^\circ)\mathrm{N \cdot m} = 73.6\mathrm{N \cdot m}$$

$$M_O(\boldsymbol{F}) = -Fa = (-193.7 \times 0.38)\mathrm{N \cdot m} = -73.6\mathrm{N \cdot m}$$

2.2.2　合力矩定理

在有些计算力矩的问题中,力臂的计算较复杂,用力矩的定义求力矩比较麻烦。这时,可将力分解成两个容易计算的分力,由这两个分力的力矩来计算合力的力矩会很方便,建立了合力对某点之矩与其分力对该点之矩的关系,即合力矩定理。

合力矩定理　平面汇交力系的合力对平面内任意一点之矩,等于其所有分力对同一点力矩的代数和,即

$$M_O(\boldsymbol{F}) = M_O(\boldsymbol{F}_1) + M_O(\boldsymbol{F}_2) + \cdots + M_O(\boldsymbol{F}_n) = \sum M_O(\boldsymbol{F}_i) \tag{2-7}$$

注意:对于有合力的其他力系,合力矩定理也成立。

例 2.7　如图 2-11a 所示,两齿轮啮合传动,已知大齿轮的节圆半径为 r_2,小齿轮作用在大齿轮上的压力为 $\boldsymbol{F}_N$,压力角(力与运动方向所夹之锐角)为 α,试求压力 $\boldsymbol{F}_N$ 对大齿轮转动中心 O_2 点之矩。

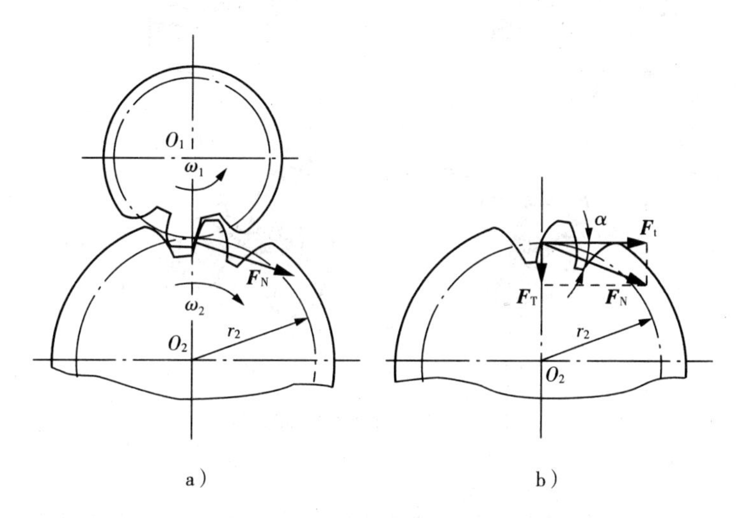

图 2-11　外啮合齿轮传动

a) 受力分析　b) 力的分解

解:由力 $\boldsymbol{F}_N$ 直接计算对 O_2 的力矩,计算力臂比较麻烦,因此,利用合力矩定理计算。将力 $\boldsymbol{F}_N$ 分解为径向力 $\boldsymbol{F}_r$ 和圆周力 $\boldsymbol{F}_t$(见图 2-11b),其力矩的值为

$$M_O(\boldsymbol{F}_N) = M_O(\boldsymbol{F}_r) + M_O(\boldsymbol{F}_t) = -F_N r_2 \cos\alpha$$

2.3 力 偶

2.3.1 力偶和力偶矩

在工程实际中，经常会遇到受力偶作用的物体。例如，用丝锥攻螺纹、用手开龙头、用钥匙开锁、司机双手转动方向盘等，如图 2-12 所示。在上述例子中，物体都是受到大小相等、方向相反，但不共线的一对平衡力的作用。我们把作用在同一物体上的大小相等、方向相反，但不共线的平行力组成的力系称为力偶，用符号($\boldsymbol{F}$,$\boldsymbol{F}'$)表示(有时也表示为 $\boldsymbol{M}(\boldsymbol{F},\boldsymbol{F}')$)。力偶中两个力所在的平面称为力偶面，力偶两个力作用线之间的距离称为力偶臂。

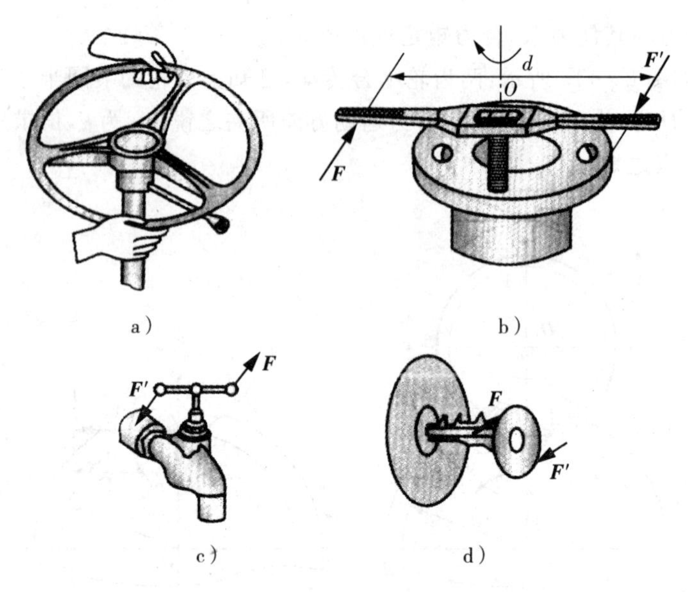

图 2-12 力偶作用的实例

a) 方向盘 b) 攻丝 c) 水龙头 d) 钥匙开锁

实践证明，力偶只能对物体产生转动效应而不能移动。力偶对物体转动效果可用力偶中的力 $\boldsymbol{F}$ 与力臂 d 的乘积来度量，并称之为力偶矩，用 $\boldsymbol{M}$ 表示，其值为

$$M = \pm Fd \tag{2-8}$$

式中的正负号表示力偶的转向，通常规定：力偶使物体做逆时针转动时，力偶矩为正；反之为负。力偶矩的单位与力矩的单位相同。

从式(2-8)也可以看出，物体受力偶作用产生的转动效果，不仅与力偶中力 $\boldsymbol{F}$ 的大小有关，而且还与力偶臂 d 的大小有关。显然，力 $\boldsymbol{F}$ 和力偶臂 d 越大，转动效果越显著。

2.3.2　力偶的性质

(1) 力偶在任何坐标轴上的投影代数和为零。力偶无合力,力偶不能与力等效,力偶只能用力偶来平衡。

(2) 力偶对其作用面上任意一点之矩恒等于力偶矩,而与矩心的位置无关。

2.3.3　力偶的等效性

如果两个力偶的力偶矩大小相等而且转向相同,则这两个力偶对物体产生相同的转动效应,则称这两个力偶等效。由此,可得出两个重要的推论:

推论一　力偶可以在其作用面内任意移动或转动,而不改变该力偶对物体的作用效果。这是因为在移动或转动过程中,力偶矩的大小及力偶的转向都没变,故其作用效果也不会改变。

推论二　只要保持力偶矩的大小和力偶转向不变,可以任意改变力偶中力的大小及力偶臂的长短,而不改变该力偶对物体的作用效果。

2.3.4　平面力偶系的合成与平衡

1. 平面力偶系的合成

作用于物体上同一平面内的多个力偶,称为平面力偶系。

如图2-13a所示,设在同一平面内有n个力偶($\boldsymbol{F}_1,\boldsymbol{F}_1'$),($\boldsymbol{F}_2,\boldsymbol{F}_2'$),…,($\boldsymbol{F}_n,\boldsymbol{F}_n'$),它们的力偶臂分别为$d_1,d_2,\cdots,d_n$,它们的力偶矩的值分别为

$$M_1=F_1d_1,\quad M_2=F_2d_2,\cdots,\quad M_n=F_nd_n$$

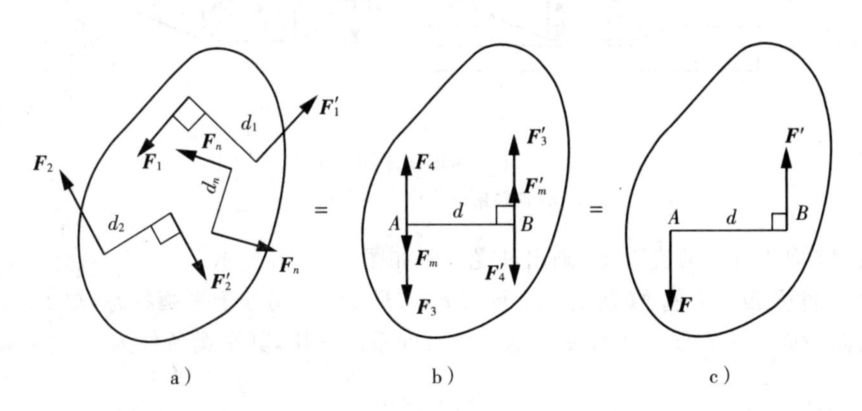

图2-13　平面力偶系

下面将讨论平面力偶系的合成。

首先,在力偶的作用面内任取一线段$AB=d$,然后在保持力偶矩不变的条件下,同时改变这些力偶中力的大小和力偶臂的长度,使其具有相同的力偶,且与AB重合,如图2-13b所示。于是,得到与原力偶等效的新力偶,即

$$M_1 = F_1 d_1 = F_3 d, \quad M_2 = -F_2 d_2 = -F_4 d, \cdots, \quad M_n = F_n d_n = F_n d$$

将作用于 A、B 点的 n 个力进行合成，得到

$$F = F_3 - F_4 + \cdots + F_n$$

$$F' = F'_3 - F'_4 + \cdots + F'_n$$

因 $\boldsymbol{F}$ 与 $\boldsymbol{F}'$ 大小相等、方向相反，且不共线，于是组成了一个新的力偶($\boldsymbol{F},\boldsymbol{F}'$)(如图 2-13c 所示)，这就是原来 n 个力偶的合力偶，其力偶矩的值为

$$M = Fd = (F_3 - F_4 + \cdots + F_n)d = M_1 + M_2 + \cdots M_n = \sum M_i \qquad (2-9)$$

由此可得，平面力偶系合成的结果为一合力偶，合力偶矩的大小等于各分力偶矩的代数和。

2. 平面力偶系的平衡

由上述可知，平面力偶系合成的结果为一合力偶，显然，物体在平面力偶系的作用下处于平衡状态的充分与必要条件是：力偶系中所有各力偶的力偶矩的代数和为零，即

$$\sum M_i = 0 \qquad (2-10)$$

例 2.8 用四轴钻床加工一工件上的四个孔，如图 2-14a 所示。每个钻头对工件的切削力偶为 $M=6\text{N}\cdot\text{m}$，固定工件的两螺栓 A、B 与工件成光滑接触，且 $AB=0.3\text{m}$。求两螺栓所受的力。

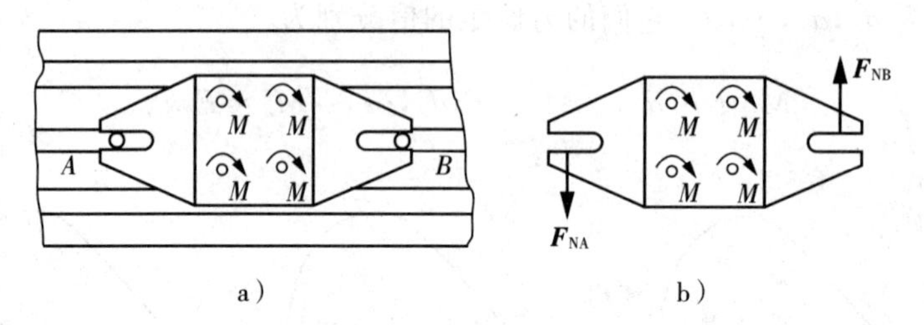

图 2-14 四轴钻床加工工件

a) 四轴钻床 b) 受力分析

解：(1) 取工件为研究对象，画出其受力图如图 2-14b 所示。

(2) 工件受四个力偶 M 及反向平行力 $\boldsymbol{F}_{NA}$、$\boldsymbol{F}_{NB}$ 的作用处于平衡状态，故 $\boldsymbol{F}_{NA}$、$\boldsymbol{F}_{NB}$ 必等值、反向组成一个力偶。工件受一组平面力偶系的作用，其平衡条件为

$$\sum M = 0$$

即

$$F_{NA} \cdot AB - 4M = 0$$

故

$$F_{NA} = F_{NB} = \frac{4M}{AB} = \frac{4 \times 6}{0.3}\text{N} = 80\text{N}$$

2.3.5　力的平移定理

力的平移定理　作用于刚体上某点的力 $\boldsymbol{F}$,可平移到刚体上任一点 O,但同时必须附加一力偶,附加力偶的力偶矩等于原力 $\boldsymbol{F}$ 对平移点 O 之矩。

证明:如图 2-15a 所示,设在刚体上 A 点作用一力 $\boldsymbol{F}$,并在刚体上任取一不在力 $\boldsymbol{F}$ 作用线的 O 点,令 O 点到力 $\boldsymbol{F}$ 作用线的距离为 d。为将力 $\boldsymbol{F}$ 平移到 O 点,在 O 点加一对平衡力($\boldsymbol{F}'$,$\boldsymbol{F}''$),并使 $F'=F''=F$,如图 2-15b 所示。由公理二可知,新力系($\boldsymbol{F}'$,$\boldsymbol{F}''$,$\boldsymbol{F}$)与原力 $\boldsymbol{F}$ 等效。在 $\boldsymbol{F}'$、$\boldsymbol{F}''$、$\boldsymbol{F}$ 三力中,$\boldsymbol{F}$ 和 $\boldsymbol{F}''$ 两力组成一力偶,其力偶臂为 d,力偶矩为 M_f,如图 2-15c 所示。可以看出,要想把作用于 A 点的力平移到 O 点,必须附加一力偶,才能保持对刚体的作用效果不变。因附加力偶的力偶矩 $M_f = Fd$,而 $M_O(\boldsymbol{F}) = Fd$,所以 $M_f = M_O(\boldsymbol{F}) = Fd$,定理得证明。

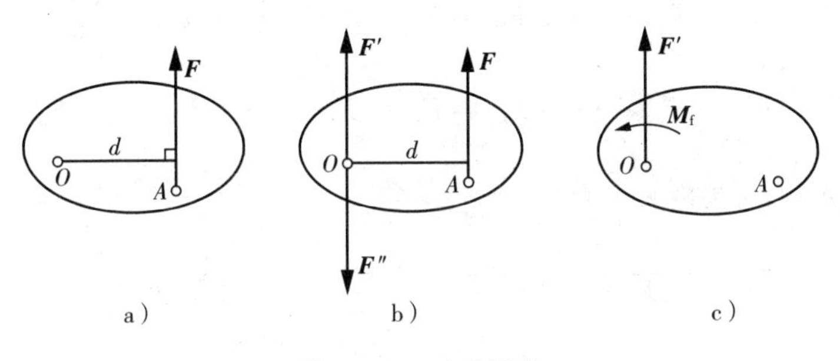

图 2-15　力的平移

2.4　平面任意力系

2.4.1　平面任意力系向一点简化

设在物体上作用一平面任意力系 $\boldsymbol{F}_1$,$\boldsymbol{F}_2$,…,$\boldsymbol{F}_N$,力系中各力的作用点分别为 A_1,A_2,…,A_n,如图 2-16a 所示。在平面内任取一点 O,称为简化中心。根据力的平移定理,

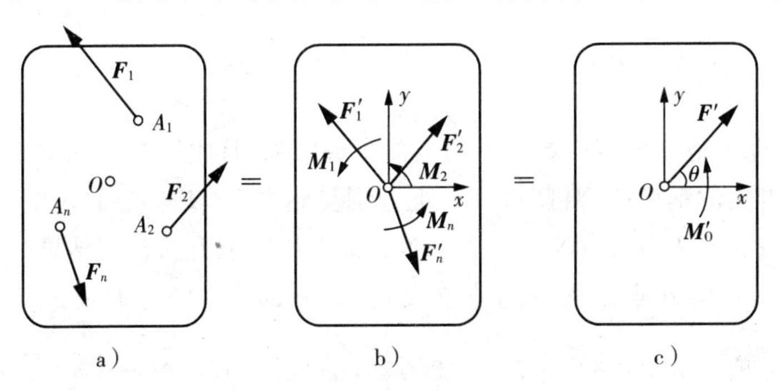

图 2-16　平面力系的简化

将力系中各力都向O点平移，得到一个汇交于O点的平面汇交力系$\boldsymbol{F}'_1$，$\boldsymbol{F}'_2$，…，$\boldsymbol{F}'_n$和一组附加平面力偶系$\boldsymbol{M}_1$，$\boldsymbol{M}_2$，…，$\boldsymbol{M}_n$，如图2-16b所示。

平面汇交力系中各力的大小和方向与原力系对应的力相同，即

$$\boldsymbol{F}'_1=\boldsymbol{F}_1,\quad \boldsymbol{F}'_2=\boldsymbol{F}_2,\cdots,\quad \boldsymbol{F}'_n=\boldsymbol{F}_n$$

将平面汇交力系与平面力偶系分别合成，得到一个合力$\boldsymbol{F}'$和一个合力偶$\boldsymbol{M}'_O$，如图2-16c所示。并且，有$M_1=M_O(\boldsymbol{F}_1)$，$M_2=M_O(\boldsymbol{F}_2)$，…，$M_n=M_O(\boldsymbol{F}_n)$。

合力$\boldsymbol{F}'$的作用线也通过O点，称$\boldsymbol{F}'$为原平面任意力系的主矢。显然，作用于简化中心O点的力(主矢)不是原力系的合力。主矢的大小、方向可用解析法确定，建立直角坐标系xOy(如图2-16b所示)，则有

$$\left.\begin{aligned}F'_x&=F'_{1x}+F'_{2x}+\cdots+F'_{nx}=F_{1x}+F_{2x}+\cdots+F_{nx}=\sum F_x\\F'_y&=F'_{1y}+F'_{2y}+\cdots+F'_{ny}=F_{1y}+F_{2y}+\cdots+F_{ny}=\sum F_y\end{aligned}\right\}\tag{2-11}$$

根据合力投影定理，主矢的大小为

$$F=\sqrt{(F'_x)^2+(F'_y)^2}=\sqrt{(\sum F_x)^2+(\sum F_y)^2}\tag{2-12}$$

主矢的方向为

$$\tan\alpha=\left|\frac{F'_y}{F'_x}\right|=\left|\frac{\sum F_y}{\sum F_x}\right|\tag{2-13}$$

式中，F'_x、F'_y、F'_{ix}、F'_{iy}分别为主矢与各个力在x、y轴上的投影；α为主矢与x轴所夹锐角，主矢$\boldsymbol{F}'$的指向由$\sum F_x$和$\sum F_y$的正负来确定。显然，主矢$\boldsymbol{F}'$与简化中心的位置无关。

合力偶矩$\boldsymbol{M}'_O$称为原平面任意力系对简化中心O的主矩，如图2-16c所示。其值为

$$\begin{aligned}M'_O&=M_1+M_2+\cdots+M_n=M_O(\boldsymbol{F}_1)+M_O(\boldsymbol{F}_2)+\cdots+M_O(\boldsymbol{F}_n)\\&=\sum M_O(\boldsymbol{F}_i)\end{aligned}\tag{2-14}$$

显然，主矩$\boldsymbol{M}'_O$也不是原平面任意力系的全部合成结果，且主矩与简化中心的位置有关。

例2.9 铆接薄钢板的铆钉A、B、C上分别受到力$\boldsymbol{F}_1$、$\boldsymbol{F}_2$、$\boldsymbol{F}_3$的作用，如图2-17所示。已知$F_1=200\text{N}$，$F_2=150\text{N}$，$F_3=100\text{N}$。试求这三个力的合成结果。

解：(1) 将力系向A点简化，其主矢为$\boldsymbol{F}$，主矩为$\boldsymbol{M}$。主矢为$\boldsymbol{F}$在x，y轴上的投影为

$$F_x=F_1\cos 60°-F_2=(200\times\cos 60°-150)\text{N}=-50\text{N}$$

$$F_y=F_1\sin 60°-F_3=(200\times\sin 60°-100)\text{N}=73.21\text{N}$$

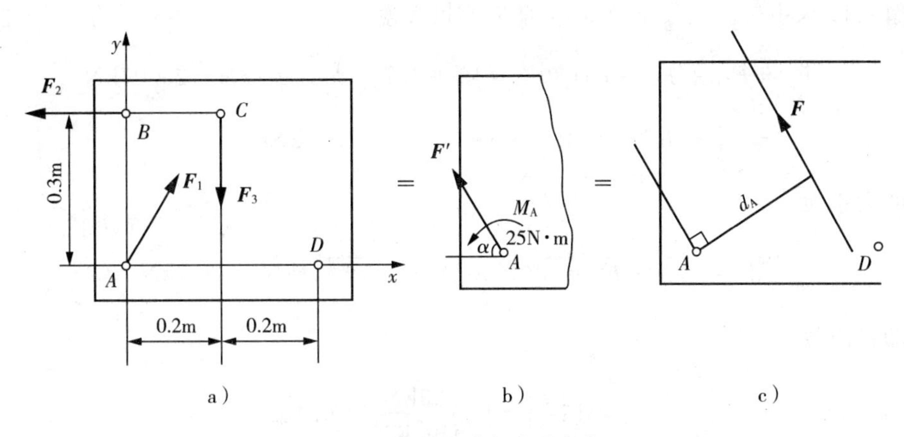

图 2-17　铆接薄钢板的铆钉

主矢的大小为

$$F=\sqrt{F_x^2+F_y^2}=\sqrt{(-50)^2+(73.21)^2}\,\mathrm{N}=88.65\mathrm{N}$$

主矢的方向为

$$\tan\alpha=\left|\frac{F_y}{F_x}\right|=\left|\frac{73.21\mathrm{N}}{-50\mathrm{N}}\right|=1.464 \qquad \alpha=55.66^\circ$$

主矩为

$$M=\sum M_A(\boldsymbol{F})=F_2\times 0.3-F_3\times 0.2$$

$$=(150\times 0.3-100\times 0.2)\mathrm{N\cdot m}=25\mathrm{N\cdot m}$$

例 2.10　胶带运输机滚筒的半径$R=0.325\mathrm{m}$，由驱动装置传来的力偶矩$M=4.65\mathrm{kN\cdot m}$，紧边胶带张紧力 $F_{T1}=19\mathrm{kN}$，松边胶带张紧力 $F_{T2}=4.7\mathrm{kN}$，胶带包角为210°，如图2-18a所示。试将此力系向 O 点简化。

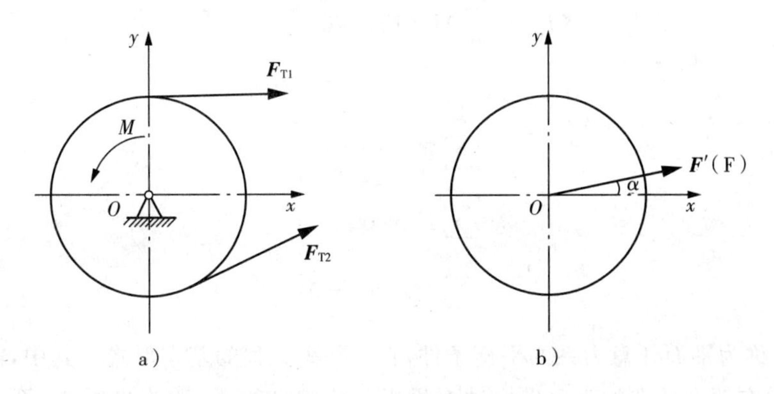

图 2-18　胶带运输机滚筒

解:(1) 求主矢。主矢 $\boldsymbol{F}$ 在 x,y 轴上的投影为

$$F_x = F_{T1} + F_{T2} \cdot \cos 30° = (19 + 4.7 \times \cos 30°)\text{kN} = 23.07\text{kN}$$

$$F_y = F_{T2} \cdot \sin 30° = 4.7 \times \sin 30°\text{kN} = 2.35\text{kN}$$

主矢的大小为

$$F = \sqrt{F_x^2 + F_y^2} = \sqrt{(23.07)^2 + (2.35)^2}\text{kN} = 23.1\text{kN}$$

主矢的方向为

$$\alpha = \left|\frac{F_y}{F_x}\right| = \left|\frac{2.35\text{kN}}{23.07\text{kN}}\right| = 0.102$$

$$\alpha = 5°49'$$

(2) 求主矩。

$$M = \sum M_O(\boldsymbol{F}) = M - F_{T1}R + F_{T2}R$$

$$= (4.65 - 19 \times 0.325 + 4.7 \times 0.325)\text{kN} \cdot \text{m} = 0$$

由于主矩为零,故力系的合力 $\boldsymbol{F}$ 即等于主矢,且合力的作用线通过简化中心 O,如图 2-18b 所示。

2.4.2 平面任意力系的平衡条件

由前所述,平面任意力系向一点简化的结果为主矢和主矩,只有当主矢和主矩都为零时,物体既不能转动也不能移动,力系才平衡。于是,平面任意力系平衡的充分与必要条件是:力系的主矢和主矩均为零,即

$$F = \sqrt{\left(\sum F_x\right)^2 + \left(\sum F_y\right)^2} = 0$$

$$M'_O = \sum M_O(\boldsymbol{F}_i) = 0$$

故有

$$\left.\begin{aligned} \sum F_x &= 0 \\ \sum F_y &= 0 \\ \sum M_O(\boldsymbol{F}) &= 0 \end{aligned}\right\} \qquad (2-15)$$

式(2-15)称为平面任意力系的平衡条件,它是平衡方程的基本形式。其中,前两式表示力系中各力在两个任选的直角坐标轴上投影的代数和为零,称为投影式;第三式表示力系中各力对平面内任意点之矩的代数和为零,称为力矩式。

平面任意力系的平衡方程还可以表示为两矩式，即

$$\left.\begin{aligned}&\sum M_A(\boldsymbol{F})=0\\&\sum M_B(\boldsymbol{F})=0（x\text{ 轴不能与 }AB\text{ 连线垂直}）\\&\sum F_x=0\end{aligned}\right\}\qquad(2-16)$$

2.4.3　解题步骤

(1) 确定研究对象，画出受力图。应选取有已知力和未知力共同作用的物体作为研究对象，画出受力图。

(2) 选取坐标轴和矩心，列平衡方程。在选取坐标轴和矩心时，应遵循以下原则：

① 坐标轴应与力系中各力的夹角尽可能简单，最好能与未知力垂直或平行。

② 矩心应选在有较多未知力的交点处。

(3) 求解未知量。将已知条件代入平衡方程，联立方程求解出未知量。选取一个不独立的方程，对某一解答作重复运算，以核对其正确性。

例 2.11　如图 2-19 所示，运料斗车重 $G=40\text{kN}$，沿与水平面成 $\alpha=30°$ 角的轨道等速被提升，斗车重心的位置为 C，求钢绳的牵引力及斗车对轨道的压力（不计阻力）。

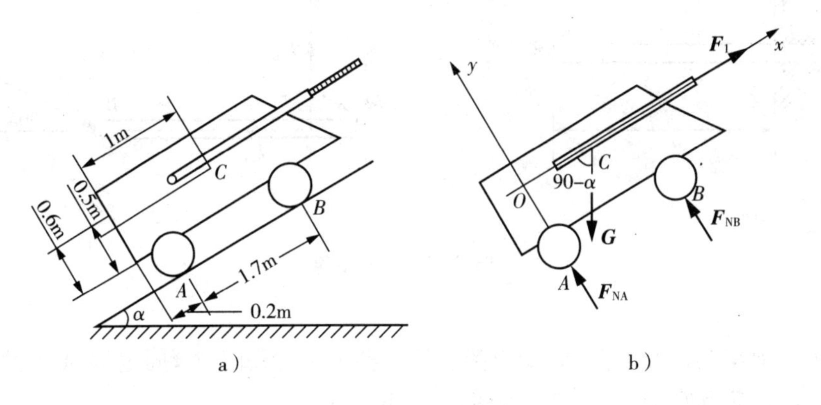

图 2-19　运料斗车

a) 简图　b) 受力分析

解：(1) 取车为研究对象并画受力图（见图 2-19b）。

(2) 选坐标轴如图 2-19b 所示。

(3) 列平衡方程求解。

$$\sum F_x=0,\quad F_1-G\sin\alpha=0$$

$$F_1=G\sin\alpha=(40\times\sin 30°)\text{kN}=20\text{kN}$$

$$\sum M_O(\boldsymbol{F})=0,\quad -G\sin\alpha(0.6-0.5)-G\cos\alpha(1-0.2)+1.7F_{NB}=0$$

即

$$-40\times\sin 30^\circ\times 0.1-40\times\cos 30^\circ\times 0.8+1.7F_{NB}=0$$

解得

$$F_{NB}=17.5\text{kN}$$

$$\sum F_y=0,\quad F_{NA}+F_{NB}-G\cos\alpha=0$$

将已知数据和 F_{NB} 之值代入得

$$F_{NA}=G\cos\alpha-F_{NB}=40\cos 30^\circ-17.5\text{kN}=17.1\text{kN}$$

斗车对轨道压力,可根据作用与反作用公理求出,大小等于 F_{NA} 与 F_{NB},方向与 $\boldsymbol{F}_{NA}$、$\boldsymbol{F}_{NB}$ 相反。

例 2.12 如图 2-20 所示,已知梁长 $l=2\text{m}$,$F=100\text{N}$,求固定端 A 处的约束反力。

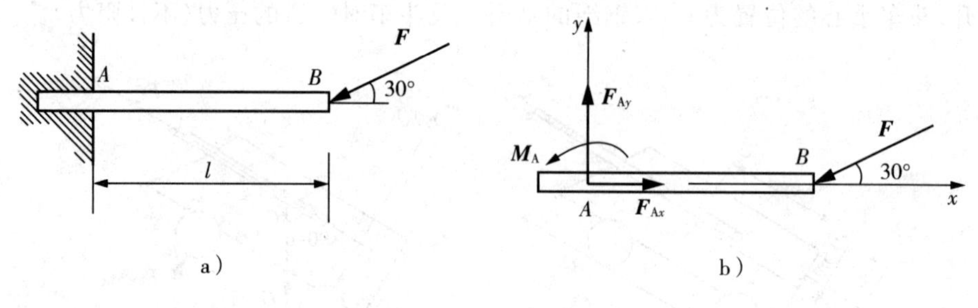

图 2-20 固定梁

a) b)

解:(1) 取梁为研究对象,画受力图。梁受到 B 端已知力 $\boldsymbol{F}$,固定端 A 点的约束反力 $\boldsymbol{F}_{Ax}$、$\boldsymbol{F}_{Ay}$,约束反力偶 $\boldsymbol{M}_A$ 的作用,如图 2-20b 所示。

(2) 建立直角坐标系 Axy,列平衡方程。

$$\sum F_x=0,\quad F_{Ax}-F\cos 30^\circ=0$$

$$\sum F_y=0,\quad F_{Ay}-F\sin 30^\circ=0$$

$$\sum M_A(\boldsymbol{F})=0,\quad M_A-Fl\sin 30^\circ=0$$

(3) 求解未知量。由上述方程解得

$$F_{Ax} = F\cos30° = (100 \times \cos30°)\text{N} = 86.6\text{N}$$

$$F_{Ay} = F\sin30° = (100 \times \sin30°)\text{N} = 50\text{N}$$

$$M_A = Fl\sin30° = (100 \times 2 \times \sin30°)\text{N} \cdot \text{m} = 100\text{N} \cdot \text{m}$$

2.5　物体系统的平衡

2.5.1　静定和静不定问题

前面介绍了平面汇交力系和平面任意力系的简化和平衡的问题。可以看出，每一种力系独立的平衡方程的数目都是一定的。例如，平面汇交力系独立的平衡方程数目有两个，而平面任意力系有三个。显然，对于每一种平面力系的平衡问题，应求解未知量的个数均未超过其相应的平衡方程的数目，因此有唯一解。在刚体静力学分析中，若未知量的数目少于或等于平衡方程的数目，则有唯一解，这样的问题称为静定问题(见图 2 - 21a)。

在工程实际中，为了提高构件与结构的安全性，常采用增加约束的方法，从而使所受未知力的个数增加，超过了平衡方程的数目，这些未知量就不能全部由平衡方程求出。这样的问题称为静不定问题或超静定问题(见图 2 - 21b)。静力学中主要研究静定问题。

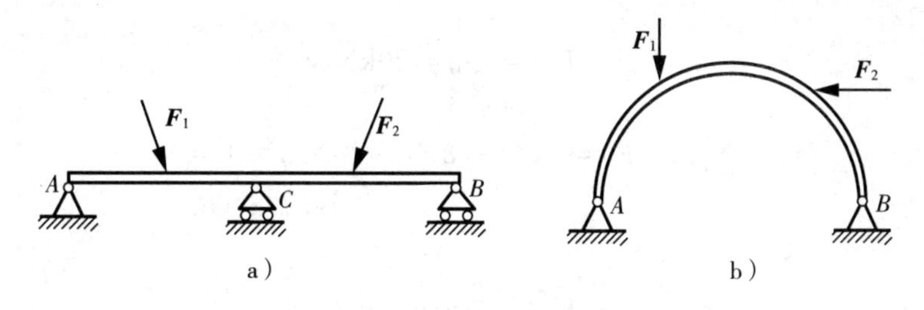

图 2 - 21　刚体静力学分析

a) 静定问题　b) 超静定问题

2.5.2　物体系统的平衡

若干个物体通过约束组合在一起，称为物体系统，简称物系。对于静定的物系平衡问题，当整个系统平衡时，组成该系统的每个物体也平衡。因此，在求解时，既可选择整个物系为研究对象，也可选择单个物体或部分物体为研究对象。对于每一个研究对象(平面任意力系)，可列出三个独立的平衡方程。如果物系由 n 个物体组成，就可列出 $3n$ 个独立的平衡方程而求解 $3n$ 个未知量。

例 2.13 已知梁 AB 和 BC 在 B 点铰接，C 为固定端（见图 2-22a）。M=20kN，均布力 q=15kN/m，试求 A、B、C 三点的约束反力。

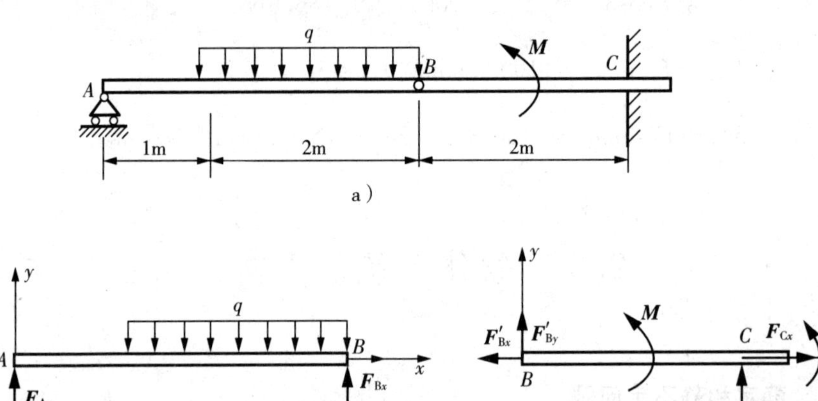

图 2-22 例 2.13 图

解：若以整个物系为研究对象，则未知量太多，不能求解。所以，要以 AB、BC 两个物体分别为研究对象，可求出所有的未知量。

（1）以 AB 为研究对象并画受力图，选坐标轴，如图 2-22b 所示。

（2）列出 AB 物体的平衡方程，并求解。

$$\sum M_A(\boldsymbol{F})=0, \quad 3F_{By}-2\times q\times 2=0$$

解得

$$F_{By}=\frac{4}{3}q=20\text{kN}$$

$$\sum M_B(\boldsymbol{F})=0, \quad -3F_{Ay}+2\times q\times 1=0$$

解得

$$F_{Ay}=\frac{2}{3}q=10\text{kN}$$

$$\sum F_x=0, \quad F_{Bx}=0$$

（3）以 BC 为研究对象并画受力图，选坐标轴，如图 2-22c 所示。

（4）列出 BC 物体的平衡方程，并求解。

$$\sum M_C(\boldsymbol{F})=0, \quad 2F'_{By}+M+M_C=0$$

解得

$$M_C=-2F'_{By}-M=(-2\times 20-20)\text{kN}\cdot\text{m}=-60\text{kN}\cdot\text{m}$$

$$\sum F_y = 0,\quad -F'_{By} + F_{Cy} = 0$$

解得

$$F_{Cy} = F'_{By} = 20\text{kN}$$

$$\sum F_x = 0,\quad F_{Cx} - F'_{Bx} = 0$$

解得

$$F_{Cx} = F'_{Bx} = F_{Bx} = 0$$

例 2.14　$ABCD$ 是一个四杆机构，在图 2-23 所示位置处于平衡状态。已知 $M = 4\text{N}\cdot\text{m}$、$CD = 0.4\sqrt{2}\,\text{m}$，求平衡时作用在 AB 中点的力 $\boldsymbol{F}$ 的大小及 A、D 处的约束反力。

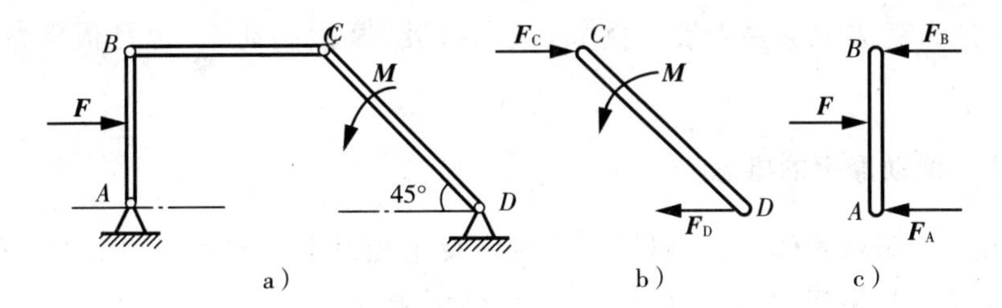

图 2-23　四杆机构

解：若以整体为研究对象，不能求出任何一个未知量。考虑到主动力偶在 CD 杆上，所以先以 CD 杆为研究对象。

(1) 以 CD 杆为研究对象并画受力图，如图 2-23b 所示。因 BC 杆为二力杆，故 C 点受力为 $\boldsymbol{F}_C$。因力偶必须用力偶来平衡，故 D 处的约束反力 $\boldsymbol{F}_D = -\boldsymbol{F}_C$。

列平衡方程

$$\sum M_D(\boldsymbol{F}) = 0,\quad M - F_C \cdot CD\sin 45^\circ = 0$$

解得

$$F_C = \frac{M}{CD\sin 45^\circ} = \frac{4}{0.4\sqrt{2} \times \frac{\sqrt{2}}{2}}\text{N} = 10\text{N}$$

(2) 以 AB 杆为研究对象，画受力图（见图 2-23c）。

列平衡方程

$$\sum M_A(\boldsymbol{F}) = 0,\quad AB \cdot F_B - \frac{1}{2}AB \cdot F = 0$$

解得

$$F = 2F_B = 2F_C = 20\text{N}$$

$$\sum M_B(\boldsymbol{F})=0,\quad \frac{1}{2}AB\cdot F-AB\cdot F_A=0$$

解得

$$F_A=\frac{1}{2}F=10\text{N}$$

2.6 考虑摩擦时的平衡问题

前面所讨论的物体的平衡问题，都是假定物体接触或连接处之间是光滑接触的，但绝对光滑是不存在的，物体之间是有摩擦的。当问题中的摩擦力很小时，对所研究的问题影响不大的前提下，可以忽略摩擦力。但是，在有些问题中，摩擦所起的作用是主要的，摩擦力就成为重要因素。例如，汽车行驶、摩擦制动等，都是依靠摩擦力来工作的。

2.6.1 滑动摩擦的概念

两个相互接触的物体，当它们沿着接触面发生相对滑动或者有相对滑动的趋势时，在接触表面会产生阻碍相对滑动的力，称为滑动摩擦力。

计算滑动摩擦力时，要根据物体所处的状态，在不同的状态下，滑动摩擦力的计算是不相同的。通过试验可得以下结论：

(1) 当物体始终保持静止时，即只有相对滑动的趋势，此时的摩擦力称为静滑动摩擦力，简称静摩擦力。静摩擦力随主动力的变化而变化，其大小由平衡方程来确定，介于零和最大静摩擦力之间，即

$$0\leqslant F_f\leqslant F_{fmax}$$

在这种情况下，它与正压力无直接关系。

(2) 当物体处于即将滑动的临界状态时，静摩擦力达到最大值 F_{fmax}，称为最大静摩擦力。实验证明，最大静摩擦力的大小与两接触面间的正压力 F_N 成正比，这称为库仑定律，即

$$F_{fmax}=f_sF_N \tag{2-17}$$

(3) 当两接触面发生相对滑动时，此时的摩擦力称为滑动摩擦力，简称动摩擦力。实验证明，动摩擦力 F' 的大小也与接触面间的正压力 F_N 成正比，即

$$F'=fF_N \tag{2-18}$$

式(2-18)中，比例常数 f 称为动摩擦因数，它与接触面的材料及表面状况有关。其大小由实验测定，部分材料的 f_s 及 f 值如表 2-1 所示。

表 2-1　常见材料的滑动摩擦因数

材料名称	摩擦因数			
	静摩擦因数(f_s)		动摩擦因数(f)	
	无润滑剂	有润滑剂	无润滑剂	有润滑剂
钢-钢	0.15	0.1～0.2	0.15	0.05～0.10
钢-铸铁	0.3		0.18	0.05～0.15
钢-青铜	0.15	0.1～0.5	0.15	0.1～0.15
钢-橡胶	0.9		0.6～0.8	
铸铁-铸铁		0.18	0.15	0.07～0.12
铸铁-青铜			0.15～0.2	0.07～0.15
铸铁-皮革	0.3～0.5	0.15	0.6	0.15
铸铁-橡胶			0.8	0.15
青铜-青铜		0.10	0.2	0.07～0.10
木-木	0.4～0.6	0.10	0.2～0.5	0.07～0.15

从表2-1可以看出，一般情况下，$f_s > f$，这说明使物体从静止开始滑动比较费力，一旦物体滑动起来，要维持物体继续滑动就比较省力了。当要求精度不高时，可近似认为$f_s \approx f$。

2.6.2　自锁

1. 摩擦角

如图2-24所示，水平面上有一重为G的物体。当在物体上施加水平推力$\boldsymbol{F}$时，物体与水平面间有相对运动的趋势，产生了摩擦力，其大小随物体状态的变化而变化。此时，

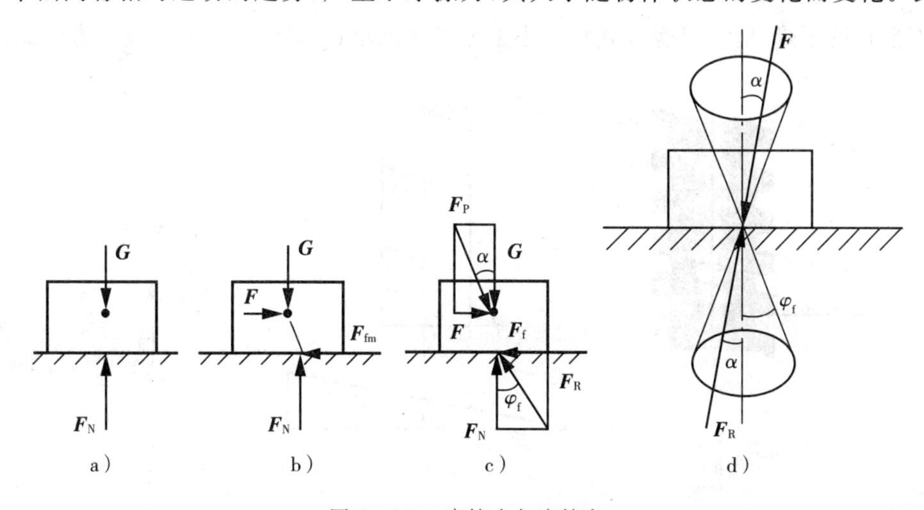

图 2-24　摩擦力与摩擦角

物体受到支承面的法向约束力 $\boldsymbol{F}_N$ 和切向约束力(摩擦力)$\boldsymbol{F}_f$ 的作用,它们的合力 $\boldsymbol{F}_R$ 称为全约束力。当物体处于临界状态时,摩擦力为 $\boldsymbol{F}_{fmax}$,此时的全约束力为

$$\boldsymbol{F}_R = \boldsymbol{F}_N + \boldsymbol{F}_{fmax} \tag{2-19}$$

全约束力与接触面的公法线成某一夹角 φ,如图 2-24c 所示。在临界状态下,φ 角达到最大值 φ_f,称为摩擦角。则

$$\tan\varphi_f = \frac{F_{fmax}}{F_N} = \frac{f_s F_N}{F_N} = f_s \tag{2-20}$$

上式表明,摩擦角的正切等于静摩擦因数。这说明摩擦角也是表示材料摩擦性质的物理量,它与物体接触面的材料及表面状况等因素有关。

2. 自锁

将物体所受的重力 $\boldsymbol{G}$ 与水平推力 $\boldsymbol{F}$ 合成一合力 $\boldsymbol{F}_P$,它与接触面法线间的夹角为 α,如图 2-25 所示。当物体静止时,由公理一可知,$\boldsymbol{F}_P$ 与 $\boldsymbol{F}_R$ 应等值、反向、共线,即有 $\alpha=\varphi$。由于

$$0 \leqslant \varphi \leqslant \varphi_m$$

所以,当物体静止时,应满足

$$\varphi \leqslant \varphi_m \tag{2-21}$$

因此,作用于物体上的主动力的合力为 $\boldsymbol{F}_P$,无论其大小如何,只要其作用线与接触面法线间的夹角 α 小于或等于摩擦角 φ_m,物体便处于静止状态,这种现象称为自锁。式(2-21)称为自锁条件。

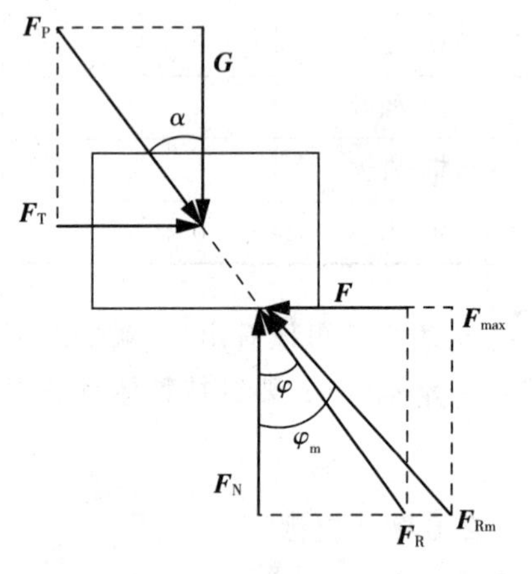

图 2-25 受力分析

自锁现象在工程实际中应用非常广泛。例如,为了保证千斤顶在被顶起的重物的作用下不会自动下降,应满足螺纹升角 α 小于等于摩擦角 φ_m,如图 2-26 所示;为保证自卸

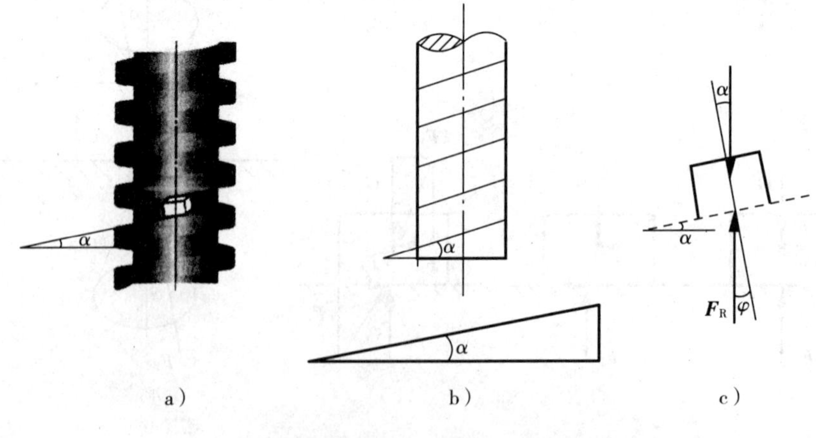

图 2-26 千斤顶的螺纹升角

货车车斗内的货物倾斜干净，必须满足车斗能翻转的角度大于摩擦角 φ_m，如图 2－27 所示。

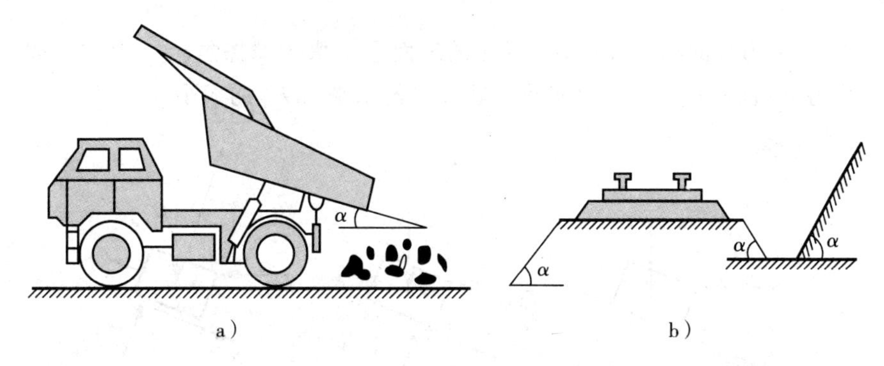

图 2－27　自动卸货车

2.6.3　考虑摩擦时的平衡问题

物体有摩擦时的平衡问题，其分析方法和步骤与不计摩擦时的平衡问题基本相同，只是在进行受力分析和画受力图时，要考虑摩擦力。在列出物体的力系平衡方程后，应再加上静摩擦力的求解条件（$0 \leqslant F_f \leqslant F_{fmax}$）作为补充方程。因此，问题的解也是一个范围值，称为平衡范围。为了确定平衡范围，通常都是对物体的临界状态进行分析，避免解不等式。

例 2.15　物体放在一倾角 $\alpha = 30°$ 的斜面上，如图 2－28 所示。已知物体的重量为 1000N，接触面间的静摩擦因数 $f = 0.2$，求物体的最大静摩擦力。

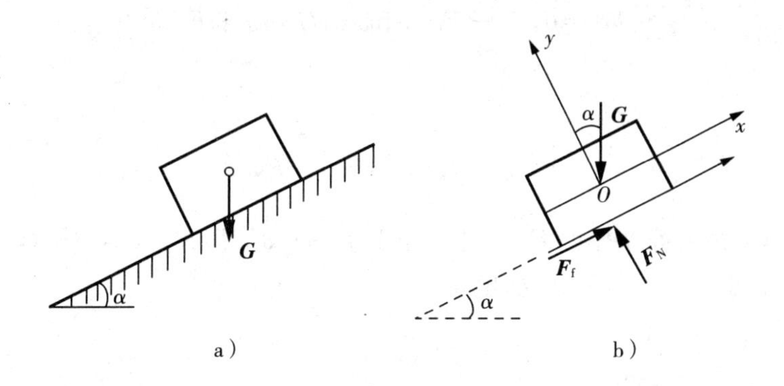

图 2－28　例 2.15 图

a) 简图　b) 受力分析

解：(1) 画物体的受力图，选坐标系，如图 2－28b 所示。

(2) 求最大静摩擦力的大小 F_{fmax}。

$$\sum F_y = 0,\quad F_N - G\cos\alpha = 0$$

$$F_N = G\cos\alpha = 1000 \times \cos 30°\text{N} = 866\text{N}$$

所以

$$F_{fmax}=fF_N=0.2\times866\text{N}=173\text{N}$$

例 2.16 重为G的物体放在倾角为α的斜面上，α大于摩擦角φ_m，如图 2-29a 所示，另加一水平力$\boldsymbol{F}_P$向右推物体。试求维持物体平衡水平力$\boldsymbol{F}_P$的大小。

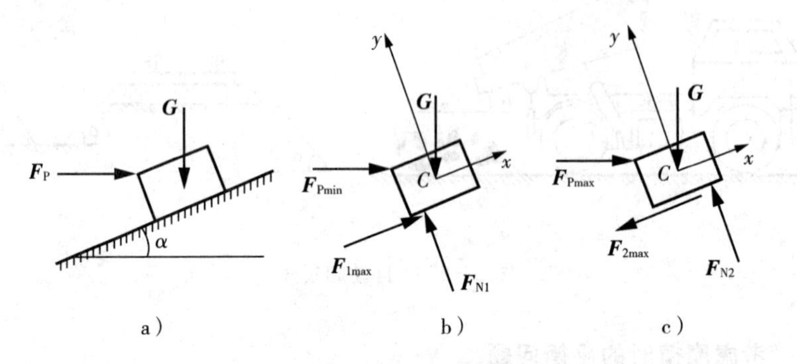

图 2-29 例 2.16 图

解：由题意可知，力$\boldsymbol{F}_P$过大或过小将使物体沿斜面上滑或下滑。因此力$\boldsymbol{F}_P$值在一定范围内才能维持物体平衡。

(1) 设$F_P=F_{Pmin}$，物体处于将下滑的临界状态。画受力图如图 2-29b 所示。$\boldsymbol{F}_{1max}$的方向与物体的滑动趋势相反，即沿斜面向上。选取坐标轴，列平衡方程：

$$\sum F_{ix}=0,\quad F_{Pmin}\cos\alpha+F_{1max}-G\sin\alpha=0$$

$$\sum F_{iy}=0,\quad -F_{Pmin}\sin\alpha-G\cos\alpha+F_{N1}=0$$

列补充方程：

$$F_{1max}=f_sF_{N1}=\tan\varphi_mF_{N1}$$

注意：这里的最大静摩擦力$\boldsymbol{F}_{1max}$并不等于$f_sG\cos\alpha$。因为$F_{N1}\neq G\cos\alpha$，F_{N1}的值必须由平衡方程解出。三个方程联立，解得

$$F_{Pmin}=G\tan(\alpha-\varphi_m)$$

(2) 设$F_P=F_{Pmax}$，物体处于将上滑的临界状态，受力图如图 2-29c 所示，$\boldsymbol{F}_{Pmax}$的指向沿斜面向下。同样，列出平衡方程和补充方程：

$$\sum F_{ix}=0,\quad F_{Pmax}\cos\alpha-F_{2max}-G\sin\alpha=0$$

$$\sum F_{iy}=0,\quad -F_{Pmax}\sin\alpha-G\cos\alpha+F_{N2}=0$$

$$F_{2max}=f_sF_{N2}=\tan\varphi_mF_{N2}$$

三个方程联立,解得

$$F_{\text{Pmax}} = G\tan(\alpha + \varphi_{\text{m}})$$

综合上述两个结果,只有当 F_{P} 满足以下条件时,物体才能处于平衡,即

$$G\tan(\alpha - \varphi_{\text{m}}) \leqslant F_{\text{P}} \leqslant G\tan(\alpha + \varphi_{\text{m}})$$

本章小结

1. 平面汇交力系

(1) 力在直角坐标轴上的投影

$$F_x = \pm F \cdot \cos\alpha$$

$$F_y = \pm F \cdot \sin\alpha$$

式中,α 为力 $\boldsymbol{F}$ 与 x 轴所夹锐角。

(2) 平面汇交力系合成的解析法

① 合力投影定理:

$$F_x = F_{1x} + F_{2x} + \cdots + F_{nx} = \sum F_{ix}$$

$$F_y = F_{1y} + F_{2y} + \cdots + F_{ny} = \sum F_{iy}$$

② 合力的大小和方向:

$$F = \sqrt{F_x^2 + F_y^2} = \sqrt{(\sum_{i=1}^{n} F_{ix})^2 + (\sum_{i=1}^{n} F_{iy})^2}$$

$$\alpha = \arctan\left|\frac{F_y}{F_x}\right| = \left|\frac{\sum\limits_{i=1}^{n} F_{iy}}{\sum\limits_{i=1}^{n} F_{ix}}\right|$$

式中,α 为合力 $\boldsymbol{F}$ 与 x 轴所夹锐角,合力的指向由 $\sum F_{ix}$ 及 $\sum F_{iy}$ 的正负来确定。

(3) 平面汇交力系平衡的解析条件

$$\sum F_{ix} = 0$$

$$\sum F_{iy} = 0$$

上式称为平面汇交力系的平衡方程。

2. 力对点之矩

(1) 力对点之矩

$$M_O(\boldsymbol{F}) = \pm Fd$$

通常规定:力使物体作逆时针方向转动时,力矩为正;反之,为负。

(2) 合力矩定理

$$M_O(\boldsymbol{F}) = M_O(\boldsymbol{F}_1) + M_O(\boldsymbol{F}_2) + \cdots + M_O(\boldsymbol{F}_n) = \sum M_O(\boldsymbol{F}_i)$$

3. 力偶

(1) 把作用在同一物体上的大小相等、方向相反,但不共线的平行力组成的力系称为力偶。

(2) 力偶对物体转动效果可用力偶中的力 $\boldsymbol{F}$ 与力臂 d 的乘积来度量,并称之为力偶矩。

$$M = \pm Fd$$

通常规定:力偶使物体做逆时针转动时,力偶矩为正;反正为负。

(3) 力偶的性质

① 力偶在任何坐标轴上的投影代数和为零。力偶无合力,力偶不能与力等效,力偶只能用力偶来平衡。

② 力偶对其作用面上任意一点之矩恒等于力偶矩,而与矩心的位置无关。

(4) 力偶的等效性

如果两个力偶的力偶矩大小相等而且转向相同,则这两个力偶对物体产生相同的转动效应,则称这两个力偶等效。

推论一 力偶可以在其作用面内任意移动或转动,而不改变该力偶对物体的作用效果。

推论二 只要保持力偶矩的大小和力偶转向不变,可以任意改变力偶中力的大小及力偶臂的长短,而不改变该力偶对物体的作用效果。

(5) 平面力偶系的合成与平衡

① 平面力偶系的合成

$$M = Fd = (F_3 - F_4 + \cdots + F_n)d = M_1 + M_2 + \cdots + M_n = \sum M_i$$

② 平面力偶系的平衡方程

$$\sum M_i = 0$$

(6) 力的平移定理

作用于刚体上某点的力 $\boldsymbol{F}$,可平移到刚体上任一点 O,但同时必须附加一力偶。附加力偶的力偶矩等于原力 $\boldsymbol{F}$ 对平移点 O 之矩。

4. 平面任意力系

(1) 平面任意力系向一点简化

① 主矢的大小

$$F = \sqrt{(F'_x)^2 + (F'_y)^2} = \sqrt{(\sum F_x)^2 + (\sum F_y)^2}$$

② 主矢的方向

$$\tan\alpha = \left|\frac{F'_y}{F'_x}\right| = \left|\frac{\sum F_y}{\sum F_x}\right|$$

(2) 平面任意力系的平衡条件

平衡条件:力系的主矢和主矩均为零。

① 基本形式

$$\sum F_x = 0$$

$$\sum F_y = 0$$

$$\sum M_O(\boldsymbol{F}) = 0$$

② 两矩式

$$\sum M_A(\boldsymbol{F}) = 0$$

$$\sum M_B(\boldsymbol{F}) = 0 \text{（} x \text{ 轴不能与 } AB \text{ 连线垂直）}$$

$$\sum F_x = 0$$

(3) 应用平衡方程求解物体在平面力系作用下平衡问题的步骤

① 确定研究对象,画出受力图。

② 选取坐标轴和矩心,列平衡方程。

③ 求解未知量。

5. 物体系统的平衡

(1) 静定和静不定问题

① 若未知量的数目少于或等于平衡方程的数目,则有唯一解,这样的问题称为静定问题。

② 未知量不能全部由平衡方程求出,这样的问题称为静不定问题或超静定问题。

(2) 物体系统的平衡

若干个物体通过约束组合在一起,称为物体系统。

6. 考虑摩擦时的平衡问题

(1) 滑动摩擦的概念

两个相互接触的物体,当它们沿着接触面发生相对滑动或者有相对滑动的趋势时,在接触表面会产生阻碍相对滑动的力,称为滑动摩擦力。

（2）自锁

作用于物体上的主动力的合力 $\boldsymbol{F}_P$，无论其大小如何，只要其作用线与接触面法线间的夹角 α 小于或等于摩擦角 φ_m，物体便处于静止状态，这种现象称为自锁。

自锁条件：

$$\varphi \leqslant \varphi_m$$

（3）考虑摩擦时的平衡问题

物体发生摩擦时的平衡问题，其分析方法和步骤与不计摩擦的平衡问题基本相同，只是在进行受力分析和画受力图时，要考虑摩擦力。

习　题　二

一、填空题

1. 力矩的大小既与力 $\boldsymbol{F}$ 的大小成__________，又与力臂的大小成__________。

2. 力 $\boldsymbol{F}$ 使物体绕 O 点转动的效应用__________来度量，O 点称为___________，O 点到力 $\boldsymbol{F}$ 作用线的__________距离称为__________。

3. 力矩在下列情况下等于零：（1）_________________；（2）_________________。力矩的单位是：__________。

4. 力偶____________合成为一个力，或用一个力来代替，因而力偶只能用__________来平衡。

5. 平面汇交力系的合力对平面内任一点之矩，等于力系中__________对该点力矩的__________。

6. 力偶的性质是：（1）力偶可以在其_______________，而不改变它对刚体的作用效果。（2）只要保持________________不变，________________可以同时改变而不改变力偶对刚体的作用效果。

7. 可以把作用在刚体上某点的力平移到刚体上另一点，但同时这个附加的力偶矩必须等于________________。

8. 力的投影是__________量，而分力是__________量。

二、判断题

1. 由于力偶中二力等值反向，对其作用面内任一坐标轴投影的代数和为零，所以力偶是一个平面力系。

2. 力偶中的二力等值反向，因此力偶是一对作用力与反作用力。

3. 力偶中的二力等值反向，因此力偶的合力为零。

4. 力偶中的两个力所在的平面称为力偶的作用面。

5. 力的平移定理只适用于刚体。

6. 力的大小为零或力的作用线通过矩心，力矩等于零。

三、选择题

1. 平面汇交力系平衡的充要条件是________。

A. $F_x=0$　　B. $F_y=0$　　C. $F_x=0$ 或 $F_y=0$　　D. $F=0$

2. 力使物体转动的效应的程度，由________决定。

A. 力 $\boldsymbol{F}$ 的大小　　B. 力臂 d　　C. $F \cdot d$　　D. 不能确定

3. 把作用在同一物体上的________组成的力系称为力偶。

A. 大小相等、方向相反，作用在同一直线的两个力

B. 大小相等、方向相反，但不共线的平行力

C. 大小相等、方向相反的平行力

D. 大小相等、方向相反的不平行力

4. 力偶矩的大小与矩心的位置________。

A. 无关　　B. 有关　　C. 不能确定

5. 平面任意力系向一点简化的结果为________。

A. 一个主矢　　B. 一个主矩　　C. 一个主矢和一个主矩　　D. 力偶

6. 平面任意力系的平衡条件是________。

A. $F=0$　　B. $M=0$　　C. $F=0$ 或 $M=0$　　D. $\begin{cases}F=0\\M=0\end{cases}$

四、简答题

1. 图 2-30 所示四个力组成一平面力系，已知 $F_1=F_2=F_3=F_4$。试问力系向 A 点和 B 点简化的结果是什么？两者是否等效？

2. 图 2-31 所示刚体在 A、B、C 三点各受一力作用，已知 $F_1=F_2=F_3=F$，$\triangle ABC$ 为一等边三角形。试问此力系简化的最后结果是什么？此刚体是否平衡？

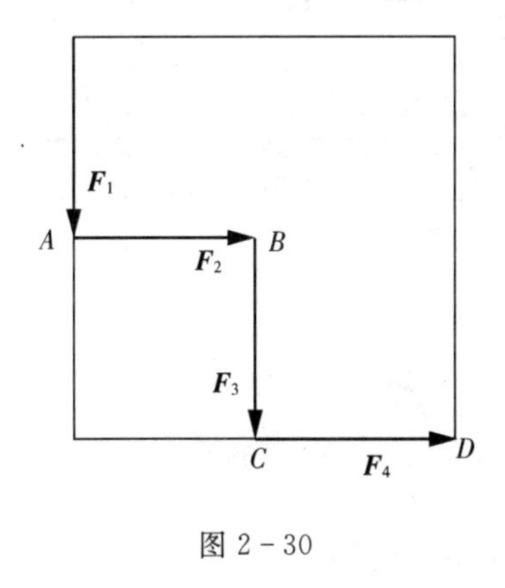

图 2-30

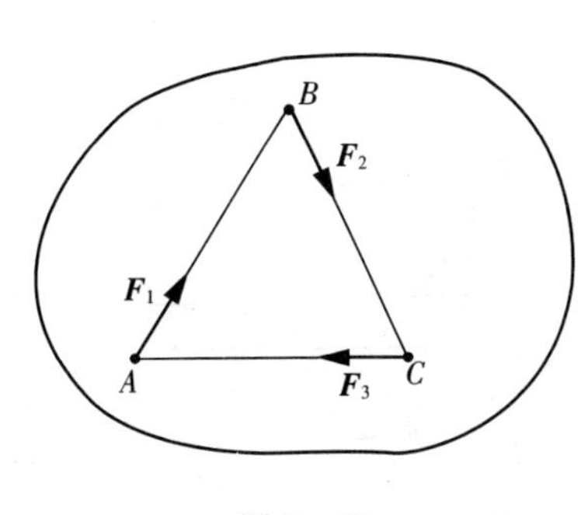

图 2-31

3. 在建立平面力系的平衡方程时，其坐标轴和矩心的选择是否是任意的？一般应怎样选择才便于求解？

4. 平面任意力系的平衡方程有几种形式？各种形式有什么附加条件？
5. 什么是摩擦角？摩擦角与哪些因素有关？摩擦角的大小表示什么意义？
6. 什么是自锁？影响自锁的因素有哪些？自锁与主动力的大小有没有关系？

五、计算题

1. 铆接钢板在孔 A、B 和 C 处受三个力的作用，如图 2－32 所示。已知 $P_1=100\text{N}$，沿铅垂方向；$P_2=50\text{N}$，沿 AB 方向；$P_3=50\text{N}$，沿水平方向。求此力系的合力。

2. 图 2－33 中设 $AB=l$，在 A 点受四个大小均等于 F 的力 $\boldsymbol{F}_1$、$\boldsymbol{F}_2$、F_3 和 $\boldsymbol{F}_4$ 作用。试分别计算每个力对 B 点的矩。

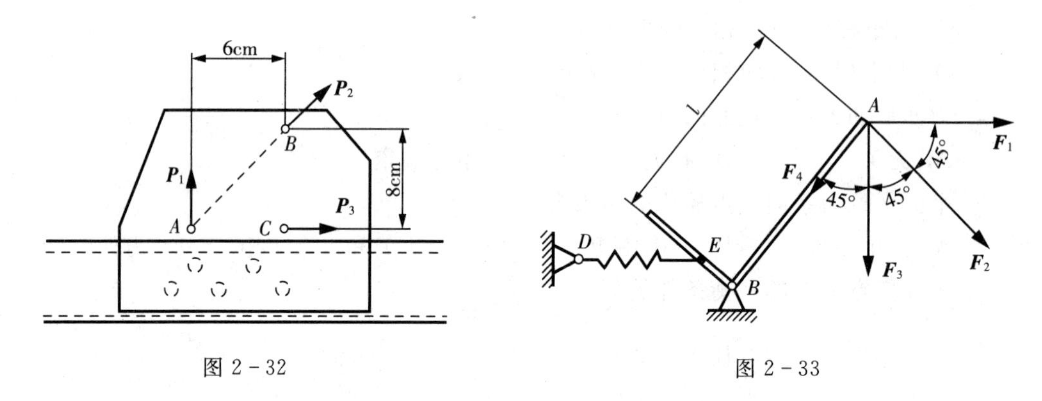

图 2－32　　图 2－33

3. 如图 2－34 所示，力 $\boldsymbol{F}$ 作用在刚体架上。试分别计算力 $\boldsymbol{F}$ 对点 A 和 B 的力矩。F，α，a，b 为已知。

4. 求如图 2－35 所示平面力偶系的合成结果。图中长度单位为 m。其中 $F_1=-F_1'=0.1\text{kN}$，$F_2=-F_2'=-0.2\text{kN}$，$F_3=F_3'=0.2\text{kN}$。

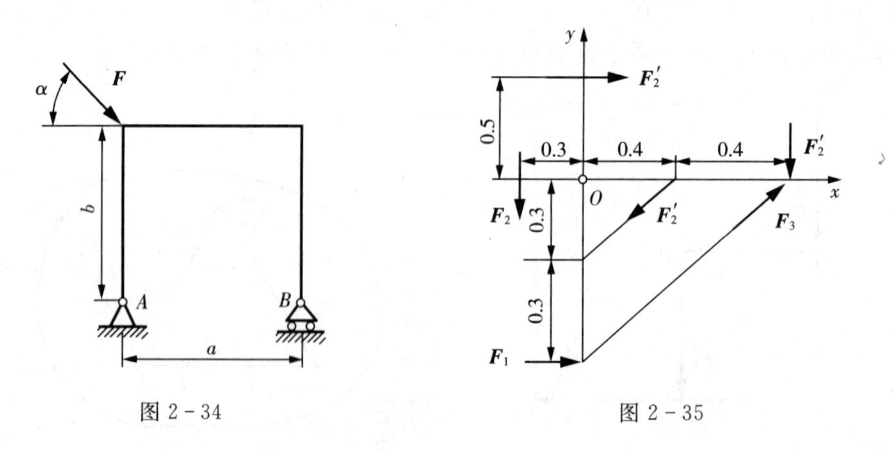

图 2－34　　图 2－35

5. 分析图 2－36 平面任意力系向 O 点简化的结果。已知 $F_1=100\text{N}$，$F_2=150\text{N}$，$F_3=200\text{N}$，$F_4=250\text{N}$，$F=F'=50\text{N}$。

6. 图 2－37 三角支架由杆 AB、AC 铰接而成，在 A 处作用有重力 $\boldsymbol{G}$，分别求出图中四种情况下杆 AB、AC 所受的力(不计杆自重)。

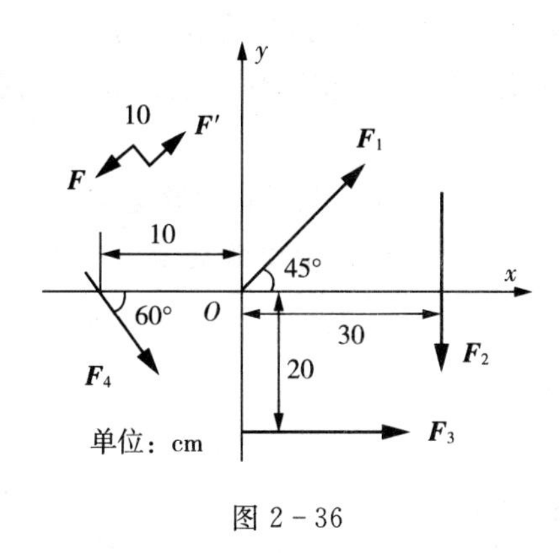

图 2 - 36

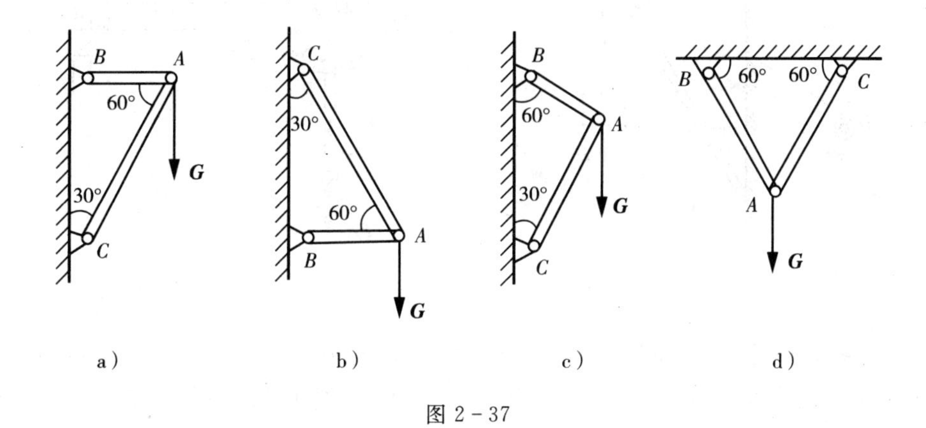

图 2 - 37

7. 试计算下列各图 2 - 38 中力 $\boldsymbol{F}$ 对点 O 的矩。

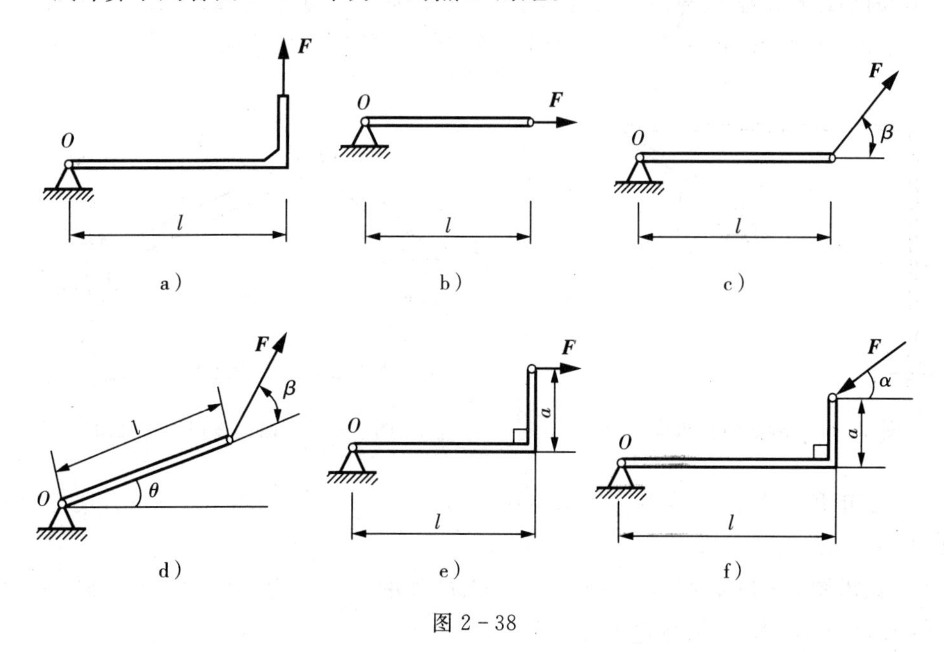

图 2 - 38

8. 如图2-39，起重机 BAC 上装一滑轮（轮重及尺寸不计）。重量 $G=20\text{kN}$ 的物体由跨过滑轮的绳子用绞车 D 吊起，A、B、C 处都是铰链。试求当载荷匀速上升时杆 AB 和 AC 所受的力。

9. 简易吊车如图2-40所示，设吊车连同载荷共重 $P=10\text{kN}$，作用于 AB 梁的中点，梁的自重不计。试求拉杆 BC 的拉力和固定铰链支座 A 处的反力。

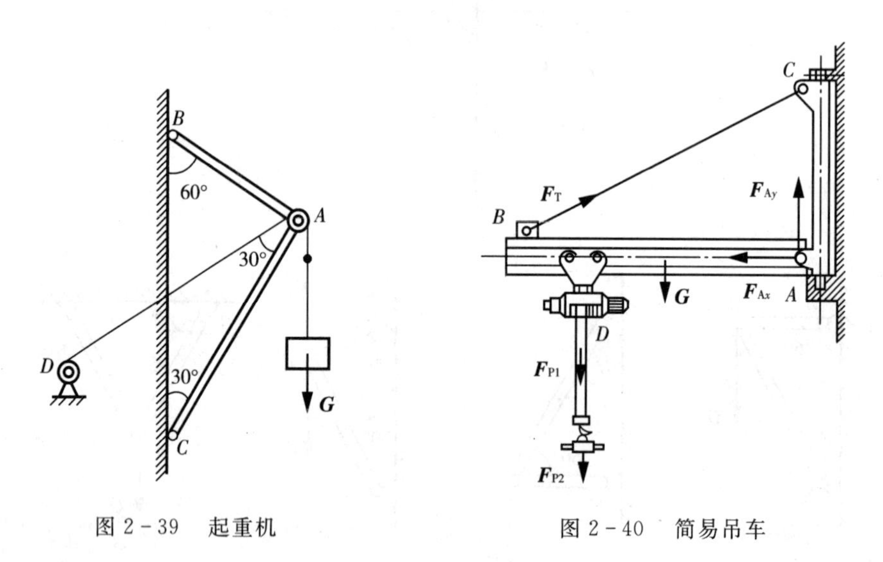

图2-39 起重机　　图2-40 简易吊车

10. 铰链四杆机构 $OABO_1$ 在图2-41位置平衡，已知 $\overline{OA}=0.4\text{m}$，$\overline{O_1B}=0.6\text{m}$，作用在曲柄 OA 上的力偶矩 $M_1=1\text{N}\cdot\text{m}$。不计杆重，求力偶矩 M_2 的大小及连杆 AB 所受的力。

11. 曲柄连杆活塞机构在如图所示2.42位置，此时活塞上受力 $F=400\text{N}$。如不计所有构件的重量和摩擦，问在曲柄上应加多大的力矩才能使机构平衡？

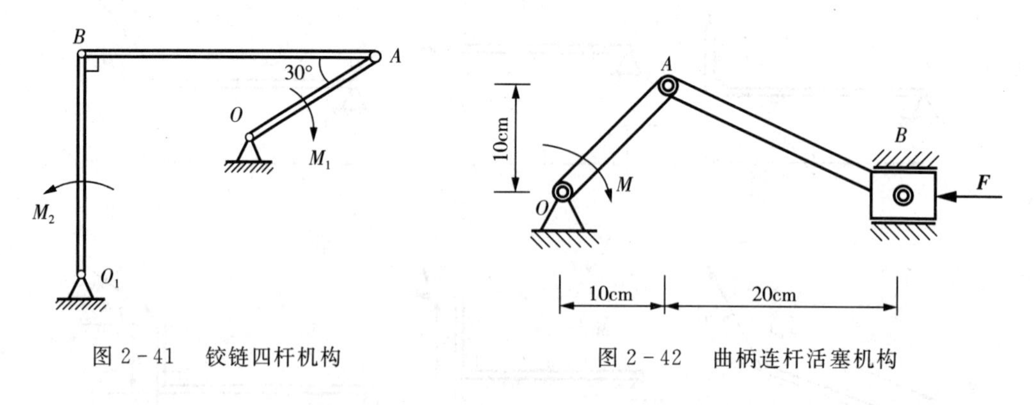

图2-41 铰链四杆机构　　图2-42 曲柄连杆活塞机构

12. 已知 $F=20\text{kN}$，$q=20\text{kN/m}$，$a=0.8\text{m}$，$M=8\text{kN}\cdot\text{m}$。试求图2-43各梁支座的约束反力。

13. 试求图2-44各组合梁支座 A、B、C、D 处的约束反力。已知 $q=10\text{kN/m}$，$M=40\text{kN}\cdot\text{m}$，$F=10\text{kN}$。（梁自重不计）

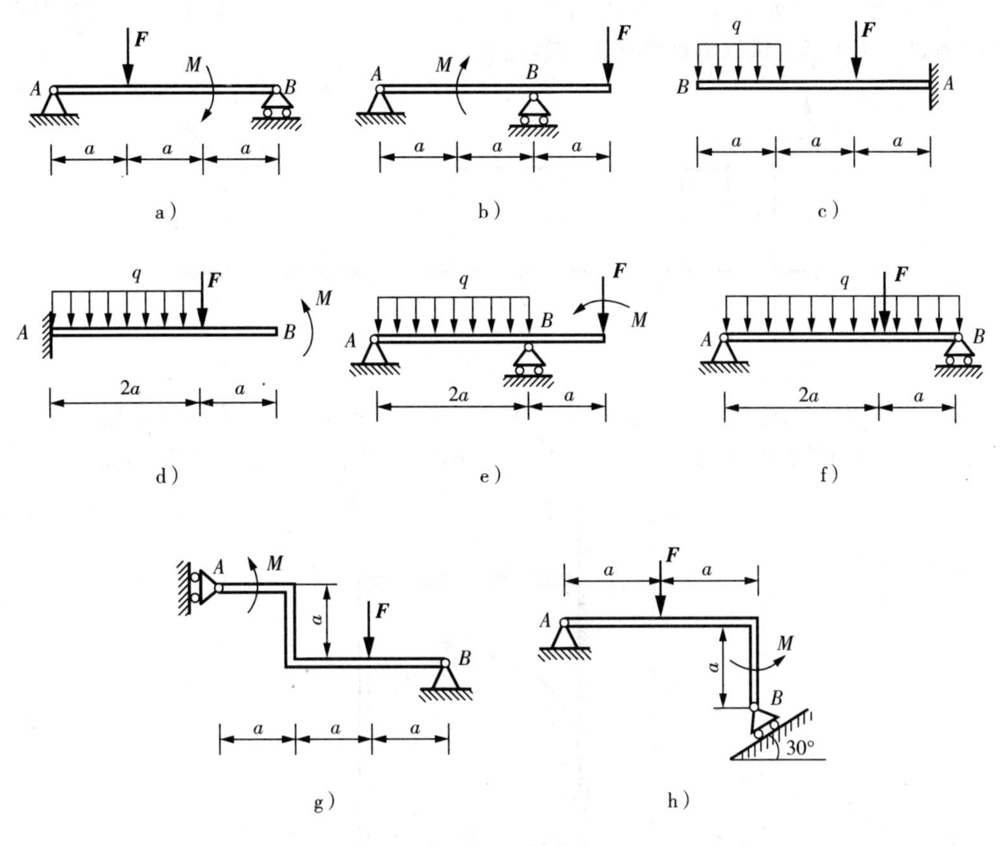

图 2 - 43　梁支座

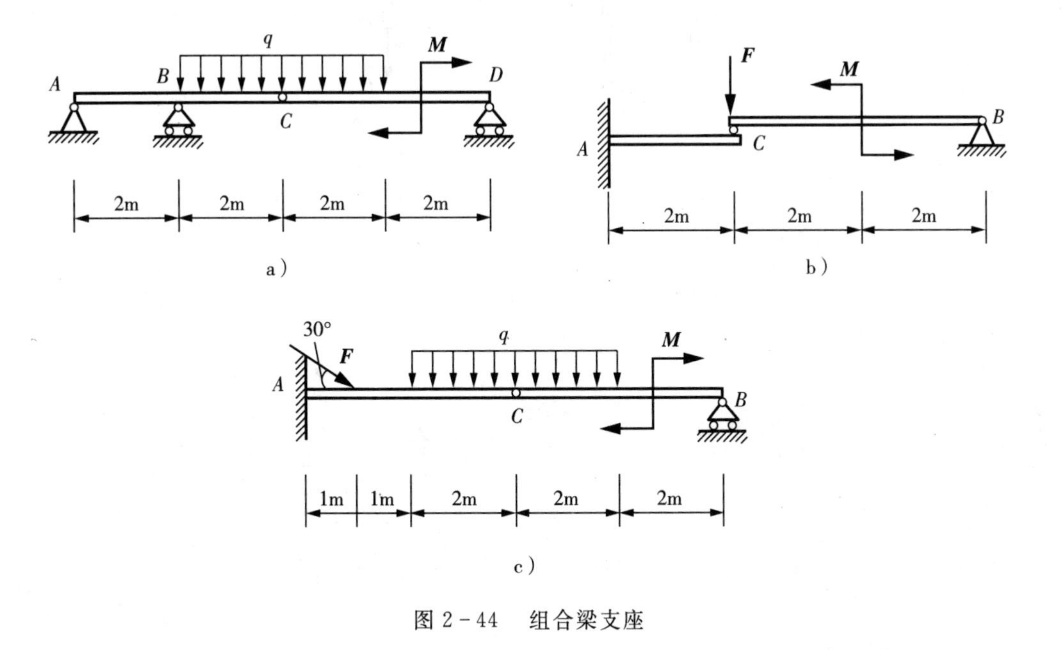

图 2 - 44　组合梁支座

14. 如图 2-45 所示三种情况，已知 $G=200\text{N}$、$F=100\text{N}$、$\alpha=30^{\circ}$，物块与支承面间的静摩擦因数 $f_s=0.5$。试求哪种情况下物体能动。

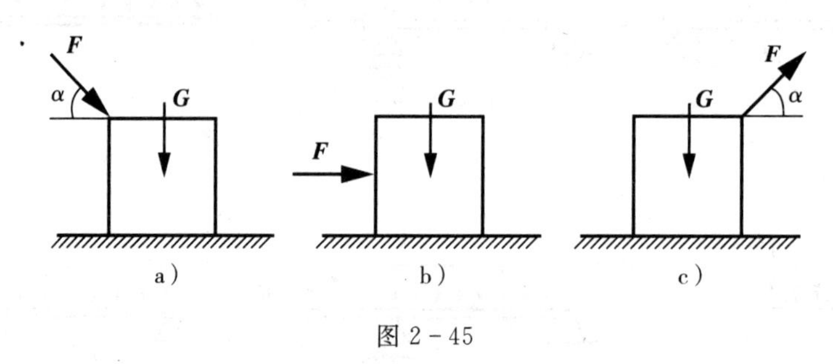

图 2-45

15. 重量为 G 的圆球夹在曲杆 ABC 与墙壁之间，若圆球的半径为 r，圆心比铰链 A 低 h，球与杆及球与墙的静摩擦因数 f_s。试求维持圆球不滑下所需力 $\boldsymbol{F}_P$ 的最小值。

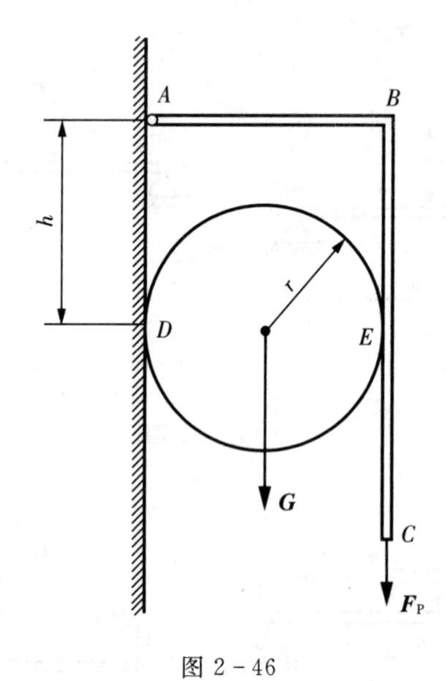

图 2-46

第 3 章　空间力系

【本章要点】

本章主要介绍空间力系的基本概念，力在空间直角坐标轴上的分解和投影，力对轴之矩，空间力系的合成与分解问题。通过对本章内容的学习，应达到以下要求：

(1)了解空间力系的相关概念。

(2)理解力在空间直角坐标轴上的分解和投影，力对轴之矩的概念。

(3)熟练掌握空间力系的平衡方程及其应用。

前一章我们讨论了平面力系，即力系中各力的作用线都在同一平面内。若力系中各力的作用线不在同一个平面内，则该力系称为空间力系。空间力系中，若各个力的作用线都汇交于一点，则称为空间汇交力系，如图 3－1a 所示；若各个力的作用线在空间任意分布，则称为空间任意力系，如图 3－1b 所示；若各个力的作用线相互平行，则称为空间平行力系，如图 3－1c 所示。

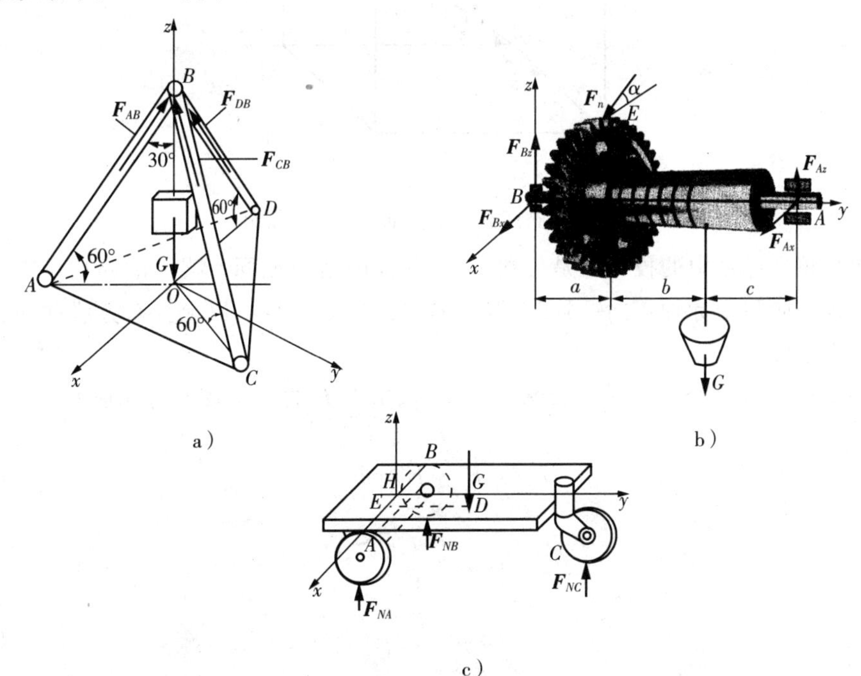

图 3－1　空间力系

a)空间汇交力系　b空间任意力系）　c)空间平行力系

3.1 力在空间直角坐标轴上的投影

3.1.1 直接投影法

根据力在坐标轴上的投影的概念，可求得一个任意力系在空间直角坐标轴上的三个投影。如图 3-2 所示，已知力 $\boldsymbol{F}$ 的大小，力 $\boldsymbol{F}$ 的作用线与空间直角坐标系中三个坐标轴 x、y、z 的夹角分别为 α、β、γ，则力 $\boldsymbol{F}$ 在三个坐标轴上的投影分别为

$$\left.\begin{aligned} F_x &= \pm F\cos\alpha \\ F_y &= \pm F\cos\beta \\ F_z &= \pm F\cos\gamma \end{aligned}\right\} \tag{3-1}$$

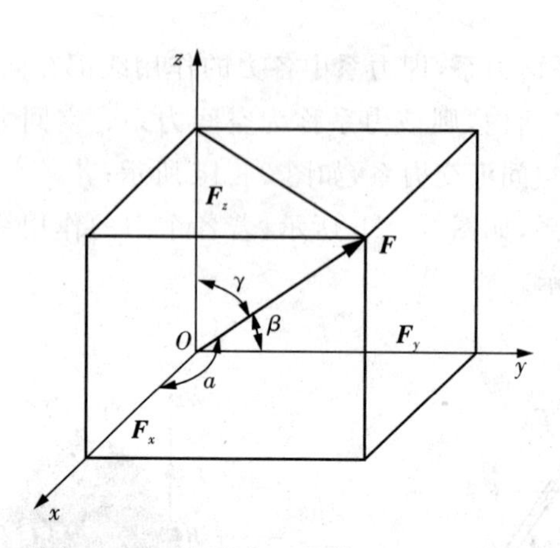

图 3-2 空间直角坐标轴上的三个投影

力在空间直角坐标系中的投影也是代数量，与平面的情况相同。当力的起点投影与终点投影的连线方向与坐标轴正向一致时，取正号；反之，取负号。以上投影方法称为直接投影法或一次投影法。

当已知力 $\boldsymbol{F}$ 在三个坐标轴上投影时，可以求出力 $\boldsymbol{F}$ 的大小及方向分别为

$$F=\sqrt{F_x^2+F_y^2+F_z^2} \tag{3-2}$$

$$\left.\begin{aligned} \cos\alpha &= \frac{F_x}{F} \\ \cos\beta &= \frac{F_y}{F} \\ \cos\gamma &= \frac{F_z}{F} \end{aligned}\right\} \tag{3-3}$$

式中，α、β、γ 分别表示合力与 x、y、z 轴正向的夹角。

3.1.2　二次投影法

如图 3-3 所示，已知力 $\boldsymbol{F}$ 的大小，$\boldsymbol{F}$ 的作用线与坐标轴 z 的夹角为 γ，力 $\boldsymbol{F}$ 与 z 轴确定的平面与 x 轴夹角为 φ，则可先将力 $\boldsymbol{F}$ 分别投影至 z 轴和坐标平面 xOy 上，于是得到 z 轴上的投影 F_z 和坐标平面上的投影 $\boldsymbol{F}_{xy}$。然后，再将 $\boldsymbol{F}_{xy}$ 分别投影至 x 轴和 y 轴，得到两坐标轴上的投影 F_x、F_y。从投影过程可看出，此方法需要经过两次投影才能得到结果，因此称为二次投影法。

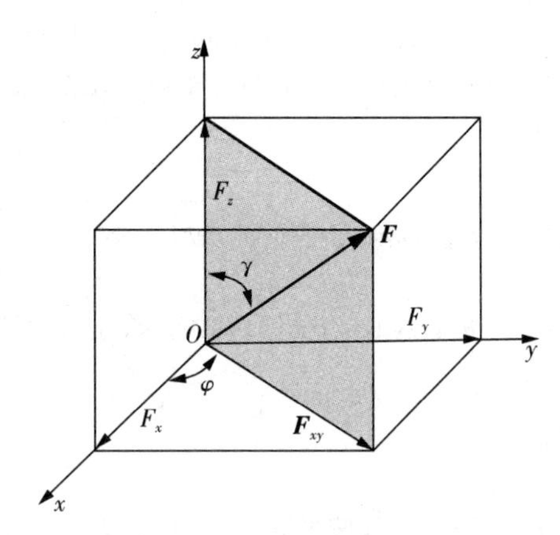

图 3-3　二次投影法

二次投影法的过程可列式如下：

$$F \Rightarrow \begin{cases} F_z = \pm F\cos\gamma \\ \\ F_{xy} = F\sin\gamma \quad \Rightarrow \begin{cases} F_x = \pm F_{xy}\cos\varphi = \pm F\sin\gamma\cos\varphi \\ \\ F_y = \pm F_{xy}\sin\varphi = \pm F\sin\gamma\sin\varphi \end{cases} \end{cases} \tag{3-4}$$

式(3-4)中，γ 为力 $\boldsymbol{F}$ 与 z 轴所夹锐角，φ 为力 $\boldsymbol{F}$ 与 z 轴所确定的平面与 x 轴所夹的锐角。当力的投影与 x 轴正向一致时，取正号；反之，取负号。

应当指出：力在轴上的投影是代数量，而力在平面上的投影为矢量。这是因为力在平面上投影不能像力在轴上的投影那样简单地用正负号表明，而必须用矢量来表示。

例 3.1　已知圆柱斜齿轮所受的啮合力 $F_n = 1410\text{N}$，齿轮压力角 $\alpha = 20°$，螺旋角 $\beta = 25°$，如图 3-4 所示。试计算齿轮所受的圆周力 $\boldsymbol{F}_t$、轴向力 $\boldsymbol{F}_a$、径向力 $\boldsymbol{F}_r$ 的大小。

解：取空间直角坐标系，使 x、y、z 方向分别沿齿轮的轴向、圆周切线和径向，如图 3-4a 所示。先把啮合力 $\boldsymbol{F}_n$ 向 z 轴和 Oxy 坐标平面投影得

$$F_z = -F_r = -F_n\sin\alpha = -1410\text{N} \cdot \sin 20° = -482\text{N}$$

$\boldsymbol{F}_n$ 在 Oxy 平面上的分力 $\boldsymbol{F}_{xy}$，其大小为

$$F_{xy} = F_n\cos\alpha = 1410\text{N} \cdot \cos 20° = 1325\text{N}$$

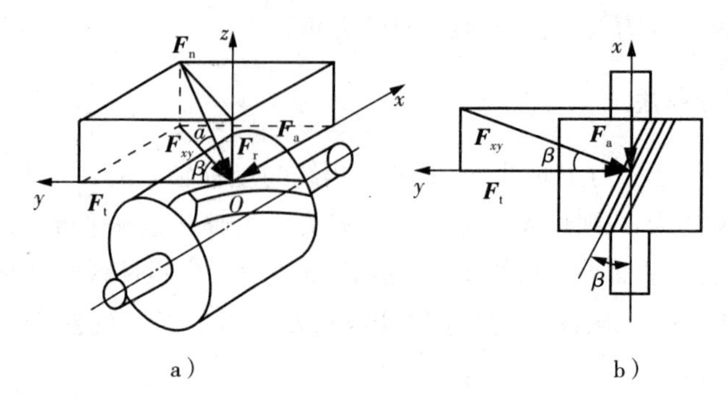

图 3-4 圆柱斜齿轮

a) 空间受力示意图 b)Oxy 平面受力示意图

然后，再把 $\boldsymbol{F}_{xy}$ 投影到 x，y 轴，可得

$$F_x = F_a = -F_{xy}\sin\beta = -F_n\cos\alpha\sin\beta = -1410\text{N}\times\cos20^\circ\times\sin25^\circ = -560\text{N}$$

$$F_y = F_t = -F_{xy}\cos\beta = -F_n\cos\alpha\cos\beta = -1410\text{N}\times\cos20^\circ\times\cos25^\circ = -1201\text{N}$$

3.1.3 合力投影定理

设有一空间汇交力系 $\boldsymbol{F}_1$，$\boldsymbol{F}_2\cdots$，$\boldsymbol{F}_n$，按照求平面汇交力系的合成方法，可以求得空间汇交力系的合力。与平面汇交力系不同的是，空间汇交力系的力的多边形的各边不在同一个平面内，它是一个空间多边形。根据力的平行四边形法则，可将其逐步合成为一个合力 $\boldsymbol{F}$，其矢量表达式为

$$\boldsymbol{F} = \boldsymbol{F}_1 + \boldsymbol{F}_2 + \cdots + \boldsymbol{F}_n = \sum_{i=1}^{n}\boldsymbol{F}_i \tag{3-5}$$

在实际问题计算中，常用到解析法。与平面力系用解析法相同，依据合力投影定理，即合力在某一轴上的投影等于各分力在同一轴上投影的代数和，其数学表达式为

$$\left.\begin{aligned} F_x &= \sum F_{ix} \\ F_y &= \sum F_{iy} \\ F_z &= \sum F_{iz} \end{aligned}\right\} \tag{3-6}$$

式中，F_x、F_y、F_z 表示合力在各轴上的投影。

3.2　力对轴之矩

3.2.1　力对轴之矩的概念

在工程实际中，经常会遇到物体绕固定轴转动的情况。例如，如图 3-5 所示，在推门时，当力的作用线与门的转轴平行或相交时，则力无论多大，都不能推开门。当力垂直于门的方向而不通过门轴时，门就能推开。而且，这个力越大或者其作用线与门轴间的距离越大，则转动效果越显著。因此，常用力 $\boldsymbol{F}$ 的大小与距轴的距离 d 的乘积来度量物体对定轴转动的效应。

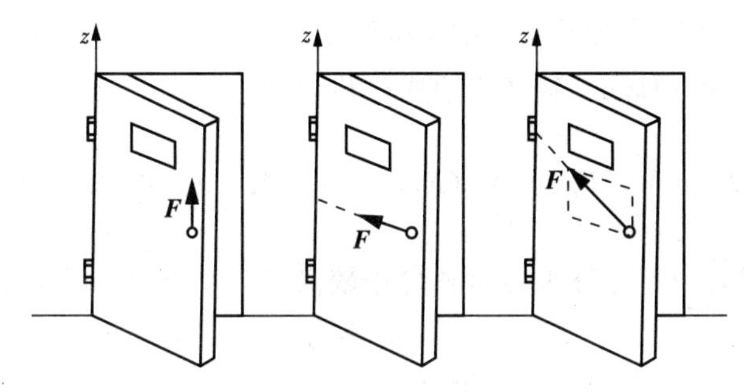

图 3-5　推门时受力分析

如图 3-6 所示，设有一力 $\boldsymbol{F}$，作用于门上的 A 点。过 A 点作一垂直于 z 轴的平面与 z 轴交于 O 点，将力 $\boldsymbol{F}$ 分解为平行于 z 轴的力 $\boldsymbol{F}_z$ 和在垂直于 z 轴的平面内的分力 $\boldsymbol{F}_{xy}$。显然，分力 $\boldsymbol{F}_z$ 不能使门转动，只有分力 $\boldsymbol{F}_{xy}$ 才能使门绕 z 轴转动，其转动效应取决于分力 $\boldsymbol{F}_{xy}$ 对 O 点的矩，其值为

$$M_z(\boldsymbol{F})=M_z(\boldsymbol{F}_{xy})=M_O(\boldsymbol{F}_{xy})=\pm F_{xy}\cdot d \tag{3-7}$$

力对轴之矩是力使物体绕定轴转动效应的量度，其大小等于力在垂直于该轴的平面上的分力对此平面与该轴交点之矩。力对轴之矩的单位是 N·m 或 kN·m，其正负号用右手螺旋法则来判定。如图 3-7 所示，用右手握住转轴，四指表示力绕轴的转向，若大拇指的指向与转轴正向相同，力矩为正；反之为负。

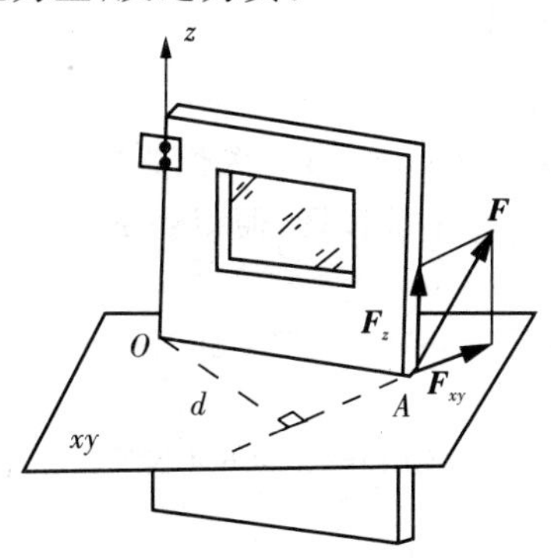

图 3-6　门上任意一点受力

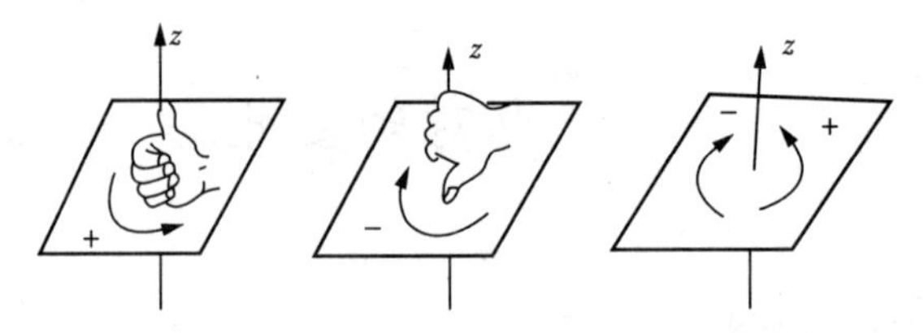

图 3-7　右手螺旋法则

根据以上分析，当力的作用线与轴平行（$F_{xy}=0$）或相交（$d=0$）时，力对该轴之矩为零，即力的作用线与轴共面时，力不能使物体绕该轴转动。

3.2.2　合力矩定理

与平面力系的合力矩定理相似，空间力系的合力矩定理为：空间力系的合力对其轴之矩，等于力系中各分力对同一轴之矩的代数和，其值为

$$M_z(\boldsymbol{F})=M_z(\boldsymbol{F}_1)+M_z(\boldsymbol{F}_2)+\cdots+M_z(\boldsymbol{F}_n)=\sum M_z(\boldsymbol{F}_i) \tag{3-8}$$

在实际计算中，应用合力矩定理求力对轴之矩较简便。具体做法是：先将力沿坐标轴 x、y、z 分解，得到 $\boldsymbol{F}_x$、$\boldsymbol{F}_y$、$\boldsymbol{F}_z$ 三个分力（其大小分别为 F_x，F_y，F_z），然后计算每一个分力对某轴之矩，最后求其代数和，得出力对该轴之矩，即

$$M_z(\boldsymbol{F})=M_z(\boldsymbol{F}_x)+M_z(\boldsymbol{F}_y)+M_z(\boldsymbol{F}_z) \tag{3-9}$$

因为分力 $\boldsymbol{F}_z$ 与 z 轴平行，所以 $M_z(\boldsymbol{F}_z)=0$，于是有

$$\left.\begin{aligned}M_z(\boldsymbol{F})&=M_z(\boldsymbol{F}_x)+M_z(\boldsymbol{F}_y)\\M_x(\boldsymbol{F})&=M_x(\boldsymbol{F}_y)+M_x(\boldsymbol{F}_z)\\M_y(\boldsymbol{F})&=M_y(\boldsymbol{F}_x)+M_y(\boldsymbol{F}_z)\end{aligned}\right\} \tag{3-10}$$

例 3.2　曲拐轴受力如图 3-8 所示，已知 $F=600$N，图中尺寸单位为 m。试求：

(1)力 $\boldsymbol{F}$ 在 x、y、z 轴上的投影；

(2)力 $\boldsymbol{F}$ 对 x、y、z 轴之矩。

解：(1)计算投影。根据已知条件，应用二次投影法，先将力 $\boldsymbol{F}$ 向 Axy 平面和 Az 轴投影，得到 $\boldsymbol{F}_{xy}$ 和 $\boldsymbol{F}_z$；再将 $\boldsymbol{F}_{xy}$ 向 x、y 轴投影，便得到 $\boldsymbol{F}_x$ 和 $\boldsymbol{F}_y$，如图 3-8b 所示。于是有

$$F_x=F_{xy}\cos45°=F\cos60°\cos45°=600\text{N}\times0.5\times0.707=212\text{N}$$

$$F_y=F_{xy}\sin45°=F\cos60°\sin45°=600\text{N}\times0.5\times0.707=212\text{N}$$

$$F_z=F\sin60°=600\text{N}\times0.866=520\text{N}$$

(2)计算力对轴之矩。先将力 **F** 在作用点处沿 x、y、z 方向分解，得到三个分量 $\boldsymbol{F}_x$、$\boldsymbol{F}_y$、$\boldsymbol{F}_z$，它们的大小分别等于投影 F_x、F_y、F_z 的大小。根据合力矩定理，可求得力 **F** 对指定的 x、y、z 轴之矩为

$$M_x(\boldsymbol{F})=M_x(\boldsymbol{F}_x)+M_x(\boldsymbol{F}_y)+M_x(\boldsymbol{F}_z)=0+F_y\times0.2\text{m}+0=212\text{N}\times0.2\text{m}=42.4\text{N}\cdot\text{m}$$

$$\begin{aligned}M_y(\boldsymbol{F})&=M_y(\boldsymbol{F}_x)+M_y(\boldsymbol{F}_y)+M_y(\boldsymbol{F}_z)=-F_x\times0.2\text{m}-0-F_z\times0.05\text{m}\\&=-212\text{N}\times0.2m-520\text{N}\times0.05\text{m}=-68.4\text{N}\cdot\text{m}\end{aligned}$$

$$\begin{aligned}M_z(\boldsymbol{F})&=M_z(\boldsymbol{F}_x)+M_z(\boldsymbol{F}_y)+M_z(\boldsymbol{F}_z)=0+F_y\times0.05\text{m}+0\\&=212\text{N}\times0.05\text{m}=10.6\text{N}\cdot\text{m}\end{aligned}$$

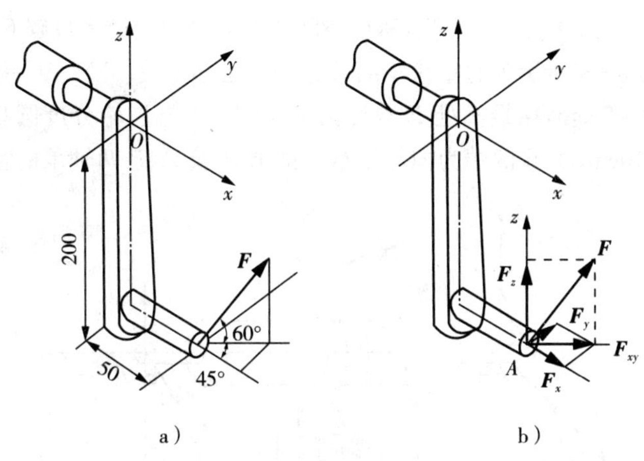

图 3-8　曲拐轴受力图

a)空间受力示意图　b)空间变力分析图

3.3　空间力系的平衡方程及其应用

与平面任意力系相同，根据力的平移定理，将空间任意力系向任意点简化，得到一个空间汇交力系和一个空间力偶系，进而合成一个主矢 **F** 和一个主矩 **M**，其大小分别为

$$F=\sqrt{(\sum F_x)^2+(\sum F_y)^2+(\sum F_z)^2} \tag{3-11}$$

$$M_O=\sqrt{\left[\sum M_x(\boldsymbol{F})\right]^2+\left[\sum M_y(\boldsymbol{F})\right]^2+\left[\sum M_z(\boldsymbol{F})\right]^2} \tag{3-12}$$

若刚体在空间任意力系的作用处于平衡状态，则力系中各力的矢量和与各力对简化中心之矩的代数和均为零，于是得到

$$\left.\begin{aligned}\sum F_x=0\\ \sum F_y=0\\ \sum F_z=0\\ \sum M_x(\boldsymbol{F})=0\\ \sum M_y(\boldsymbol{F})=0\\ \sum M_z(\boldsymbol{F})=0\end{aligned}\right\} \tag{3-13}$$

即空间任意力系平衡的必要和充分条件是力系中各力在三个坐标轴上的投影的代数和以及各力对三个坐标轴之矩的代数和必须为零。式(3－13)称为空间任意力系的平衡方程。空间任意力系有6个独立的平衡方程,所以空间任意力系问题最多可解6个未知量。

例 3.3 如图3－9所示为起重绞车的鼓轮轴。已知 $G=10\text{kN}$、$AC=20\text{cm}$、$CD=DB=30\text{cm}$、齿轮半径 $R=20\text{cm}$,在最高处 E 点受力 $\boldsymbol{P}_n$ 作用,$\boldsymbol{P}_n$ 与齿轮分度圆切线之夹角为 $\alpha=20°$,鼓轮半径 $r=10\text{cm}$,A、B 两端为向心轴承。试求 $\boldsymbol{P}_n$ 及 A、B 两轴承的径向压力。

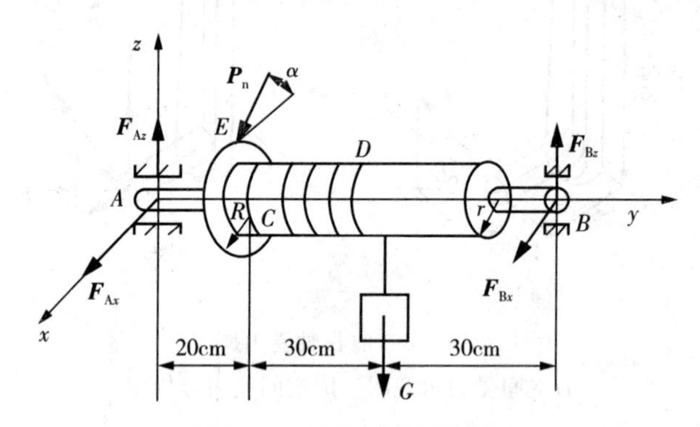

图3－9 起重绞车的鼓轮轴

解:取轮轴为研究对象,选直角坐标系 $Axyz$,F_{Ax}、F_{Az}、F_{Bx}、F_{Bz} 为 A、B 两处轴承的约束反力,列空间任意力系的平衡方程。

$$\sum M_y(\boldsymbol{F})=0,\quad p_n\cdot\cos\alpha\cdot R-G\cdot r=0$$

解得

$$P_n=\frac{G\cdot r}{R\cos\alpha}=\frac{10\times10}{20\times0.94}\text{kN}=5.32\text{N}$$

$$\sum M_z(\boldsymbol{F})=0,\quad -F_{Bx}\cdot AB-P_n\cdot\cos\alpha\cdot AC=0$$

解得

$$F_{Bx}=-\frac{P_n\cos\alpha\cdot AC}{AB}=-\frac{5.32\times0.94\times20}{80}\text{kN}=-1.25\text{kN}$$

$$\sum F_x=0,\quad F_{Ax}+F_{Bx}+P_n\cos\alpha=0$$

解得

$$F_{Ax}=-F_{Bx}-P_n\cos\alpha=(1.25-5.32\times0.94)\text{kN}=-3.75\text{kN}$$

$$\sum M_x(\boldsymbol{F})=0,\quad F_{Bz}\cdot AB-G\cdot AD-P_n\sin\alpha\cdot AC=0$$

解得

$$F_{Bz}=-\frac{G\cdot AD+P_n\sin\alpha\cdot AC}{AB}=\frac{10\times50+5.32\times0.34\times20}{80}\text{kN}=6.7\text{kN}$$

$$\sum F_z=0,\quad F_{Az}+F_{Bz}-P_n\cdot\sin\alpha-G=0$$

解得

$$F_{Az}=-F_{Bz}+P_n\cdot\sin\alpha+G=(-6.7+5.32\times0.34+10)\text{kN}=5.11\text{kN}$$

其中,负号表明图中所标力的方向与实际方向相反。

例 3.4　如图 3-10 所示为一电动机通过联轴器带动带轮的传动装置。已知驱动力偶矩 $M=20\text{N}\cdot\text{m}$,带轮直径 $D=16\text{cm}$,$a=20\text{cm}$,轮轴自重不计,带的拉力 $F_{T1}=2F_{T2}$。试求 A、B 两处的轴承约束反力。

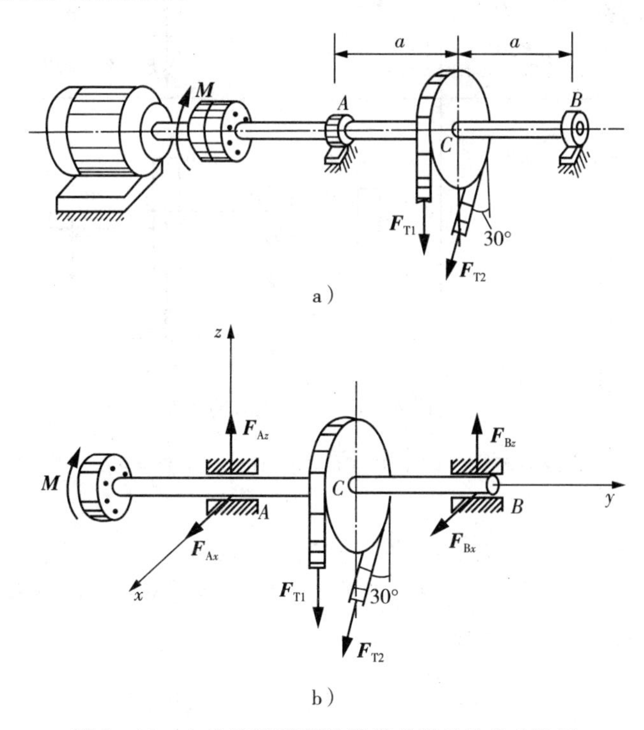

图 3-10　电动机通过联轴器带动带轮的传动装置

解:取轮轴为研究对象,画受力图如图 3-10b 所示,分别将此受力图向三个坐标平面投影,分别得到三个平面受力图,如图 3-11 所示。

(1)在 xz 平面建立平衡方程:

$$\sum M_B(\boldsymbol{F})=0,\quad F_{T1}\frac{D}{2}-F_{T2}\frac{D}{2}-M=0$$

将 $F_{T1}=2F_{T2}$ 代入得

$$F_{T2}=\frac{2M}{D}=\frac{2\times20000\text{N}\cdot\text{mm}}{160\text{mm}}=250\text{N}$$

则

$$F_{T1}=2F_{T2}=500\text{N}$$

(2)在 yz 平面建立平衡方程。

$$\sum M_A(F)=0,\quad F_{Bz}2a-(F_{T1}+F_{T2}\times\cos 30^\circ)a=0$$

解得

$$F_{Bz}=\frac{(F_{T1}+F_{T2}\times\cos 30^\circ)a}{2a}=\frac{500+250\times\cos 30^\circ}{2}\text{N}=358.25\text{N}$$

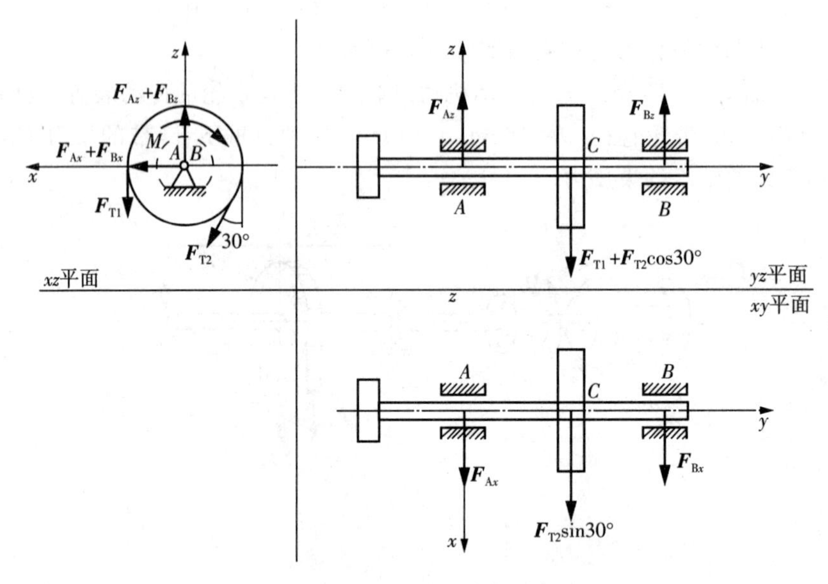

图 3-11　平面受力图

$$\sum F_z=0,\quad F_{Az}+F_{Bz}-F_{T1}-F_{T2}\cos 30^\circ=0$$

解得

$$\begin{aligned}F_{Az}&=-F_{Bz}+F_{T1}+F_{T2}\cos 30^\circ\\&=(-358.25+500+250\times\cos 30^\circ)\text{N}=358.25\text{N}\end{aligned}$$

(3)在 xy 平面建立平衡方程。

$$\sum M_A(F)=0,\quad -F_{Bx}2a-F_{T2}\sin 30^\circ a=0$$

解得

$$F_{Bx}=\frac{-F_{T2}\sin 30^\circ a}{2a}=\frac{-250\times\sin 30^\circ}{2}\text{N}=-62.5\text{N}$$

$$\sum F_x=0,\quad F_{Ax}+F_{Bx}+F_{T2}\sin 30^\circ=0$$

解得

$$F_{Ax}=-F_{Bx}-F_{T2}\sin 30^\circ=-(-62.5-250\times\sin 30^\circ)\text{N}=-62.5\text{N}$$

负号说明力的实际方向与图 3-11 中假设指向相反。

本章小结

1. 力在空间直角坐标轴上的投影

(1)直接投影法

$$\left.\begin{aligned}F_x&=\pm F\cos\alpha\\F_y&=\pm F\cos\beta\\F_z&=\pm F\cos\gamma\end{aligned}\right\}$$

式中:α、β、γ 分别为力 F 与 x、y、z 三个坐标轴所夹的锐角。

(2)二次投影法

$$F\Rightarrow\begin{cases}F_z=\pm F\cos\gamma\\F_{xy}=F\sin\gamma\quad\Rightarrow\begin{cases}F_x=\pm F_{xy}\cos\varphi=\pm F\sin\gamma\cos\varphi\\F_y=\pm F_{xy}\sin\varphi=\pm F\sin\gamma\sin\varphi\end{cases}\end{cases}$$

式中,γ 为力 $\boldsymbol{F}$ 与 z 轴所夹锐角,φ 为力 $\boldsymbol{F}$ 与 z 轴所确定的平面与 x 轴所夹的锐角。当力的投影与 x 轴正向一致时,取正号;反之,取负号。

(3)合力投影定理

$$\left.\begin{aligned}F_x&=\sum F_{ix}\\F_y&=\sum F_{iy}\\F_z&=\sum F_{iz}\end{aligned}\right\}$$

式中,F_x、F_y、F_z表示合力在各轴上的投影。

2. 力对轴之矩

(1)力对轴之矩的概念

力对轴之矩是力使物体绕定轴转动效应的量度,其大小等于力在垂直于该轴的平面上的分力对此平面与该轴交点之矩。

$$M_z(\boldsymbol{F})=M_z(\boldsymbol{F}_{xy})=M_O(\boldsymbol{F}_{xy})=\pm F_{xy}\cdot d$$

其正负号用右手螺旋法则来判定:用右手握住转轴,四指表示力绕轴的转向,若大拇指的指向与转轴正向相同,力矩为正;反之为负。

(2)合力矩定理

$$M_z(\boldsymbol{F})=M_z(\boldsymbol{F}_1)+M_z(\boldsymbol{F}_2)+\cdots+M_z(\boldsymbol{F}_n)=\sum M_z(\boldsymbol{F}_i)$$

3. 空间力系的平衡方程

$$\sum F_x = 0 \quad \sum F_y = 0 \quad \sum F_z = 0$$

$$\sum M_x(\boldsymbol{F}) = 0 \quad \sum M_y(\boldsymbol{F}) = 0 \quad \sum M_z(\boldsymbol{F}) = 0$$

空间任意力系平衡的必要和充分条件是力系中各力在三个坐标轴上的投影的代数和以及各力对三个坐标轴之矩的代数和必须为零。

习 题 三

一、填空题

1. 力系中各力的作用线不在同一平面内，则该力系称为__________。

2. 当力的作用线与轴平行或相交时，力对该轴之矩为__________。

3. 空间力系的合力矩定理为：空间力系的合力对某轴之矩，等于__________对同一轴之矩的__________。

4. 将空间任意力系向一点简化，得到一个__________和一个__________，进而合成一个__________和一个__________。

二、判断题

1. 力在空间直角坐标系中的投影是代数量。

2. 无论力在轴上的投影，还是力在平面上的投影都是代数量。

3. 物体对定轴转动的效应只与力 $\boldsymbol{F}$ 的大小有关。

4. 力对轴之矩是力使物体绕定轴转动效应的量度。

5. 当力的作用线与轴共面时，力也能使物体绕该轴转动。

三、简答题

1. 为什么力(矢量)在轴上的投影是代数量，而在平面上的投影为矢量？

2. 空间力系的简化结果是什么？

3. 在什么情况下，力对轴之矩为零？如何判断力对轴之矩的正、负号？

4. 一个空间力系平衡问题可转化为三个平面力系平衡问题，每个平面力系平衡问题都可列出三个平衡方程，为什么空间力系平衡问题解决不了九个未知量？

5. 求解空间任意力系的平衡问题时，应该怎样选取坐标轴，使所列的方程简单，便于求解？

四、计算题

1. 如图 3－12 所示，长方体的顶角 A 和 B 处分别有力 $\boldsymbol{F}_1$ 和 $\boldsymbol{F}_2$ 的作用。已知 $F_1=500\text{N}$、$F_2=700\text{N}$，试求二力在 x、y、z 三轴上的投影。

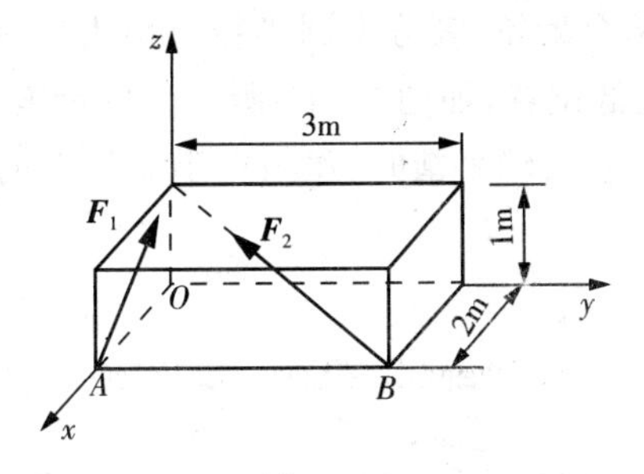

图 3-12

2. 图 3-13 中水平轮上 A 处有一力 $F=1\text{kN}$ 作用。$\boldsymbol{F}$ 在铅直平面内，其作用线与过 A 点的切线成夹角 $\alpha=60°$，O_1A 与 y 向之夹角 $\beta=45°$，$h=r=1\text{m}$。试计算力 F 在三个坐标轴上的投影及对三个坐标轴之矩。

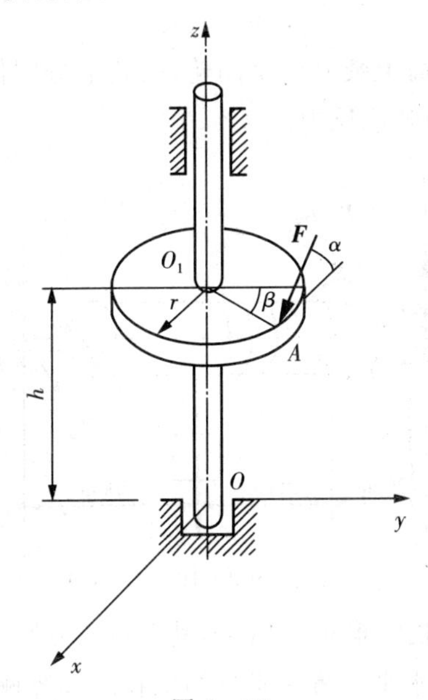

图 3-13

3. 图 3-14 长方体上作用着两个力 $\boldsymbol{F}_1$、$\boldsymbol{F}_2$。已知 $F_1=100\text{N}$、$F_2=10\sqrt{5}\,\text{N}$、$b=0.3\text{m}$、$c=0.4\text{m}$、$d=0.2\text{m}$、$e=0.1\text{m}$，试分别计算 $\boldsymbol{F}_1$ 和 $\boldsymbol{F}_2$ 在三个坐标轴上的投影及对三个坐标轴之矩。

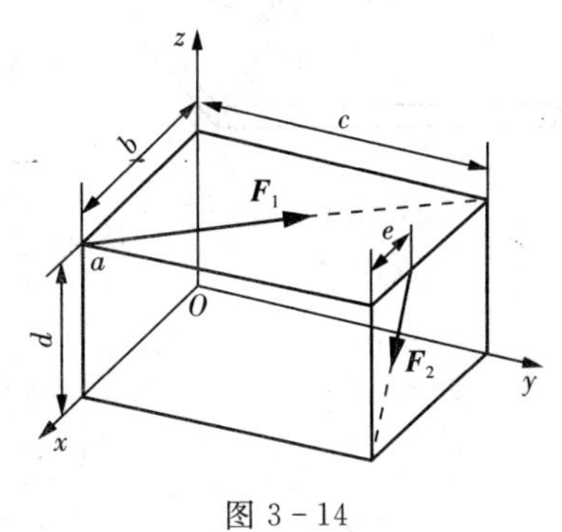

图 3-14

4. 变速箱中间轴上有两个齿轮，其分度圆半径分别为 $r_1=100\text{mm}$、$r_2=72\text{mm}$，啮合点分别在两齿轮的最高与最低位置，如图 3-15 所示。齿轮压力角 $\alpha=20°$，在大齿轮上作用的啮合力 $F_1=1.6\text{kN}$。试求当轴平衡时，作用在小齿轮上的啮合力 $\boldsymbol{F}_2$ 及 A、B 两处轴承的约束力。

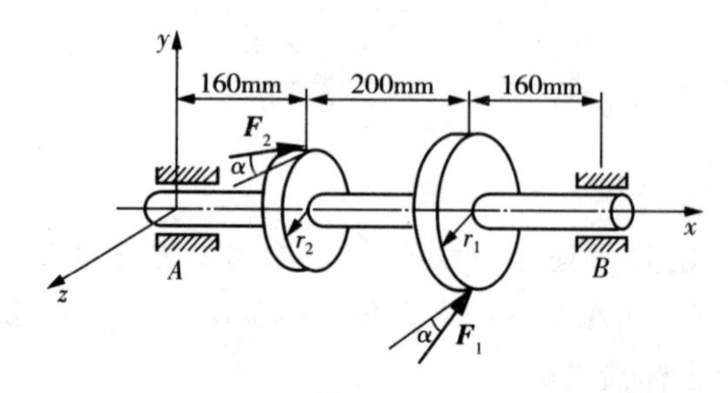

图 3-15

5. 如图 3-16 所示水平面上装有两个凸轮，凸轮上分别作用已知力 $P=8000\text{N}$ 和未知力 $\boldsymbol{F}$。如轴平衡，求力 $\boldsymbol{F}$ 和轴承反力。

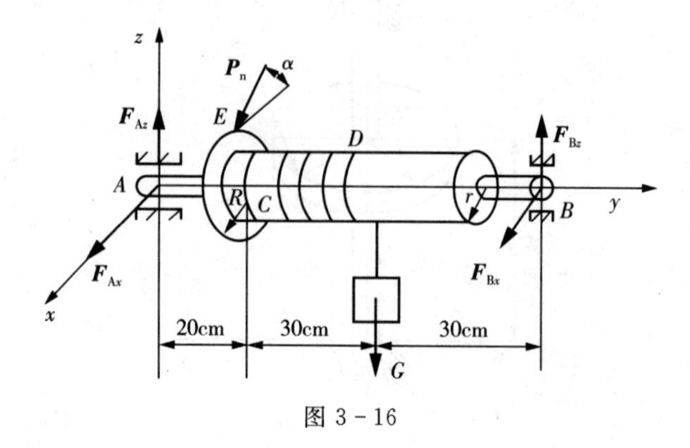

图 3-16

6. 如图 3-17 所示均质长方形板 $ABCD$，其重量 $G=200\text{N}$，被球链 A 和蝶铰链 B 固定在墙上，并用绳 EC 维持在水平位置。求球绳的拉力和支座的约束力。

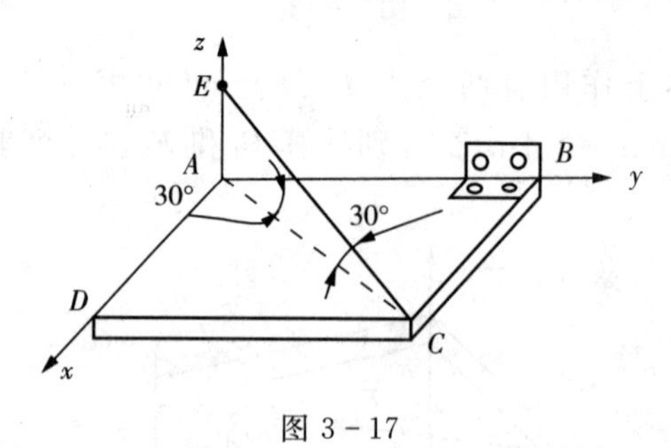

图 3-17

第2篇

材料力学

【本篇要点】

(1)截面法求内力,并画内力图。

(2)四种基本变形的受力特点与变形特点,应力与变形计算。

(3)应用强度、刚度条件,解决三类实际问题。

(4)组合变形强度计算。

一、材料力学研究的问题及任务

在第1篇静力学中,已经研究了物体处于平衡状态下计算所受外力的基本方法,不过在研究时把物体看成是不变形的刚体。事实上,由于构件工作时往往承受载荷的作用,构件必然产生变形,并可能发生破坏,以致会影响机器或结构的正常工作。材料力学就是进一步研究构件的变形、破坏与作用在构件上的外力之间的关系。为了保证构件正常工作,需要考虑下列三大问题。

1. 强度问题

在工程中,构件抵抗破坏的能力称为强度。例如,起重机的钢索起吊货物时,不应断裂。如果钢索过细或货物过重时,就可能因钢索强度不够而发生断裂,是机器无法正常工作,甚至造成安全事故。也就是说,构件要正常工作,必须具备足够的强度,以保证在规定的使用条件下不致发生破坏。

2. 刚度问题

在工程中，构件抵抗变形的能力称为刚度。某些构件受载荷后，虽不会断裂，但如果变形过大，也会影响机器的正常工作。例如，车床主轴若变形过大，则影响加工精度，破坏齿轮的正常啮合，从而造成机器不能正常工作。因此，对这类构件还需要具备足够的刚度，以保证在规定的使用条件下不致发生过分的变形，即变形量不超过正常工作所允许的限度。

3. 稳定问题

在工程中，受压的细长杆或薄壁构件上载荷增加时，还可能出现突然失去初始平衡状态的现象，称为丧失稳定。例如，下图1a中顶起汽车的千斤顶螺杆、图1b中的活塞杆CD，在使用过程中会出现图1c中所示的突然变弯的情况，造成严重的事故。在这种场合下，需要考虑构件的稳定问题。这里所说的稳定问题就是如何使杆件具有足够的能保持初始平衡形态的能力。

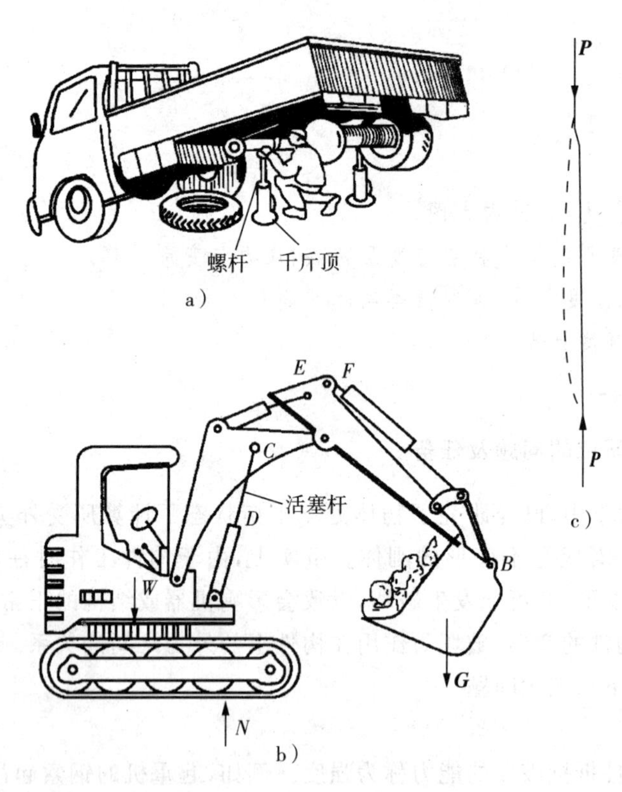

图1 千斤顶图

二、构件的四大基本变形

受力后的构件基本变形有四种：轴向拉伸与压缩、剪切和挤压、扭转、弯曲，如表1所示。其他的变形形式都是上述两种或两种以上基本变形的组合，叫作组合变形。

表 1　构件的基本变形形式

变形形式	工程实例	受力简图
拉伸或压缩	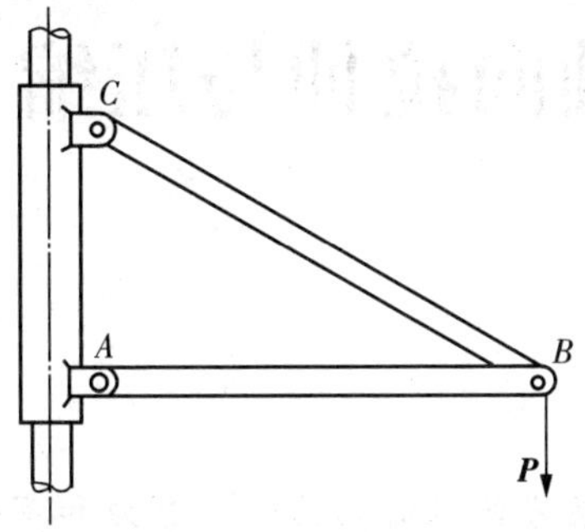	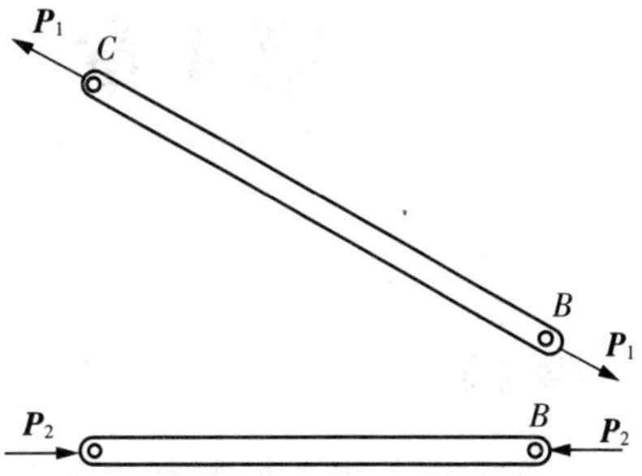
剪切	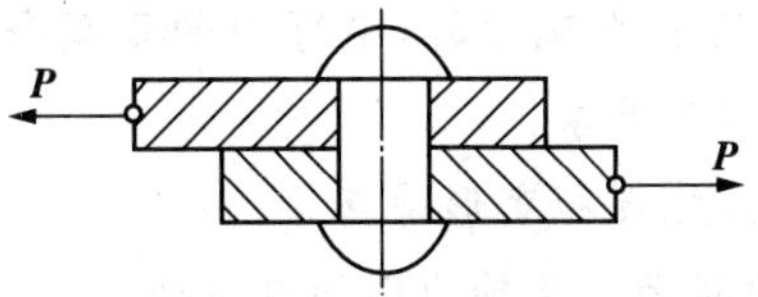	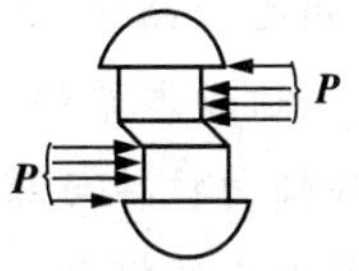
扭转	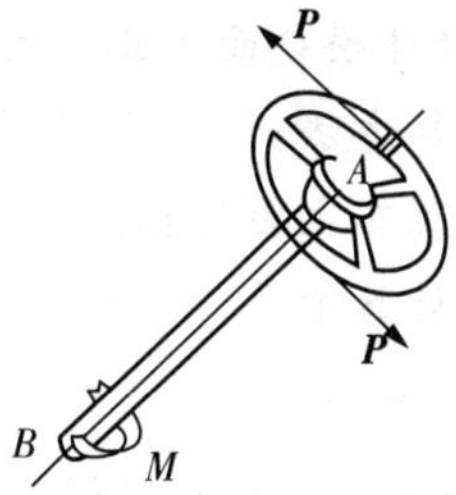	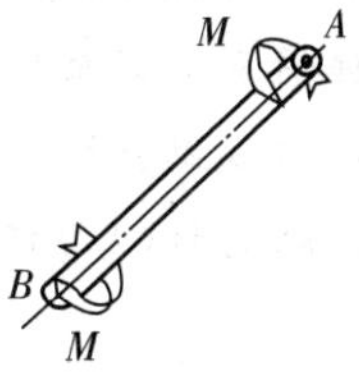
弯曲	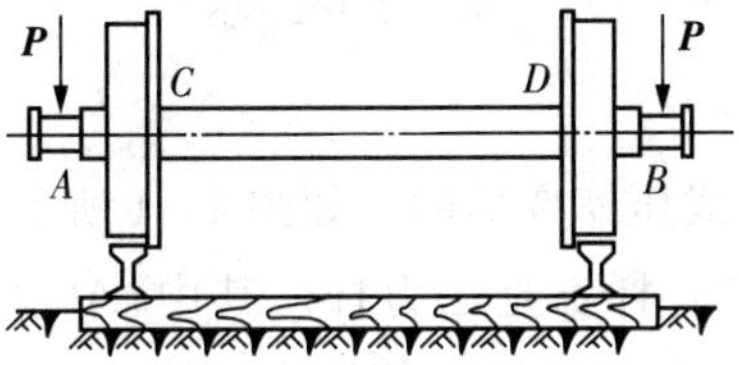	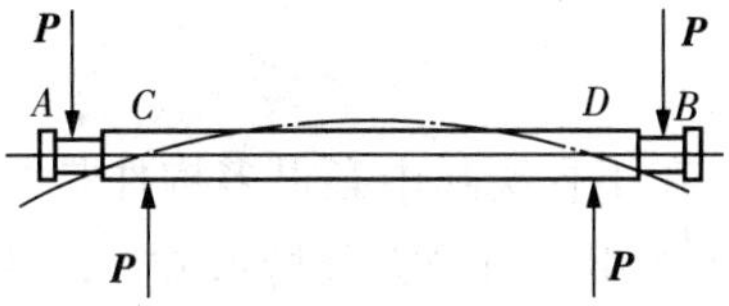

第4章 轴向拉伸与压缩

【本章要点】

本章主要介绍平面弯曲的概念,直梁弯曲时的内力——剪力和弯矩的概念及计算,剪力图和弯矩图的画法;弯曲时横截面的应力及计算,梁弯曲的强度条件,强度计算,梁的变形计算。通过本章的学习,应达到以下要求:

(1)掌握轴向拉抻与压缩变形的受力特点和变形特点。

(2)理解内力的概念,掌握求内力的截面法及轴力图绘制方法。

(3)理解应力概念,掌握轴向拉抻与压缩杆件横截面上正应力计算方法。

(4)掌握胡克定律及轴向拉压杆的变形计算方法。

(5)了解低碳钢、铸铁材料的应力-应变图及其主要特征。

(6)掌握轴向拉(压)杆的变形计算和强度计算方法。

4.1 拉伸和压缩的概念

在工程实际中有很多构件是受拉伸或压缩变形的。如图4-1所示的悬臂吊车,受载荷 $\boldsymbol{F}$ 作用。由受力分析可知,AC 杆和 BC 杆都是二力杆。其中,AC 杆为拉杆,在 A、C 两端,各受拉力 $\boldsymbol{F}_1$ 作用;BC 杆为压杆,在 B、C 两端各受压力 $\boldsymbol{F}_2$ 作用。

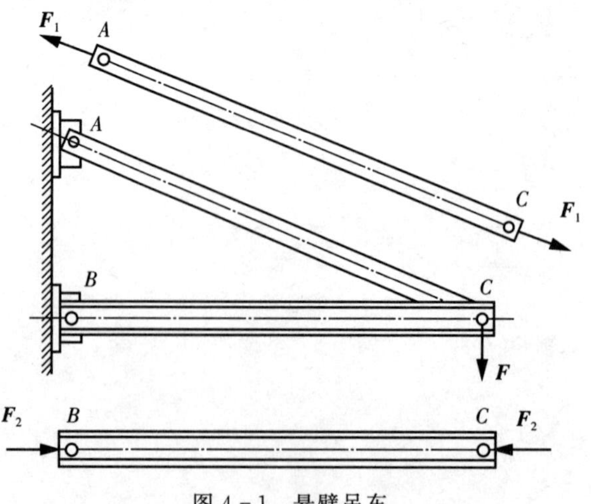

图4-1 悬臂吊车

分析可知，受拉伸或压缩变形构件的受力特点是作用在杆件的力大小相等、方向相反，作用线与杆件轴线重合；变形特点是杆件的长度沿轴线方向伸长或缩短。

4.2　拉伸和压缩的内力

4.2.1　内力的概念

杆件受外力作用而变形时，其内部各质点之间的相对位置将有变化。与此同时，各质点间的相互作用力也会发生改变，这种由于外力作用引起的杆件内部各质点间的相互作用力的改变量，称为内力。

由此可见，构件所受内力是由外力作用引起的，它随外力的变化而变化。内力具有抵抗外力、阻止外力使构件变形的性质。但内力的增大有一定限度，如果超过了这个限度，构件就会破坏。因此，为了保证构件在外力作用下，能安全、正常的工作，必须研究构件的内力。

4.2.2　截面法

由于内力存在于杆件的内部，为了求出杆件某一截面的内力，必须用一假想平面，将杆件沿要求内力的截面截开，分成两部分。这样，内力就转化为外力而显现出来。任取一部分为研究对象，根据静力平衡方程，求出内力的大小和方向。这种求内力的方法称为截面法。

如图 4-2 所示一杆件，在外力 $\boldsymbol{F}$ 作用下处于平衡状态，现欲求截面 $m-m$ 的内力。可假想沿截面 $m-m$ 截开，将杆件分为左右两部分，任取其中一部分(左)为研究对象。由于杆件原来处于平衡状态，假想截开后左段仍保持平衡。因此，横截面上必有一内力 $\boldsymbol{F}_N$ 与外力 $\boldsymbol{F}$ 平衡。实际上内力 $\boldsymbol{F}_N$ 是均布在横截面上的，所以内力 $\boldsymbol{F}_N$ 是内力的合力。

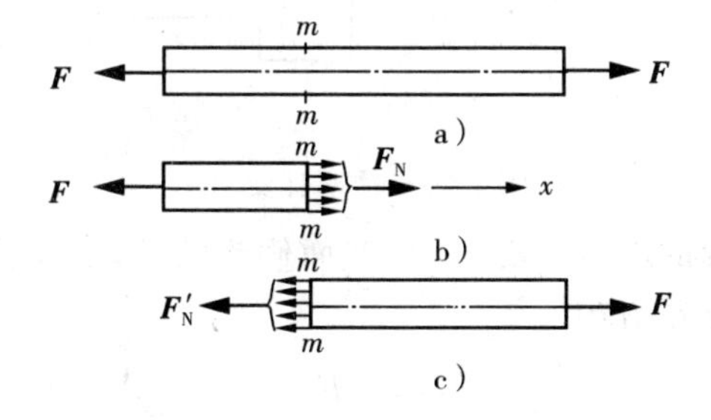

图 4-2　杆件的截面内力

a)杆件拉伸内示意图　b)左段分离体拉伸示意图　c)右段分离体拉伸示意图

由平衡条件

$$\sum Fx = 0, \quad F_N - F = 0$$

可得

$$F_N = F$$

若保留右段，则左段对右段的作用力(内力)为 $\boldsymbol{F}_N'$，同理由平衡条件

$$\sum Fx = 0, \quad F_N' - F = 0$$

可得

$$F_N' = F$$

可见 $\boldsymbol{F}_N$ 与 $\boldsymbol{F}_N'$ 为左右两段相互作用的内力，它们大小相等、方向相反。

截面法是求内力的基本方法。求解步骤可概括为：

(1)截开：沿构件要求内力的截面，假想地截开，将整个构件分为左右两部分。任取其中一部分为研究对象。

(2)代替：用内力代替去掉部分对保留部分的作用。

(3)平衡：列平衡方程，求出内力。

例 4.1 图 4-3 为一活塞杆受力图，作用于活塞杆的外力分别为 $F_1 = 60\text{kN}$、$F_2 = 86\text{kN}$、$F_3 = 26\text{kN}$，求活塞杆上指定截面 1—1 和 2—2 的内力。

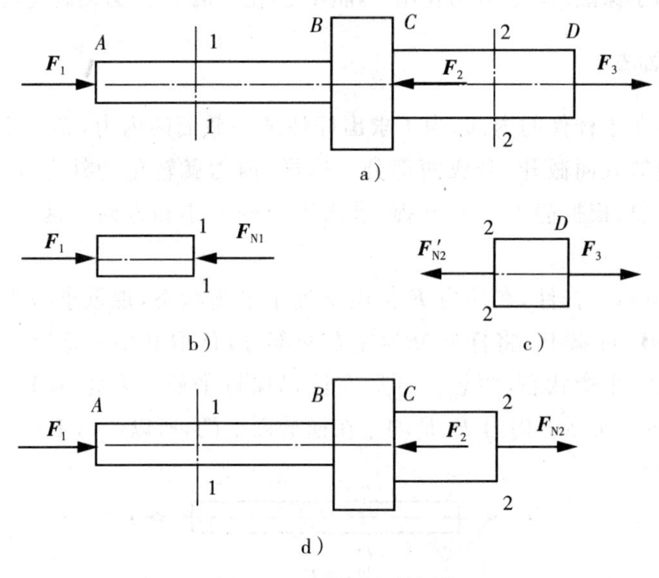

图 4-3 活塞杆受力图

解：(1)求 1—1 截面的内力。沿 1—1 截面假想截开，取左段为研究对象，画出所受外力 $\boldsymbol{F}_1$ 和内力 $\boldsymbol{F}_{N1}$，列平衡方程

$$\sum F_x = 0, \quad F_1 - F_{N1} = 0$$

可得

$$F_{N1} = F_1 = 60\text{kN}(\text{压力})$$

(2)求 2—2 截面的内力。同理沿 2—2 截面假想截开，取左段为研究对象，画出所受外力 $\boldsymbol{F}_1$、$\boldsymbol{F}_2$ 和内力 $\boldsymbol{F}_{N2}$，列平衡方程

$$\sum F_x = 0, \quad F_1 - F_2 + F_{N2} = 0$$

可得

$$F_{N2}=F_2-F_1=86-60=26\text{kN}(拉力)$$

若取右段为研究对象，见图 4-3d，则可得

$$F_{N2}'=F_3=26\text{kN}(拉力)$$

所得结果与取左段计算结果相同，所以求内力时，可取受力比较简单的一段为研究对象，计算相对简单。

由上述计算可知，保留左段或右段，所求得的内力大小相等而方向相反，这是由作用力与反作用力关系决定的。

4.2.3　轴力和轴力图

由于外力 $\boldsymbol{F}$ 的作用线沿着杆的轴线，内力 $\boldsymbol{F}_N$ 的作用线也必通过杆的轴线，故轴向拉伸和压缩时杆件的内力称为轴力。轴力的正负又由杆件的变形确定。为保证无论取左段还是取右段作研究对象，所求得的同一个截面上的轴力的正负号相同，对轴力的正负号规定如下：轴力的方向与所在截面的外法线方向一致时，轴力为正；反之为负。

由此可知，当杆件受拉时轴力为正，杆件受压时轴力为负。在轴力方向未知时，轴力一般按正向假设。若最后求得的轴力为正号，则表示实际轴力方向与假设方向一致，轴力为拉力；若最后求得的轴力为负号，则表示实际轴力方向与假设方向相反，轴力为压力。

当杆件受多个轴向外力作用时，杆件各部分横截面上的轴力不尽相同。为了反映轴力随横截面位置变化的情况，可绘制轴力图。按选定的比例尺，以平行杆件轴线的 x 轴坐标（横坐标）表示各横截面的位置，以垂直于杆件轴线的 $\boldsymbol{F}_N$ 坐标（纵坐标）表示对应横截面的轴力。绘出表示轴力与横截面位置关系的图形，称为轴力图。

画轴力图的时注意以下几点：

(1)轴力图画在实际杆件的下面，位置对齐。

(2)分段原则：以相邻两个外力的作用点分段，n 个外力，分 $n-1$ 段。

(3)求轴力大小时，一般以外力少的为研究对象。

(4)正轴力画在 x 轴上方，负轴力画在 x 轴下方。

例 4.2　如图 4-4 所示等直杆，在 B、C、D、E 处分别作用已知外力为 $\boldsymbol{F}_4$、$\boldsymbol{F}_3$、$\boldsymbol{F}_2$、$\boldsymbol{F}_1$，且 $F_1=10\text{kN}$、$F_2=20\text{kN}$、$F_3=15\text{kN}$，$F_4=8\text{kN}$，试绘制轴力图。

解：(1)计算 A 端的约束反力。建立平衡方程

$$\sum F_x=0,\quad F_1+F_3-F_4-F_2-F_A=0$$

$$F_A=F_1+F_3-F_4-F_2=10+15-8-20=-3\text{kN}$$

所得结果为负值表明，F_A 所设方向与实际方向相反。

(2)分段计算轴力。根据分段原则，五个外力分四段求轴力。

AB 段：$F_{N1}=F_A=-3\text{kN}$(压力)

BC 段：$F_{N2}=F_A+F_4=-3+8=5\text{kN}$(拉力)

CD 段：(取右段为研究对象)$F_{N3}=F_1-F_2=10-20=-10\text{kN}$(压力)

DE 段：(取右段为研究对象)$F_{N4}=F_1=10\text{kN}$(拉力)

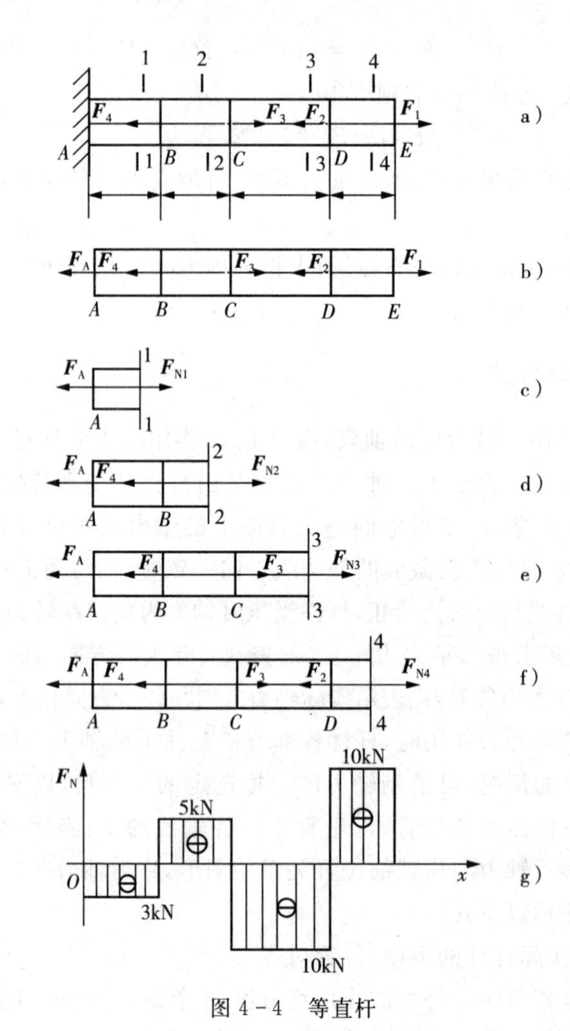

图 4-4　等直杆

a)受力示意图　b)受力分析图　c)左段 1－1 分离体受力分析图　d)左段 2－2 分离体受力分析图
e)左段 3－3 分离体受力分析图　f)左段 4－4 分离体受力分析图　g)轴力图

(3)画轴力图。根据所求得的轴力值画出轴力图如图 4-4g 所示,由轴力图可看出最大轴力发生在 CD 和 DE 段。

4.3　横截面的应力

由前研究所知,杆件的破坏不仅与内力有关,还与杆件的截面积有关。内力的大小仅反映其横截面内部受力的大小,不能反映其受力的强弱程度。例如,两根材料相同的拉杆,一根粗,一根细。在相同的拉力作用下,它们的内力是相同的,但当拉力逐渐增大时,较细的杆先被拉断。这说明杆的受力程度不仅与内力有关,还与横截面积有关。所以,通常以单位面积上内力的大小来衡量受力程度。

构件在外力作用下,单位面积上的内力称为应力。为了研究内力在横截面的分布情况，可作以下实验：取一等截面直杆（见图 4－5a），在其表面上画出两条横向线 ab 和 cd，然后施加拉力 $\boldsymbol{F}$。可以看到直线 ab 和 cd 分别平移到了 a_1b_1 和 c_1d_1 处，且各线段仍与轴线垂直。

由以上现象可设想，假设杆件是由无数条纵向纤维组成的，杆件受力后，每根纤维受到相同的拉伸变形，伸长量相同，说明各纵向纤维受力相同。由此可推断：杆受拉伸时横截面上的内力是均匀分布的，其作用线与横截面垂直（见图 4－5b）。

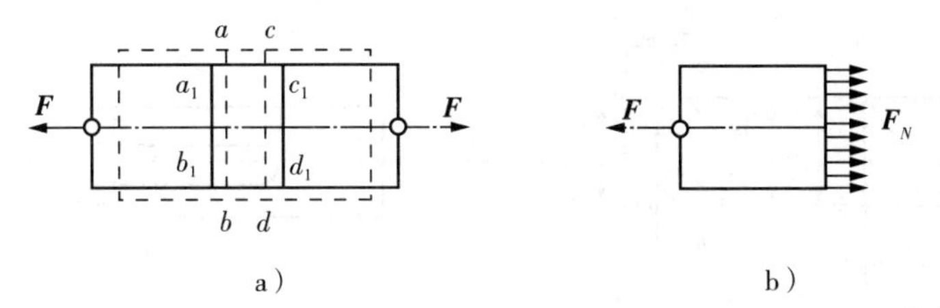

图 4－5　等截面直杆

a）等直杆受力示意图　b）横截面垂直受力示意图

设杆横截面积为 S，则单位面积上的内力为 F_N/S。因为此应力与横截面垂直，故称为正应力，用"σ"表示，则

$$\sigma=\frac{F_N}{S} \tag{4-1}$$

应力的单位：N/m^2（牛顿/米^2），称为帕（Pa）。工程中常用兆帕（MPa）、吉帕（GPa），$1MPa=10^6Pa=1N/mm^2$、$1GPa=10^3MPa=10^6kPa=10^9Pa$。

例 4.3　在例 4－1 中，若已知各段杆的直径分别为 $d_1=20mm$、$d_2=40mm$、$d_3=30mm$，试计算活塞杆各截面的应力。

解：（1）AB 段各截面应力相等，则

$$\sigma_1=\frac{F_{N1}}{S_1}=\frac{60\times10^3}{\frac{\pi\times20^2}{4}}=191.1MPa(\text{压应力})$$

（2）BC 段内力与 AB 段内力相等，各截面应力相等，则

$$\sigma_2=\frac{F_{N1}}{S_2}=\frac{60\times10^3}{\frac{\pi\times40^2}{4}}=47.8MPa(\text{压应力})$$

（3）CD 段各截面应力相等，则

$$\sigma_3=\frac{F_{N2}}{S_3}=\frac{26\times10^3}{\frac{\pi\times30^2}{4}}=36.8MPa(\text{拉应力})$$

例 4.4　如图 4－6 所示，直杆中间开槽，承受轴向载荷 $F=20kN$ 的作用。已知 $h=25mm$、$h_0=10mm$、$b=20mm$，试求杆内最大正应力。

解：（1）计算轴力。用截面法求杆内各截面上的轴力得

$$F_N = F = 20\text{kN}(压力)$$

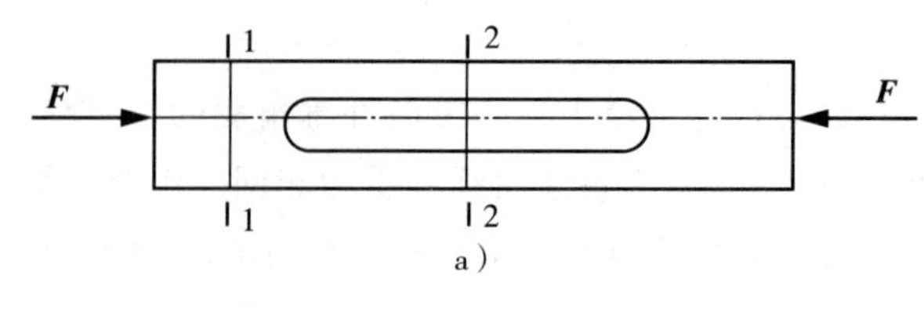

a)

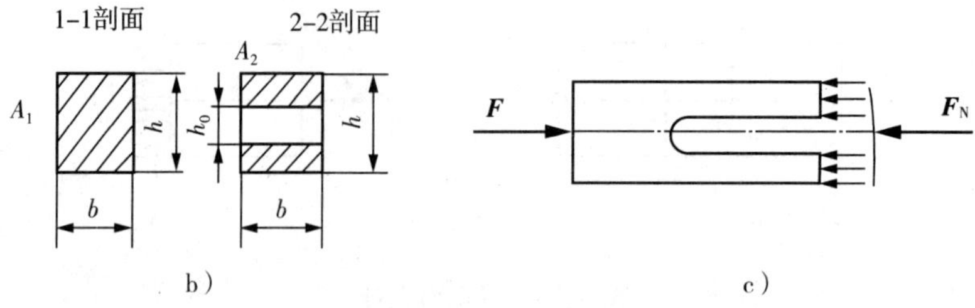

b)　　　　c)

图 4-6　例 4.4 图

(2)计算最大正应力。由于整个杆各截面轴力相同,最大正应力发生在面积最小的截面上,即开槽部分的截面上。开槽部分的横截面面积 S 为

$$S=(h-h_0)b=(25-10)\times 20=300\text{mm}^2$$

则杆内最大正应力为

$$\sigma_{\max}=\frac{F_N}{A}=\frac{20\times 10^3\text{N}}{300\text{mm}^2}=66.7\text{MPa}(压应力)$$

4.4　轴向拉伸(压缩)的变形

实验表明,当外力未超过一定限度时,绝大多数材料在外力撤除后,变形消失,杆件恢复原状。材料的这种性质,称为弹性。外力撤除后能够恢复原状的变形,称为弹性变形;外力撤除后不能恢复原状的变形,称为塑性变形。工程中的构件一般都不允许发生塑性变形。因此,材料力学只研究杆件的弹性变形。

杆件受拉伸或压缩后,将产生轴向变形和横向变形,这里我们主要研究轴向变形。

4.4.1　绝对变形和相对变形

如图 4-7 为一等截面直杆,在拉力 $\boldsymbol{F}$ 作用下发生轴向变形。设杆的原长为 L,拉伸后的长度变为 L_1,则杆件的轴向伸长量用 ΔL 表示,则

$$\Delta L = L_1 - L \tag{4-2}$$

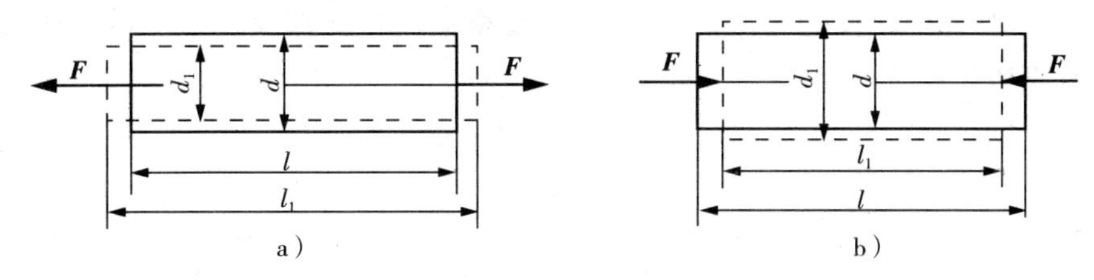

图 4－7　等截面直杆

a）等截面直杆拉伸　b）等截面直杆压缩

ΔL 称为杆件的绝对变形。拉伸时，ΔL 为正值；压缩时，ΔL 为负值。

由于绝对变形 ΔL 与杆件的原长有关，为了更确切地反映杆件的变形程度，消除原长度的影响，以单位长度的伸长量来表示杆件的轴向变形，称为相对变形或线应变，用 ε 表示。

$$\varepsilon=\frac{\Delta L}{L} \tag{4-3}$$

ε 是个比值，无单位。拉伸时为正值，压缩时为负值，也可用百分数表示。

实验证明：对于同一种材料，在弹性范围内，其横向相对变形与轴向相对变形之比的绝对值为一常数，即

$$\left|\frac{\varepsilon_1}{\varepsilon}\right|=\mu$$

其中，ε_1 为横向相对变形，$\varepsilon_1=\frac{\Delta d}{d}$。比值 μ 称为泊松比或横向变形系数。在拉伸时，ε 为正，ε_1 为负；压缩时，ε 为负，ε_1 为正。因 ε 与 ε_1 正负号恒相反，故

$$\varepsilon_1=-\mu\varepsilon$$

泊松比 μ 是一个无量纲的量，其值因材料而不同，由实验确定。工程中常用材料的值见表 4－1。

表 4－1　几种常用材料的 E、μ、G 的值

材料名称	E/GPa	μ	G/GPa
灰口铸铁	115～160	0.23～0.27	46.7～63
低碳钢	200～220	0.25～0.33	80～82.7
合金钢	190～220	0.24～0.33	76.6～82.7
铜及其合金	74～130	0.31～0.42	28.2～45.8
铝及硬铝合金	71	0.33	26.7
混凝土	15～36	0.16～0.18	—
橡胶	0.008	0.47	—
木材（顺纹）	10～12	0.054	—

4.4.2　胡克定律

轴向拉伸和压缩实验研究表明：在弹性变形范围内，杆件的绝对变形 ΔL 与轴力的大

小 F_N成正比，与杆件的长度 L 成正比，与杆件的横截面积 S 成反比，且与杆件的材料有关，所以有表达式：

$$\Delta L=\frac{F_N L}{ES} \tag{4-4}$$

这一比例关系称为胡克定律。式中，E 为比例系数，称为材料的抗拉压弹性模量，其值与材料有关，可通过实验测得。由式(4－4)可以看出，当其他条件不变时，材料的 E 值越大，绝对变形 ΔL 越小。因此，弹性模量 E 反映了材料抵抗变形的能力。另外，当内力 F_N 及杆长 L 一定时，乘积 ES 值越大，则绝对变形 ΔL 越小。ES 反映了杆件抵抗拉压变形的能力，称 ES 为杆件的抗拉压刚度，它表示杆件抵抗拉压变形的能力。

若将 $\sigma=\frac{F_N}{A}$、$\varepsilon=\frac{\Delta L}{L}$代入式(4－4)中，得胡克定律的第二表达式：

$$\sigma=E\varepsilon \tag{4-5}$$

式(4－5)表明，在弹性变形范围内，杆件横截面上的正应力与线应变成正比。

例 4.5 如图 4－8 所示阶梯轴，材料的弹性模量 $E=200\text{GPa}$，AC 段横截面积 $S_{AB}=S_{BC}=500\text{mm}^2$，$CD$ 段的横截面积为 $S_{CD}=200\text{mm}^2$。试求(1)各段横截面上的内力和应力；(2)求杆的总变形。

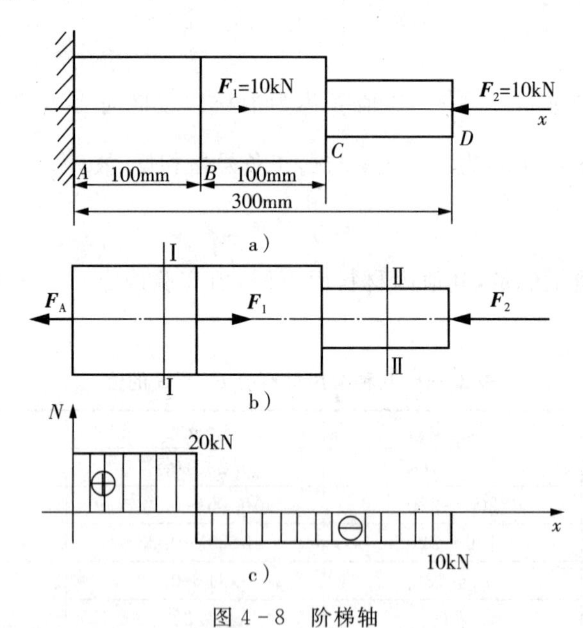

图 4－8 阶梯轴

解：(1)求 A 端的约束反力，画出杆的受力图 4－8b。

$$\sum F_x=0,\quad F_1-F_2-F_A=0$$

$$F_A=20\text{kN}$$

(2)求各段横截面上的内力，并画出轴力图。

① AB 段：$F_{N1}=F_A=20\text{kN}$(拉力)

② BC 段与 CD 段轴力相等：$F_{N2}=F_2=10\text{kN}$(压力)

画出轴力图如图 4－8c 所示。

(3)求各段杆横截面上的应力。

① AB 段：　$\sigma_1=\frac{F_{N1}}{S_{AB}}=\frac{20\times10^3}{500}\text{MPa}=40\text{MPa}$

② BC 段：　$\sigma_2=\frac{F_{N2}}{S_{BC}}=\frac{-10\times10^3}{500}\text{MPa}=-20\text{MPa}$

③ CD 段：　$\sigma_3=\frac{F_{N2}}{S_{CD}}=\frac{-10\times10^3}{200}\text{MPa}=-50\text{MPa}$

(4)求杆的总变形。

各段杆的变形量为

$$\Delta L_{AB}=\frac{F_{N1}L_{AB}}{ES_{AB}}=\frac{20\times10^3\times100}{200\times10^3\times500}=0.02\text{mm}$$

$$\Delta L_{BC}=\frac{F_{N2}L_{BC}}{ES_{BC}}=\frac{-10\times10^3\times100}{200\times10^3\times500}=-0.01\text{mm}$$

$$\Delta L_{CD}=\frac{F_{N2}L_{CD}}{ES_{CD}}=\frac{-10\times10^3\times100}{200\times10^3\times200}=-0.025\text{mm}$$

全杆的总变形等于各段杆变形量的代数和，即

$$\Delta L=\Delta L_{AB}+\Delta L_{BC}+\Delta L_{CD}=0.02-0.01-0.025=-0.015\text{mm}$$

计算结果为负值，说明整个杆缩短了 0.015mm。

4.5　材料在轴向载荷作用下的力学性能

在讨论轴向拉伸和压缩变形时，已经涉及材料的某些力学性能，如弹性模量 E、泊松比 μ 等。为了研究构件的强度，必须对材料的力学性能作进一步的分析。材料的力学性能(也称机械性能)，是指材料在受力和变形过程中所表现出来的性能。研究材料的力学性能，不仅可以解决构件的强度计算问题，也是选择材料、合理地制定工艺规程的依据。

材料的力学性能是通过试验测得的。在常温、静载条件下，材料大致分为塑性材料和脆性材料两大类。低碳钢是工程中广泛使用的材料，它在拉伸时所表现出来的力学性能较全面，通常以低碳钢 Q235A 代表塑性材料，用灰铸铁代表脆性材料，通过试验来研究它们的力学性能。试件采用国家标准统一规定的标准试件(GB228－87)，如图 4－9 所示。

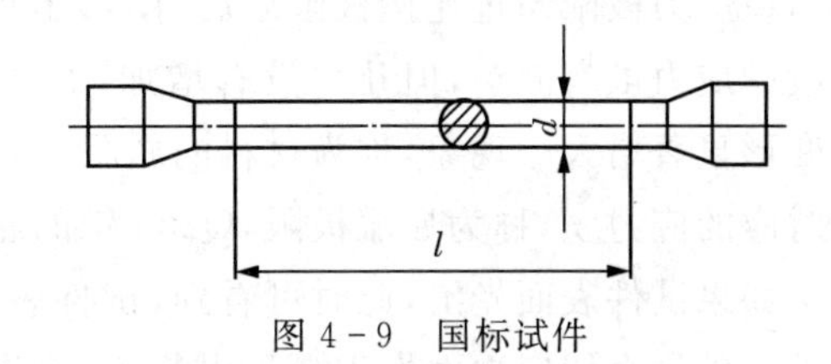

图 4－9　国标试件

4.5.1 低碳钢拉伸时的力学性能

试验时，试件受到由零逐渐增加的载荷 $\boldsymbol{F}$ 作用，试件被拉长，伸长量为 ΔL，直到试件被拉断为止。试验机上的自动绘图装置，将绘出拉力 $\boldsymbol{F}$ 与绝对变形 ΔL 的关系曲线，称为拉伸图或 $F-\Delta L$ 曲线，见图 4－10a。

由于绝对变形 ΔL 与试件的长度 L 及截面面积 S 有关，因此即使是同一材料，当试件尺寸不同时，其拉伸图也不同。为了消除试件尺寸的影响，反映材料本身的性能，将纵坐标的拉力 $\boldsymbol{F}$ 的大小除以横截面积 S 得正应力 $\sigma=F/S$，横坐标的 ΔL 除以 L 得应变 $\varepsilon=\Delta L/L$，以 σ 为纵坐标，以 ε 为横坐标，得 $\sigma-\varepsilon$ 关系曲线，称为应力应变图或 $\sigma-\varepsilon$ 曲线，见图 4－10b。

下面根据应力-应变曲线，分析低碳钢的力学性能。

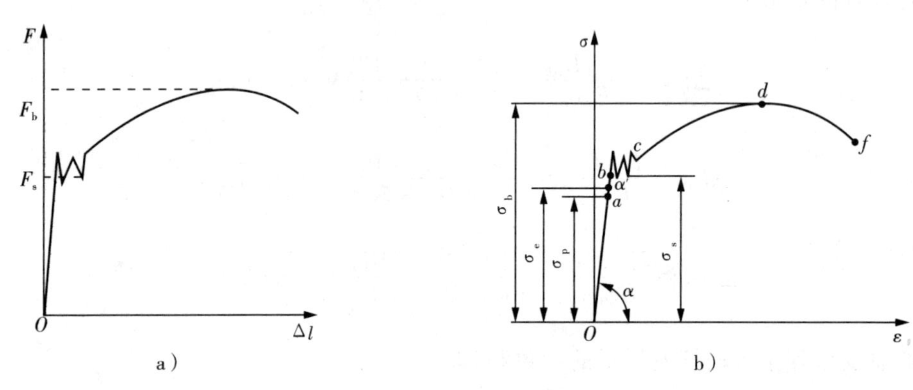

图 4－10 低碳钢拉伸力学性能

a)拉伸图 b)应力应变图

1. 弹性变形阶段

在 $\sigma-\varepsilon$ 曲线中，oa 段是直线，说明试件的应变与应力成正比关系，材料符合胡克定律 $\sigma=E\varepsilon$，此阶段为弹性变形阶段。显然，此段直线的斜率与弹性模量 E 的数值相等。与图上直线部分的最高点 a 对应的应力值 σ_p，是材料符合胡克定律的最大应力值，称为材料的比例极限。Q235 钢的比例极限为 $\sigma_p=200\text{MPa}$。

当应力超过比例极限后，图上 aa' 线段已不是直线，说明应力和应变不再成正比，但所发生的变形仍然是弹性的。与 a' 对应的应力 σ_e，是材料发生弹性变形的极限值，σ_e 称为弹性极限。Q235 钢的弹性极限 $\sigma_e\approx200\text{MPa}$。因此，在工程应用中，对比例极限与弹性极限通常不作严格区分，并用 σ_p 代替 σ_e。

2. 屈服阶段

在应力极限超过比例极限以后，图形出现一段近似水平的小锯齿形线段 bc，说明此阶段的应力虽有波动，但几乎没有增加，而变形却发生了较大增加。这种应力变化不大而变形显著增大的现象，称为材料的屈服。bc 段对应的过程称为屈服阶段。波动的最低点对应的应力 σ_s，称为屈服极限，Q235 钢的屈服极限 $\sigma_s\approx235\text{MPa}$。

如果试件表面光滑，此时可看到，试件表面有与轴线成 45°方向的条纹，这是由于材料沿试件最大切应力面发生滑移引起的，故称为滑移线。

在工程上，机械零件和工程结构都不允许发生塑性变形，所以屈服极限 σ_s 是衡量塑性材料强度的重要指标。

3. 强化阶段

过了屈服极限阶段，图形变为上升的曲线，说明材料恢复了对变形的抵抗能力，这种现象称为材料的强化，cd 段称为强化阶段。相应的曲线最高点 d 的应力，即试件断裂前能承受的最大应力值 σ_b，称为强度极限。Q235 钢的强度极限为 $\sigma_b=400\text{MPa}$。

4. 局部变形阶段

应力达到强度极限以后，试件出现局部收缩，称为颈缩现象，如图 4－11 所示。由于颈缩处截面积迅速减小，导致试件最后在此处断裂。

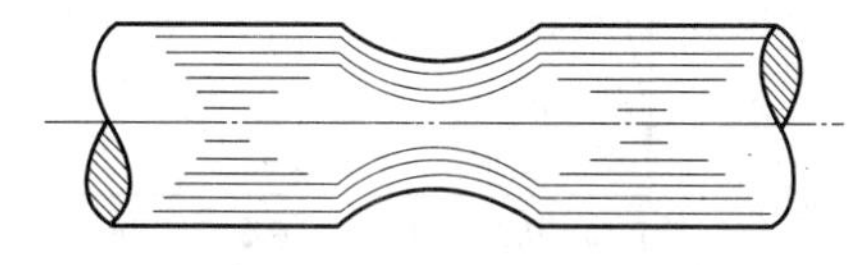

图 4－11　颈缩现象

5. 材料的塑性

试件拉断以后所遗留下来的塑性变形，可以用来表明材料的塑性。

(1)断后伸长率 δ

试件拉断后，其标距的伸长量与原标距的百分比，称为断后伸长率，也称延伸率，即

$$\delta=\frac{L_1-L_0}{L_0}\times 100\% \tag{4-6}$$

式中，L_0——试件原始标距；

L_1——试件拉断后的标距。

断后伸长率是衡量材料塑性变形的重要指标。断后伸长率大的材料在轧制和冷压加工时不易断裂，并能抵抗较大的冲击载荷。

(2)断面收缩率 Ψ

试件拉断后，断口处横截面积的相对变化率，称为断面收缩率，即

$$\Psi=\frac{A_0-A_1}{A_0}\times 100\% \tag{4-7}$$

断后伸长率和断面收缩率都是衡量材料塑性的重要指标。δ、Ψ 值越大，材料的塑性越好。在工程中，材料的断后伸长率 $\delta \geqslant 5\%$ 时，称为塑性材料；$\delta<5\%$ 时，称为脆性材料。Q235 钢的 δ 的范围在 20%～30%，是典型的塑性材料。

4.5.2　脆性材料拉伸时的力学性能

用灰铸铁代表脆性材料，做成标准试件，做拉伸试验，得出 $\sigma-\varepsilon$ 曲线如图 4－12 所示。由图上可以看出，$\sigma-\varepsilon$ 曲线没有明显的直线部分，但是应力在较小的范围内的一段曲线很接近于直线，故胡克定律还可适用。

与低碳钢相比，铸铁拉伸时，无屈服阶段，也无颈缩现象；断裂时，应变通常很小，抗

拉强度低，断口垂直于试样轴线。脆性材料不常用作受拉构件，衡量此类脆性材料强度的唯一指标是强度极限 σ_b。

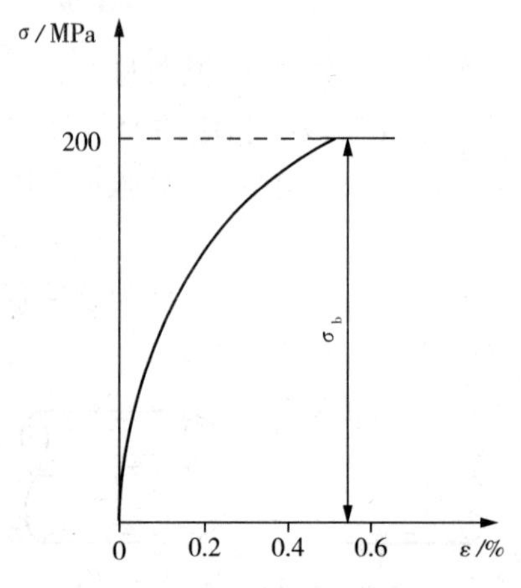

图 4-12　灰铸铁拉伸试验曲线

4.5.3　材料压缩时的力学性能

标准压缩试件为短圆柱形，长度 L 与直径 d 的关系是 $L=(2.5\sim3.5)d$。

1. 低碳钢的压缩试验

低碳钢压缩时的 $\sigma-\varepsilon$ 曲线见图 4-13，图中可看出，在屈服阶段以前，压缩时的力学性能与拉伸时的力学性能相同。随着压力的增大，试件越压越扁，试件横截面积也不断地增大，试件不会断裂，所以低碳钢不存在抗压强度。

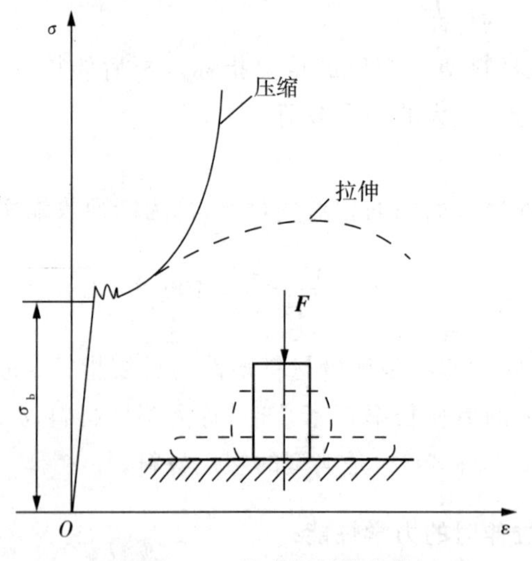

图 4-13　低碳钢压缩曲线

2. 铸铁的压缩试验

铸铁压缩时的 $\sigma-\varepsilon$ 曲线见图 4-14。与拉伸时 $\sigma-\varepsilon$ 曲线（以虚线表示）相比，压缩时的 $\sigma-\varepsilon$ 曲线也无明显的直线部分，材料只是近似地符合胡克定律。铸铁压缩破坏时，变形很小，而且是沿着与轴线大致成 45°的斜截面断裂。灰铸铁的抗压强度比抗拉强度大约 4 倍。

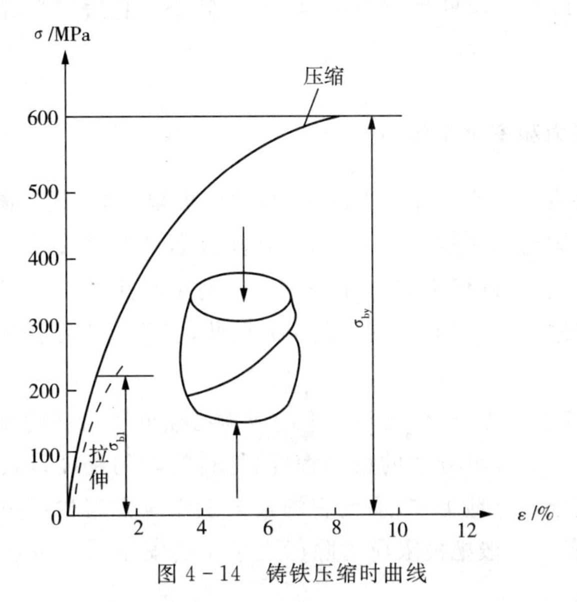

图 4－14　铸铁压缩时曲线

对于其他脆性材料，如硅石、水泥等，其抗压能力也显著地高于抗拉能力。一般脆性材料的价格较便宜，因此工程中常用脆性材料做承压构件。几种常用材料的力学性能见表 4－2。

表 4－2　几种常用材料的力学性能

材料名称或牌号	屈服点应力 σ_s/MPa	抗拉强度 σ_b/MPa	伸长率 δ/%	断面收缩率 Ψ/%
Q235A 钢	216～235	373～461	25～27	—
35 钢	216～314	432～530	15～20	28～45
45 钢	265～353	530～598	13～16	30～40
40G	343～785	588～981	8～9	30～45
QT600－2	412	538	2	—
HT150	—	拉 98～275 压 637 弯 206～461	—	—

4.6 轴向拉伸与压缩的强度计算

4.6.1 许用应力和安全系数

工程上，把材料丧失正常工作能力的应力，称为极限应力（或危险应力），以 σ° 表示。对于塑性材料，当应力达到屈服极限 σ_s 时，将产生显著的塑性变形，而失效。工程上，常以屈服极限作为塑性材料的极限应力，即 $\sigma^{\circ}=\sigma_s$。对于脆性材料，在无显著的变形的情况下，应力达到强度极限 σ_b 时，材料会突然断裂。因此，工程上常以强度极限作为脆性材料的极限应力，即 $\sigma^{\circ}=\sigma_b$。

为了保证构件安全工作，构件实际产生的应力必须低于材料的极限应力。考虑到载荷估计的准确程度、应力计算方法的精确程度、材料的均匀程度以及构件的重要性等因素，为了保证构件安全可靠地工作，应使它的最大工作应力与材料失效时极限应力之间留有适当的强度储备。一般把极限应力除以大于 1 的安全系数 n 所得的结果称为许用应力，用 $[\sigma]$ 表示，即

$$[\sigma]=\frac{\sigma^{\circ}}{n} \tag{4-8}$$

式中，n 称为安全系数。对于塑性材料，许用应力 $[\sigma]=\frac{\sigma_s}{n}$，一般 n 取 1.3～2.0。对于脆性材料，许用应力 $[\sigma]=\frac{\sigma_b}{n}$，一般 n 取 1.3～2.0。

正确地选取安全系数是工程中一件非常重要的事。如果安全系数 n 偏大，则许用应力 $[\sigma]$ 低，构件偏安全，用料过多，造成浪费；如果安全系数 n 偏小，则许用应力 $[\sigma]$ 大，用料少，但构件偏危险。所以，安全系数的确定，是合理解决安全与经济之间矛盾的关键。

4.6.2 轴向拉伸(压缩)时的强度计算

为了使拉(压)杆能安全可靠地工作，必须保证杆件最大工作应力不超过材料的许用应力，即

$$\sigma_{max}=\frac{F_N}{S}\leqslant[\sigma] \tag{4-9}$$

式(4-9)称为轴向拉伸(压缩)时的强度条件。对于拉伸与压缩许用应力不等的材料，需分别校核最大拉应力、最大压应力强度条件。

利用强度条件可以解决工程实际中三大类问题：

(1)强度校核

已知杆件的截面尺寸，所受载荷和材料的许用应力。根据 $\sigma_{max}=\frac{F_N}{S}$，先求出杆件最

大工作应力 σ_{max}。然后，将 σ_{max} 与$[\sigma]$比较，若 $\sigma_{max} \leqslant [\sigma]$时，杆件强度够；若 $\sigma_{max} \geqslant [\sigma]$时，杆件强度不够。

(2)设计截面尺寸

已知杆件所受载荷及材料的许用应力，确定杆件所需最小截面尺寸，由式(4－9)得

$$S \geqslant \frac{F_N}{[\sigma]} \tag{4-10}$$

(3)确定许可载荷

已知杆件的截面尺寸及材料的许用应力，由式(4－9)可确定杆件最大许用轴力，即

$$F_N \leqslant S[\sigma] \tag{4-11}$$

然后，再根据实际结构找出杆件所受外力与轴力的关系，进而求出许可载荷。

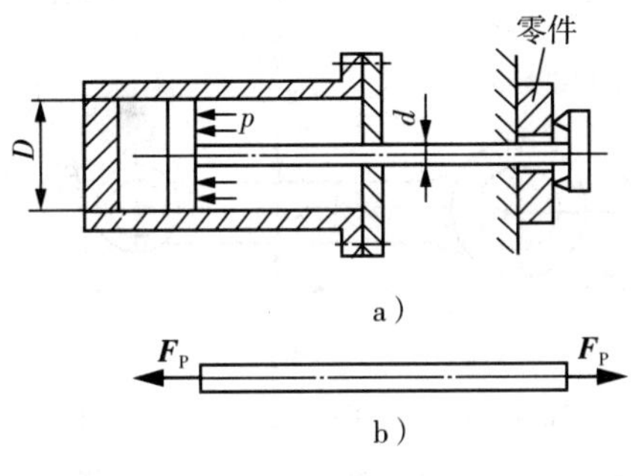

图 4－15　气动夹具

例 4.6　如图 4－15a 所示气动夹具，已知气缸内径 $D=140$mm，缸内气压 $P=0.6$MPa，活塞杆材料的$[\sigma]=80$MPa，活塞杆直径 $d=14$mm。试校核活塞杆的强度。

解：(1)受力分析。活塞杆左端受活塞气体的压力，右端受工件阻力，两端外力合力的作用线与杆的轴线在一条直线上，所以活塞杆为轴向拉伸杆件，如图 4－15b 所示。拉力 F_P 可由气体压强及活塞面积求得

$$F_P = P\,\frac{\pi}{4}(D^2 - d^2) = 0.6 \times \frac{\pi}{4} \times (140^2 - 14^2) = 9139.28\text{N}$$

(2)校核强度。活塞杆的轴力为 $F_N = F_p = 9139.28$N，活塞杆的正应力为

$$\sigma = \frac{F_N}{A} = \frac{4F_N}{\pi d^2} = \frac{4 \times 9139.28}{\pi \times 14^2} = 59.4\text{MPa} < [\sigma]$$

所以，强度足够。

例 4.7　某冷锻机的曲柄滑块机构如图 4－16a 所示。锻压机工作中，当连杆接近水平位置时，最大锻压力为 $F_P=3780$kN。连杆的横截面为矩形，高宽之比 $h/b=1.4$，如图 4－16b。材料的许用应力$[\sigma]=90$MPa。试设计连杆的尺寸 h 和 b。

解：(1)计算轴力。锻压机连杆位于水平位置时，其轴力最大，为

$$F_N = F_P = 3780\text{kN}$$

(2)选择截面尺寸。由强度条件得

$$A \geqslant \frac{F_N}{[\sigma]} = \frac{3780 \times 10^3}{90} = 42 \times 10^3 \text{mm}^2$$

连杆为矩形截面,$A=bh$,且 $h=1.4b$,代入上式得

$$1.4b^2 \geqslant 42 \times 10^3 \text{mm}^2$$

$$b \geqslant 173\text{mm}$$

$$h \geqslant 1.4 \times 173 = 242.2\text{mm}$$

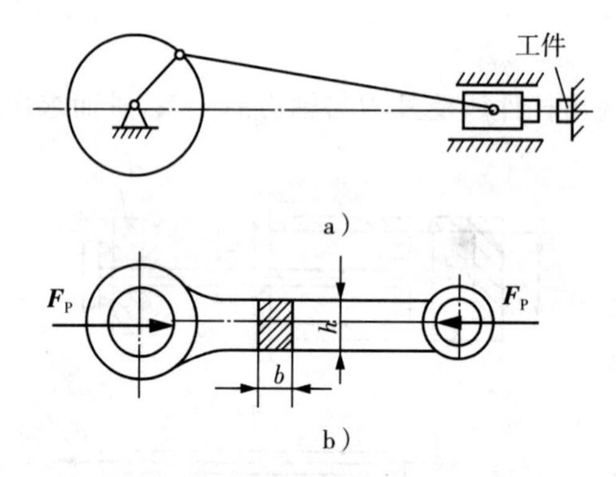

图 4-16　冷锻机的曲柄滑块机构

例 4.8　如图 4-17a 所示三角形构架,AB 为木杆,横截面积 $S_{AB}=10\times10^3\text{mm}^2$,许用应力$[\sigma]_{AB}=7\text{MPa}$,$BC$ 为钢杆,其横截面积 $S_{BC}=600\text{mm}^2$,许用应力$[\sigma]_{BC}=160\text{MPa}$。试求 B 处可吊起的最大许可载荷 F。

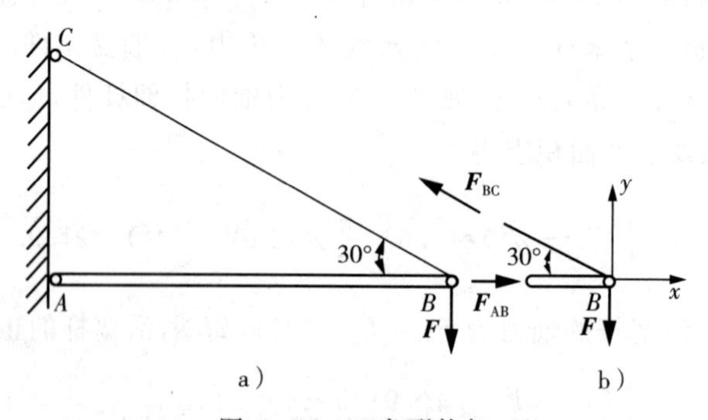

图 4-17　三角形构架

解:(1)受力分析。A、B、C 均为铰接,AB、BC 都是二力构件。以 B 点(销钉)为研究对象画受力图(见图 4-17b)。

由方程

$$\sum F_y = 0, \quad F_{BC}\sin30^\circ - F = 0$$

解得

$$F_{BC}=\frac{F}{\sin30^\circ}=2F$$

由方程

$$\sum F_x=0,\quad F_{AB}-F_{BC}\cos30^\circ=0$$

解得

$$F_{AB}=F_{BC}\cos30^\circ=\sqrt{3}F$$

(2)求最大许可载荷。由公式(4－11)可得木杆的许可轴力为

$$F_{AB}\leqslant S_{AB}[\sigma]_{AB}$$

即得

$$\sqrt{3}F\leqslant(10\times10^3\times7)\text{N}$$

故保证木杆强度所得的许可载荷为

$$F_{木}\leqslant40.4\times10^3\text{N}=40.4\text{kN}$$

再由公式(4－11)求出钢杆的许可轴力为

$$F_{BC}\leqslant S_{BC}[\sigma]_{BC}$$

即

$$2F\leqslant(600\times160)\text{N}$$

故保证钢杆强度所得的许可载荷为

$$F_{钢}\leqslant48\times10^3\text{N}=48\text{kN}$$

因此，保证整个结构的安全，B 点处可吊起的最大许可载荷为

$$F=40.4\text{kN}$$

本章小结

(1)拉伸与压缩变形是四种基本变形中最常见也是最基础的一种。

① 拉伸与压缩的受力特点：所有外力或外力的合力沿杆件轴线作用。

② 拉伸与压缩的变形特点：杆件沿轴线伸长或缩短。

(2)轴力：轴向拉伸或压缩杆件任意截面的内力都沿轴线作用，称为轴力，用 F_N 表示。

(3)应力：单位面积上内力的大小。拉、压杆横截面上的应力是均匀分布的，横截面上只有正应力

$$\sigma=\frac{F_N}{S}$$

(4)变形:有绝对变形和相对变形两种。

胡克定律建立了受力与变形、应力与应变(相对变形)之间的关系:

$$\Delta L=\frac{F_N L}{ES}\text{(第一表达式)}$$

$$\sigma=E\varepsilon\text{(第二表达式)}$$

(5)材料的力学性能是进行强度、刚度和稳定性计算不可缺少的实验资料。材料通常分为塑性材料和脆性材料。通常有以下参数:

① 强度指标:屈服极限 σ_s。

② 强度极限:σ_b。

③ 刚度指标:弹性模量 E。

④ 塑性指标:延伸率 δ。

⑤ 断面收缩率:Ψ。

(6)强度计算:强度计算是材料力学研究的主要问题,拉、压强度条件:

$$\sigma_{max}=\frac{F_N}{S}\leqslant[\sigma]$$

利用强度条件可以解决工程实际中三大类问题:

① 强度校核。根据 $\sigma_{max}=\frac{F_N}{S}$,先求出杆件最大工作应力 σ_{max},然后将 σ_{max} 与 $[\sigma]$ 比较,若 $\sigma_{max}\leqslant[\sigma]$ 时,杆件强度够;若 $\sigma_{max}\geqslant[\sigma]$ 时,杆件强度不够;

② 设计截面尺寸。(公式:$S\geqslant\frac{F_N}{[\sigma]}$);

③ 确定许可载荷。(公式:$F_N\leqslant S[\sigma]$)。

习 题 四

一、选择题

1. 低碳钢拉伸曲线图上出现一段近似水平的小锯齿形线段,而且该阶段的应力虽有波动,但几乎没有增加,而变形却发生了较大增加,该阶段是__________。

   A. 弹性变形阶段　　B. 屈服阶段

   C. 强化阶段　　D. 局部变形阶段

2. 材料的许用应力 $[\sigma]$ 是保证构件安全工作的__________。

   A. 最高工作应力　　B. 最低工作应力

   C. 平均工作应力　　D. 最低破坏应力

二、填空题

1. 轴向拉伸与压缩杆件的受力特点是__________;变形特点__________。

2. 轴力的正负号规定如下：轴力的方向与所在截面的外法线方向一致时，轴力为__________；反之为__________。

3. 构件在外力作用下，单位面积上的内力称为__________。

4. 低碳钢拉伸时分为以下几个阶段，即________、________、________、__________。

5. 指出下列符号的名称：

σ_e：__________；σ_s：__________；σ_b：__________；

Ψ：__________；δ：__________；ε：__________。

三、问答题

1. 指出下列概念的区别：

(1)内力与应力；(2)变形与应变；(3)弹性变形与塑性变形；(4)极限应力与许用应力。

2. 两根不同材料制成的等截面直杆，承受相同的轴向拉力，它们的横截面积和长度都相等。试说明：(1)横截面上的应力是否相等？(2)强度是否相同？(3)绝对变形是否相同？为什么？

3. 两根相同材料制成的拉杆如下图 4-18 所示。试说明它们的绝对变形是否相同？如有不同，哪根变形大？另外，不等截面直杆的各段应变是否相同？为什么？

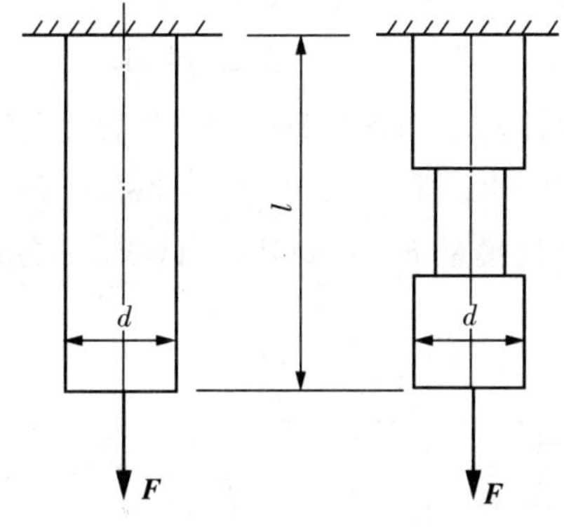

图 4-18

4. 钢的弹性模量 $E=200\text{GPa}$，铜的弹性模量 $E=74\text{GPa}$。试比较：在应力相同的情况下，哪种材料的应变大？在相同的应变情况下，哪种材料的应力大？

5. 什么是许用应力？什么是强度条件？应用强度条件可以解决哪些方面的问题？

6. 胡克定律的内容是什么？在什么条件下适用？写出两种表达式？截面的拉(压)刚度是什么？

7. 三根试件的尺寸相同，但材料不同，其 $\sigma-\varepsilon$ 曲线如下图 4-19 所示。试说明哪一种材料的强度高？那一种材料的弹性模量大？哪一种材料的塑性好？

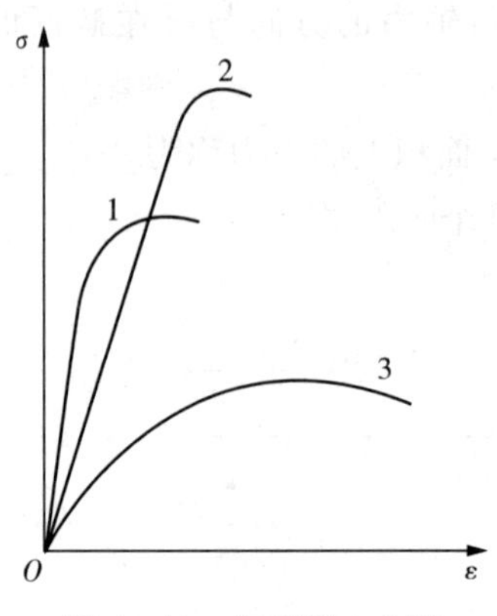

图 4-19 问答题 3.7 图

四、计算题

1. 求图 4-20 所示直杆横截面 1—1、2—2 和 3—3 上的轴力，并作轴力图。

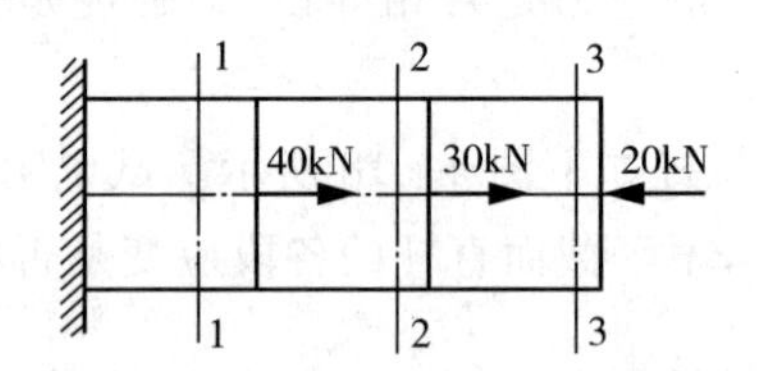

图 4-20 计算题 4.1 图

2. 如图 4-21 所示阶梯轴，试求 1—1、2—2、3—3 截面上的轴力，并画轴力图。

3. 一阶梯轴受力如图 4-22 所示，已知 $F_1=38\text{kN}$、$F_2=56\text{kN}$、$F_3=18\text{kN}$、$S_1=10\text{cm}^2$、$S_2=20\text{cm}^2$，材料的弹性模量 $E=200\text{GPa}$。试求(1)各段杆的轴力；(2)各段杆的应力；(3)求杆件的总变形。

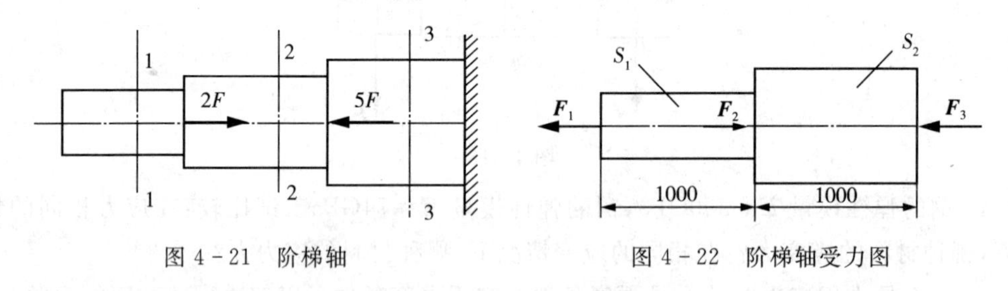

图 4-21 阶梯轴　　图 4-22 阶梯轴受力图

4. 如图 4-23 所示，钢制阶梯形直杆，各段横截面面积分别为 $S_1=S_3=300\text{mm}^2$、$S_2=200\text{mm}^2$、$E=200\text{GPa}$。试求出各段的轴力及杆的总变形。

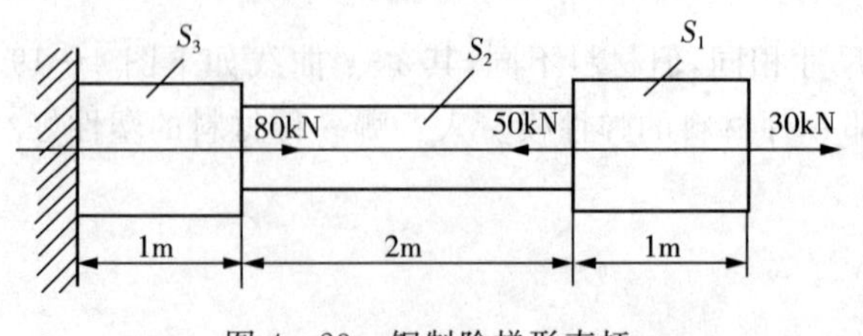

图 4-23 钢制阶梯形直杆

5. 如图 4－24 所示，三角架中 AB 与 BC 是两根材料相同的圆截面杆，材料的许用应力$[\sigma]=100\text{MPa}$，载荷 $F=10\text{kN}$。试设计两杆的直径。

6. 如图 4－25 所示，AB 与 BC 杆材料的许用应力分别为$[\sigma_1]=100\text{MPa}$，$[\sigma_2]=150\text{MPa}$，两杆横截面面积均为 $S=2\text{cm}^2$。求许可载荷 F。

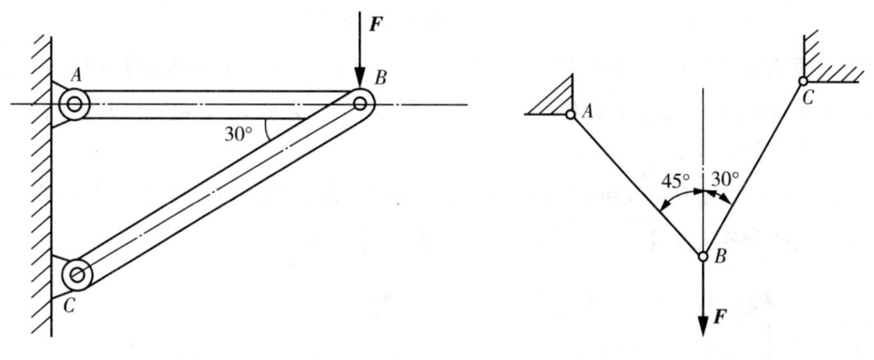

图 4－24　三角架图 4－25　　　图 4－25　计算题 4－6 图

7. 如图 4－26 所示，起重机吊钩的上端用螺母固定，吊钩螺栓部分的内经 $d=55\text{mm}$，材料的许用应力$[\sigma]=80\text{MPa}$，载荷 $F_P=160\text{kN}$。试校核螺栓部分的强度。

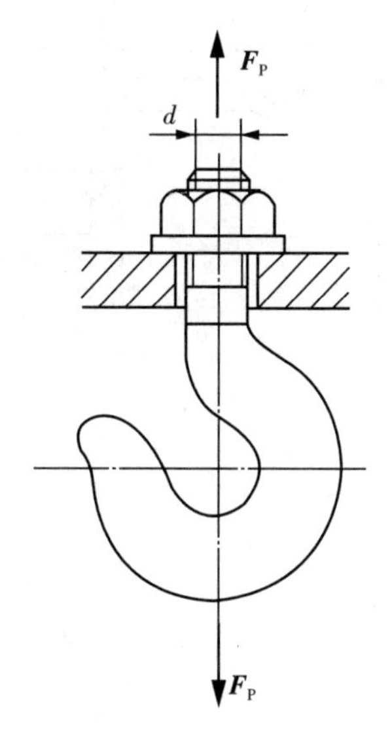

图 4－26　起重机吊钩

8. 圆截面阶梯状杆如图 4－27 所示，受到 $F=150\text{kN}$ 的轴向拉力作用。已知中间部分的直径 $d_1=30\text{mm}$，两端部分的直径均为 $d_2=50\text{mm}$，整个杆长 $l=250\text{mm}$，中间部分杆长 $l_1=150\text{mm}$，弹性模量 $E=200\text{GPa}$。试求：(1)各部分横截面上的正应力 σ；(2)整个杆的总伸长量。

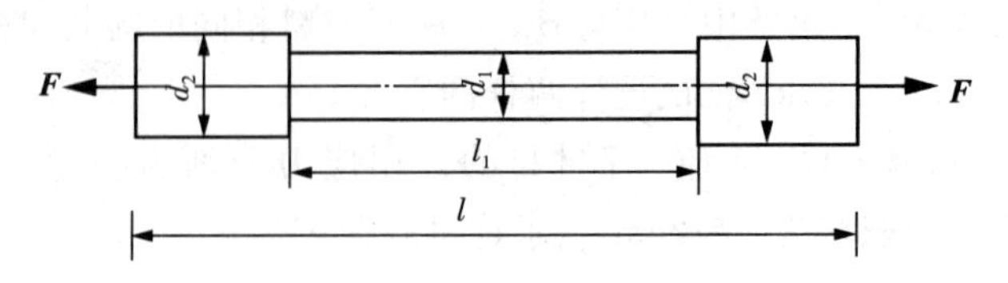

图 4-27　圆截面阶梯状杆

9. 用绳索起吊重 $G=10\text{kN}$ 的木箱，如题 4-28 图所示。设绳索的直径 $d=25\text{mm}$，许用应力 $[\sigma]=10\text{MPa}$。试问绳索的强度是否足够？如果强度不足，则绳索的直径应为多大才能安全工作？

10. 如题 4-29 图所示，钢杆受拉力 $P=40\text{kN}$，若已知钢杆材料的许用应力 $[\sigma]=100\text{MPa}$，横截面为矩形，且 $b=2a$。试确定截面尺寸 a 和 b。

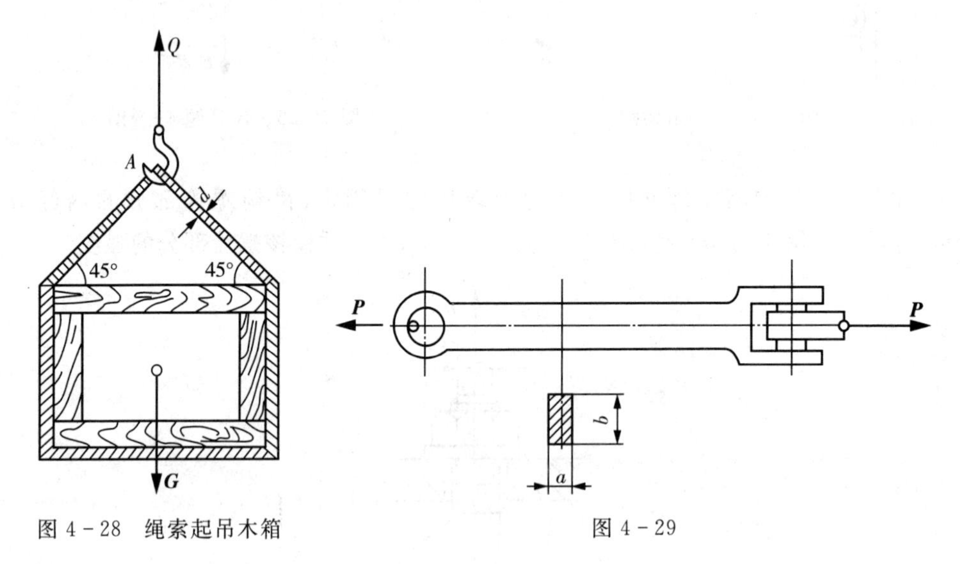

图 4-28　绳索起吊木箱

图 4-29

第5章　剪切与挤压

【本章要点】

本章主要介绍剪切和挤压的受力特点和变形特点；剪力和切应力，剪切面的确定；挤压力和挤压应力，挤压面和挤压面积确定，剪切和挤压的实用计算。通过本章的学习，应达到以下要求：

(1)了解剪切和挤压的受力特点和变形特点。

(2)会判断剪切面和挤压面，并正确计算其面积。

(3)掌握剪切和挤压的强度计算方法。

5.1　剪切与挤压的概念与实例

5.1.1　剪切的概念与实例

工程中常用的连接件，如销钉、键、螺栓、铆钉等，都是构件承受剪切的实例。如图5－1a所示铆钉连接，当拉力 $\boldsymbol{F}$ 增加时，铆钉沿 $m-m$ 截面发生相对错动(见图5－1b、c)，甚至可能被切断。其受力特点是连接件受到一对大小相等、方向相反，作用线平行且相距很近的外力作用；其变形特点是连接件沿两个力作用线之间的截面发生相对错动，这种变形称为剪切变形。

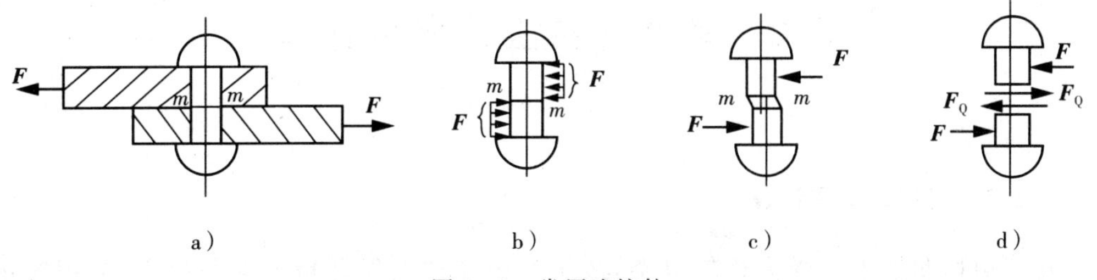

图5－1　常用连接件

剪切变形中，发生相对错动的截面称为剪切面。剪切面平行于外力作用线，位于相邻两反向外力作用线之间。剪切面上与截面相切的内力称为剪力，用 $\boldsymbol{F}_{Q}$ 表示。一个受剪构件只有一个剪切面的剪切变形称为单剪切(见图5－1d)；有两个剪切面的剪切变形称为双剪切(见图5－2)。

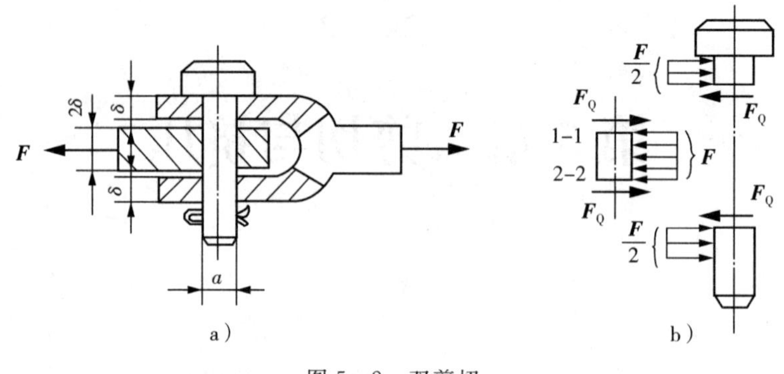

图 5-2　双剪切

5.1.2　挤压的概念与实例

连接件在发生剪切变形的同时，它在传递力的接触面上也受到较大的压力作用，从而出现局部塑性变形，这种现象称为挤压。发生挤压的接触面称为挤压面。挤压面的压力称为挤压力，如图 5-3 所示。工程机械上常用的平键经常发生挤压破坏。

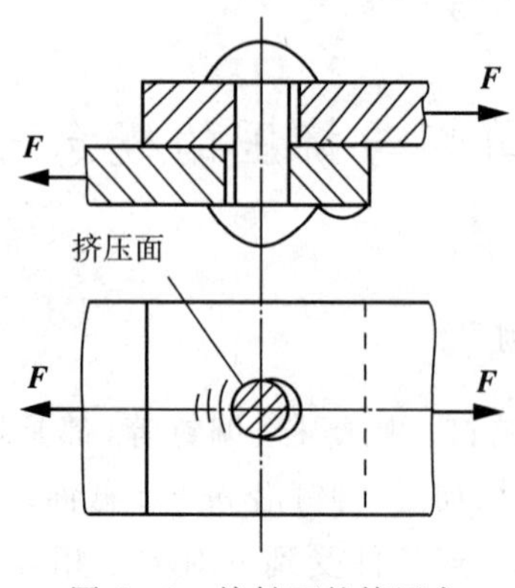

图 5-3　接触面的挤压力

5.2　剪切与挤压的实用计算

5.2.1　剪切的实用计算

由于剪切和挤压的受力比较复杂，故工程中往往在保证精度的前提下，采用实用计算。

连接件发生剪切变形时，剪切面上产生了切应力 τ，其在剪切面上的分布情况一般比较复杂。工程中为便于计算，通常认为切应力在剪切面上是均匀分布的，由此得切应力的计算公式为

$$\tau=\frac{F_Q}{S} \tag{5-1}$$

式中，F_Q——剪切面上的剪力；

S——剪切面面积。

为保证连接件工作时安全可靠，要求切应力不超过材料的许用切应力。由此得剪切的强度条件为

$$\tau=\frac{F_Q}{S}\leqslant[\tau] \tag{5-2}$$

式中，$[\tau]$为材料的许用切应力。常用材料的许用切应力可从有关手册中查得。

5.2.2　挤压的实用计算

由挤压力引起的应力称为挤压应力，用σ_{jy}表示。在挤压面上，挤压应力分布相当复杂，工程中也通常认为挤压应力是在挤压面上均匀分布。由此得挤压应力的计算公式为

$$\sigma_{jy}=\frac{F_{jy}}{S_{jy}} \tag{5-3}$$

式中，F_{jy}——挤压面上的挤压力；

S_{jy}——计算挤压面面积。

挤压面面积S_{jy}的确定，一般为两种情况：

(1)当实际挤压面为平面时，挤压面面积S_{jy}等于接触面面积；

(2)当挤压面为圆柱面时，挤压面面积S_{jy}等于半圆柱的正投影面积，如图 5-4 所示，$S_{jy}=d\delta$。

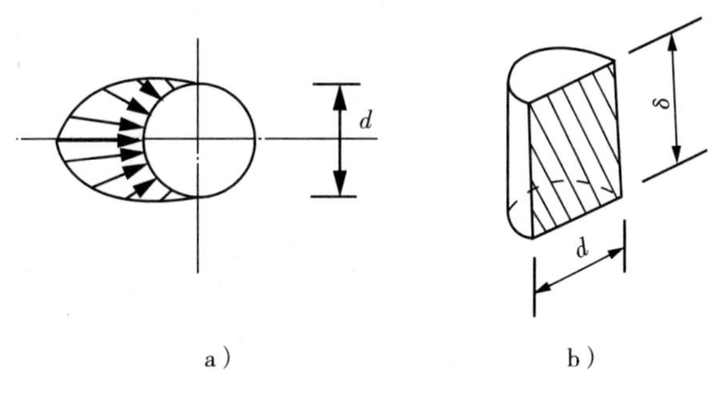

图 5-4　圆柱挤压面

为保证连接件具有足够的挤压强度，其强度条件为

$$\sigma_{jy}=\frac{F_{jy}}{S_{jy}}\leqslant[\sigma_{jy}] \tag{5-4}$$

式中，$[\sigma_{jy}]$为材料的许用挤压应力，数据可从有关手册中查得。

例 5.1 如图 5 - 5a 所示,已知挂钩厚度 $t=8\text{mm}$,销钉材料的许用切应力 $[\tau]=60\text{MPa}$,许用挤压应力 $[\sigma_{jy}]=200\text{MPa}$,牵引力 $F=15\text{kN}$,试选择销钉直径。

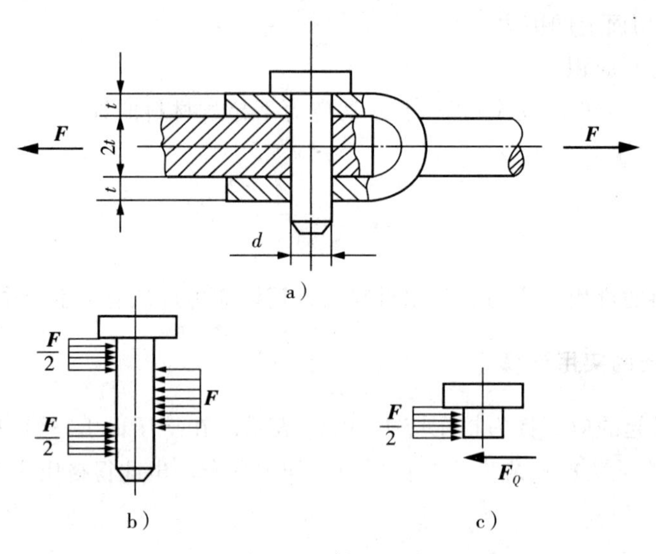

图 5 - 5　例 5.1 图

解:(1)画销钉的受力图,如图 5 - 5b 所示。销钉的剪切面为两个,取一个为研究对象(见图 5 - 5c),每个剪切面的剪力为

$$F_Q=\frac{F}{2}$$

(2)按剪切强度条件求销钉直径 d_1。

$$\tau=\frac{F_Q}{S}\leqslant[\tau]$$

即

$$\frac{4F_Q}{\pi d_1^2}\leqslant[\tau]$$

所以

$$d_1\geqslant\sqrt{\frac{2F}{\pi[\tau]}}=\sqrt{\frac{2\times15000}{3.14\times60}}\approx13\text{mm}$$

(3)按挤压强度条件求销钉直径 d_2。

挤压力为

$$F_{jy}=\frac{F}{2}$$

$$\sigma_{jy}=\frac{F_{jy}}{S_{jy}}=\frac{\frac{F}{2}}{d_2\times t}\leqslant[\sigma_{jy}]$$

$$d_2\geqslant\frac{F}{[\sigma_{jy}]2t}=\frac{15000}{200\times2\times8}\approx5\text{mm}$$

为了同时满足剪切和挤压强度,销钉的直径取两者中的较大值 $d=13\text{mm}$。

例5.2 如图5-6所示，冲床的最大冲力为$F=400\text{kN}$，冲头材料的许用压应力$[\sigma_{jy}]=440\text{MPa}$，被冲剪钢板的抗剪强度$\tau_b=360\text{MPa}$，求在最大冲力作用下所能冲剪的圆孔的最小直径$d$和钢板的最大厚度$\delta$。

解：(1)确定圆孔的最小直径d。冲剪的孔径等于冲头的直径，冲头工作时需满足抗压强度条件，即

$$\sigma_{jy}=\frac{F_N}{A}=\frac{4F}{\pi d^2}<[\sigma_c]$$

得

$$d\geqslant\sqrt{\frac{4F}{\pi[\sigma_{jy}]}}=\sqrt{\frac{4\times400\times10^3}{\pi\times440\times10^6}}$$
$$=34\times10^{-3}\text{m}=34\text{mm}$$

取最小直径为35mm。

(2)确定钢板的最大厚度δ。

冲剪时，钢板剪切面上的剪力$F_Q=F$，剪切面的面积$S=\pi d\delta$。为能冲剪成孔，须满足下列条件：

$$\tau=\frac{F_Q}{S}=\frac{F}{\pi d\delta}\geqslant\tau_b$$

得

$$\delta\leqslant\frac{F}{\pi d\tau_b}=\frac{400\times10^3}{\pi\times35\times10^{-3}\times360\times10^6}$$
$$\leqslant10.1\times10^{-3}\text{m}=10.1\text{mm}$$

故取钢板的最大厚度为10mm。

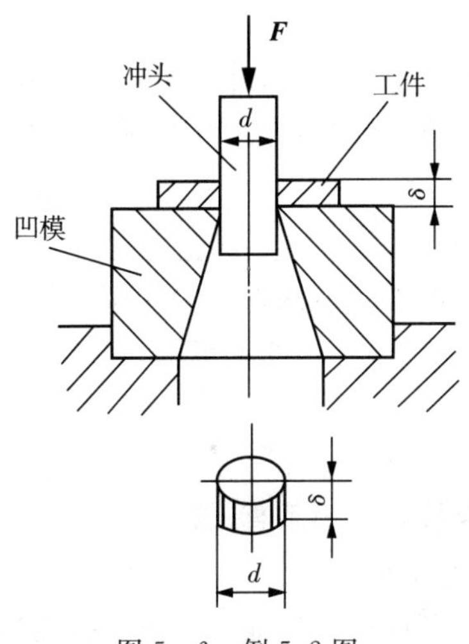

图5-6 例5.2图

本章小结

(1)剪切变形的受力特点:构件受到大小相等、方向相反,作用线平行且相距很近的两外力作用时,两力之间的截面发生相对错动。工程中的连接件在承受剪切的同时,常常伴随着挤压的压力,挤压现象与压缩不同,它只是局部产生不均匀的压缩变形。

(2)对构件进行剪切和挤压强度计算的关键是正确判断剪切面和和挤压面并计算它们的面积。剪切面与外力平行,且位于方向相反的两个平行外力之间,挤压面就是外力的接触面。当挤压面为平面时,其挤压面积等于实际面积;当挤压面为半圆柱面时,其挤压面积等于半圆柱面的正投影面积。

(3)剪力 F_Q 的确定。单剪切,一个受剪构件只有一个剪切面,$F_Q=F$;双剪切,一个受剪构件有两个剪切面,$F_Q=F/2$。

(4)工程实际中采用实用计算的方法来建立剪切强度条件和挤压强度条件,它们分别为

$$\tau=\frac{F_Q}{A}\leqslant[\tau]$$

$$\sigma_{jy}=\frac{F_{jy}}{A_{jy}}\leqslant[\sigma_{jy}]$$

习 题 五

一、填空题

1. 在工程中通常用__________方法来计算切应力在剪切面上的分布情况。

2. 构件在一对大小相等、方向相反,作用线相隔很近的外力作用下,截面沿着力的作用方向发生相对错动的变形称为__________。

3. 剪切变形的受力特点是:__________和__________。

4. 构件受剪力时,剪切面的方位与两外力的作用线相__________。

5. 剪切胡克定律适用于__________变形范围。

二、判断题

1. 挤压变形时,挤压力与接触表面垂直。(　　)

2. 受剪构件的剪切面总是平面。(　　)

3. 进行挤压实用计算时,所取的挤压面面积就是挤压接触面的正投影面积。(　　)

4. 用剪刀剪纸,纸张受到了剪切破坏。(　　)

三、简答题

1. 剪切和挤压的实用计算采用了什么假设？为什么？
2. 挤压应力与一般的压应力有什么区别？
3. 如图 5－7 所示，哪个物体考虑压缩强度？哪个物体考虑挤压强度？
4. 图 5－8 中拉杆的材料为钢材，在拉杆和木材之间放一金属垫圈，该垫圈起何作用？

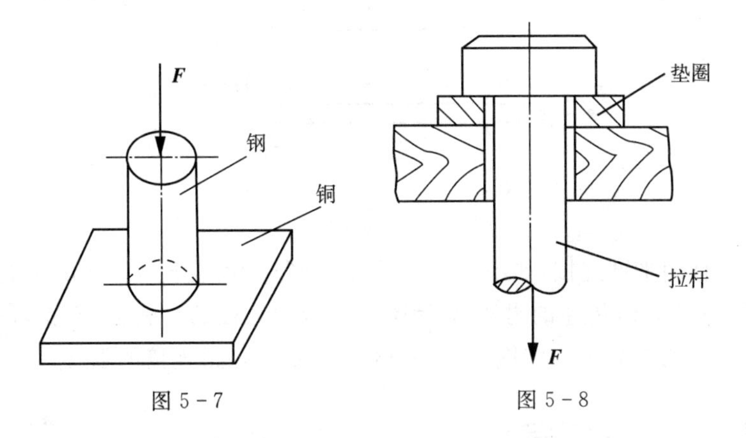

图 5－7　　　　图 5－8

四、计算题

1. 分析图 5－9 所示零件的剪切面与挤压面。

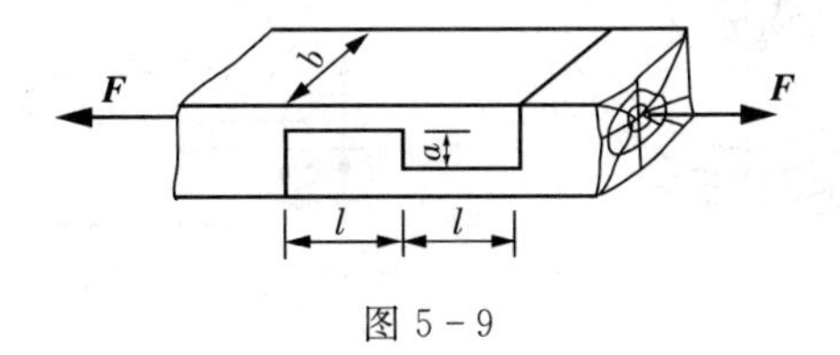

图 5－9

2. 图 5－10 示切料装置用刀刃把切料模中 Φ12mm 棒料切断。棒料的抗剪强度 τ_b ＝320MPa。试计算切断力。

3. 图示 5－11 螺栓受拉力 F 作用，已知材料的许用应力[τ]和许用拉应力[σ]的关系为[τ]＝0.6[σ]。试求螺栓直径 d 与螺栓头高度 h 的合理比例。

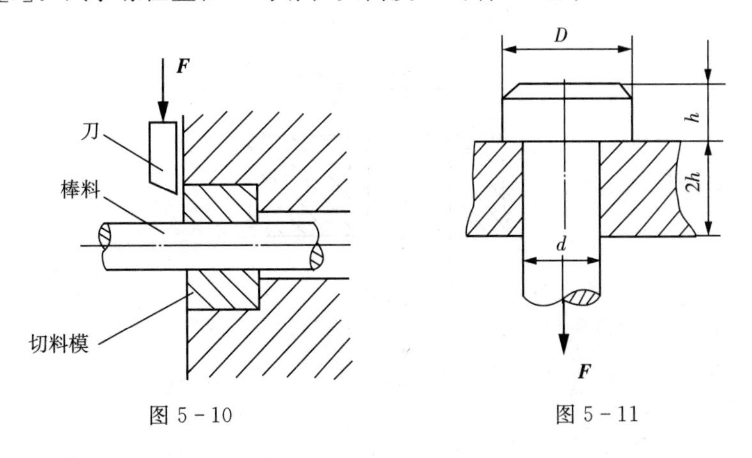

图 5－10　　　　图 5－11

4. 已知焊缝的许用应力$[\tau]=100\text{MPa}$，钢板的许用拉应力$[\sigma]=160\text{MPa}$。试计算图5-12示焊接板的许用载荷F。

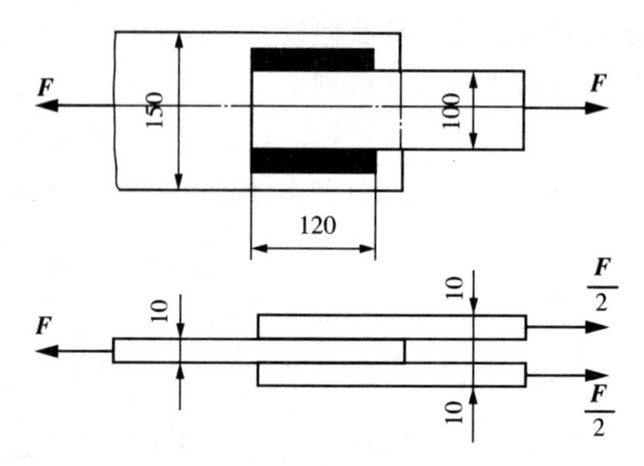

图5-12 焊接板的焊缝

5. 齿轮与轴用平键连接，如图5-13所示。已知轴的直径$d=50\text{mm}$，键的尺寸$b\times h\times l=20\times12\times100\text{mm}$，传递的力矩$M=1000\text{Nm}$，键和轴的材料为45钢，$[\tau]=60\text{MPa}$，$[\sigma_{jy}]_1=100\text{MPa}$，齿轮材料为铸铁$[\sigma_{jy}]_2=53\text{MPa}$，试校核键连接的强度。

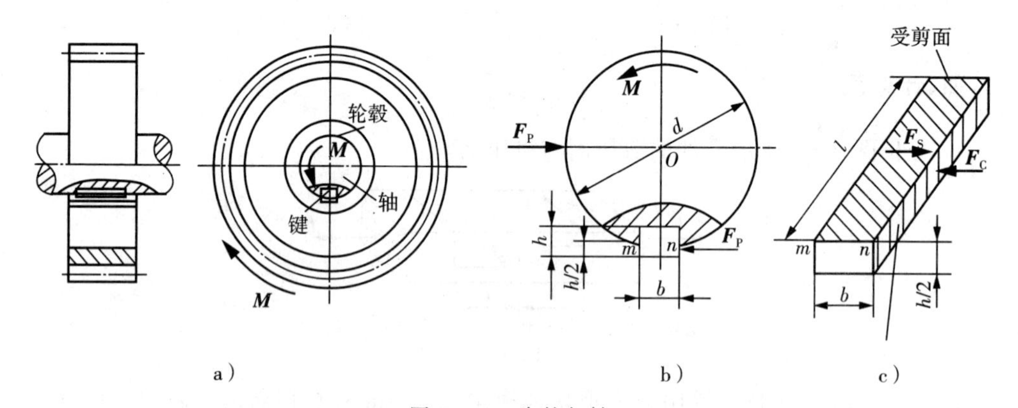

图5-13 齿轮与轴

6. 图5-14示连接构件中$D=2d=32\text{mm}$，$h=12\text{mm}$，拉杆材料的许用应力$[\sigma]=120\text{MPa}$，$[\tau]=70\text{MPa}$，$[\sigma_{jy}]=170\text{MPa}$。试求拉杆的许用载荷$F$。

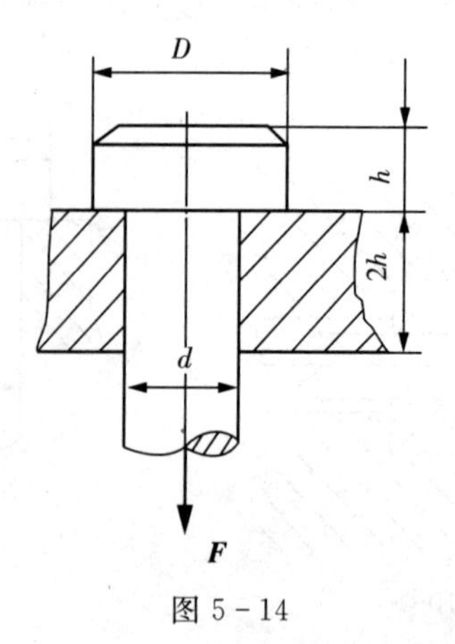

图5-14

7. 如图 5-15 所示，两块厚板为 10mm 的钢板，若用直径为 17mm 的铆钉连接在一起，钢板拉力 $F=60\text{kN}$，已知$[\tau]=40\text{MPa}$，$[\sigma_{iy}]=280\text{MPa}$。试确定所需的铆钉数。（假设每只铆钉的受力相等）

8. 如图 5-16 所示，螺栓受拉力 $\boldsymbol{F}$ 作用，其材料的许用剪切应力与许用应力$[\sigma]$之间的关系约为$[\tau]=0.6[\sigma]$。试求算螺栓直径 d 和螺栓头部高度 h 的合理比值。

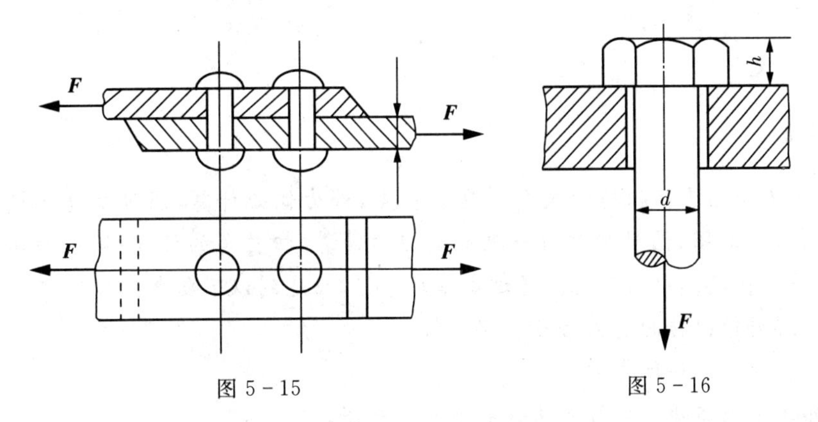

图 5-15　　图 5-16

第6章 圆轴扭转

【本章要点】

本章主要介绍圆轴扭转的概念及受力特点，外力偶矩计算，圆轴扭转时横截面的内力——扭矩，扭矩图；圆轴扭转时横截面的应力计算，扭转角的计算；圆轴扭转的强度条件和刚度条件在实际中的应用。通过本章的学习，应达到以下要求：

(1)了解圆轴扭转的受力特点和变形特点。

(2)掌握外力偶矩计算方法。

(3)熟练掌握扭矩的计算方法并能绘制扭矩图。

(4)熟练掌握扭转应力计算方法。

(5)熟练掌握扭转强度条件及强度计算

(6)了解扭转变形规律和刚度计算的一般方法。

6.1 扭转的概念与实例

工程实际中，很多零件会发生扭转变形。例如，如图6-1a所示，汽车方向盘受驾驶员两手作用。力偶作用于方向盘轴的上端，下端受到来自转向器的阻力偶作用，使轴产生扭转变形(见图6-1b)。再如，钳工攻螺纹时，两手所加的外力偶与丝锥下端的反力偶，使丝锥杆产生扭转变形。

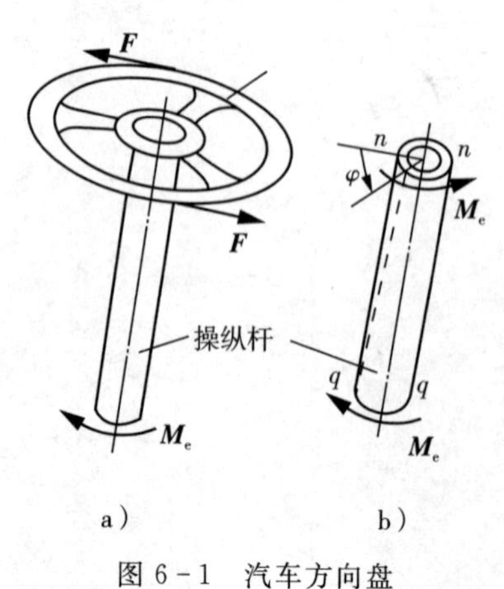

图6-1 汽车方向盘

由此看出，杆件扭转变形的受力特点是：在垂直于杆件轴线的不同平面内，受到大小相等、转向相反的力偶作用。其变形特点是：各横截面绕杆件轴线发生相对转动，我们称这种变形为扭转变形。杆件受转变形时，任意两截面相对转过的角度称为扭转角，用 φ 表示。

工程上，以变形为主的杆件称为轴，本章主要研究常见的圆轴扭转变形。

6.2　扭矩和扭矩图

研究圆轴扭转问题的方法和研究拉（压）杆问题一样。首先，计算作用于轴上的外力。然后，再分析横截面上的内力，建立应力和变形的计算公式。最后，进行强度、刚度计算。

6.2.1　外力偶矩的计算

作用于轴上的外力偶矩，通常不是直接给出其数值，而是给出轴的转速和传递的功率。此时，需要按照理论力学中推导的功率、转速、力矩三者的关系来计算外力偶矩的数值，计算公式为

$$M=9550\,\frac{p}{n} \tag{6-1}$$

式中，M——外力偶矩，单位为 N·m（牛[顿]·米）；

P——轴传递的功率，单位为 kW（千瓦）；

n——轴的转速，单位为 r/min（转/分）。

在确定外力偶矩的方向时，应注意：输入功率的齿轮、带轮等作用的力偶矩为主动力矩，方向与轴的转向一致；输出功率的齿轮、带轮等作用的力偶矩为阻力矩，方向与轴的转向相反。

6.2.2　内力——扭矩的计算

圆轴在外力偶作用下发生扭转变形时，其横截面上将产生内力，计算内力的方法可用截面法进行分析。

例 6.1　图 6-2a 所示为有四个轮子的传动轴，分别作用主动力偶矩 $M_1=110$N·m，$M_2=60$N·m，$M_3=20$N·m，$M_4=30$N·m。求 1—1、2—2、3—3 截面的内力。

解：(1)用截面法求 1—1 截面的内力。

假想沿截面 1—1 将轴截开，取左段部分为研究对象（见图 6-2b）。因整个轴是平衡的，所以左段轴必然平衡。又因为力偶只能用力偶来平衡，显然截面 1—1 的分布内力必构成一个作用面与 1—1 截面重合的内力偶与外力偶相平衡，此内力偶的力偶矩称为扭矩，用符号 T 表示。

扭矩的大小可根据静力平衡方程得

$$\sum M=0, \quad M_1+T_1=0$$

$$T_1=-M_1=-110\text{N}\cdot\text{m}$$

(2)求 2—2 截面的内力。

同理,取左段为研究对象,如图 6-2c,可得 2—2 截面的内力为

$$\sum M=0, \quad M_1-M_2+T_2=0$$

$$T_2=M_2-M_1=60-110=-50\text{N}\cdot\text{m}$$

(3)求 3—3 截面的内力。

同理,取左段为研究对象,可得 3—3 截面的内力为

$$\sum M=0, \quad M_1-M_2-M_3+T_3=0$$

$$T_3=M_2+M_3-M_1=60+20-110=-30\text{N}\cdot\text{m}$$

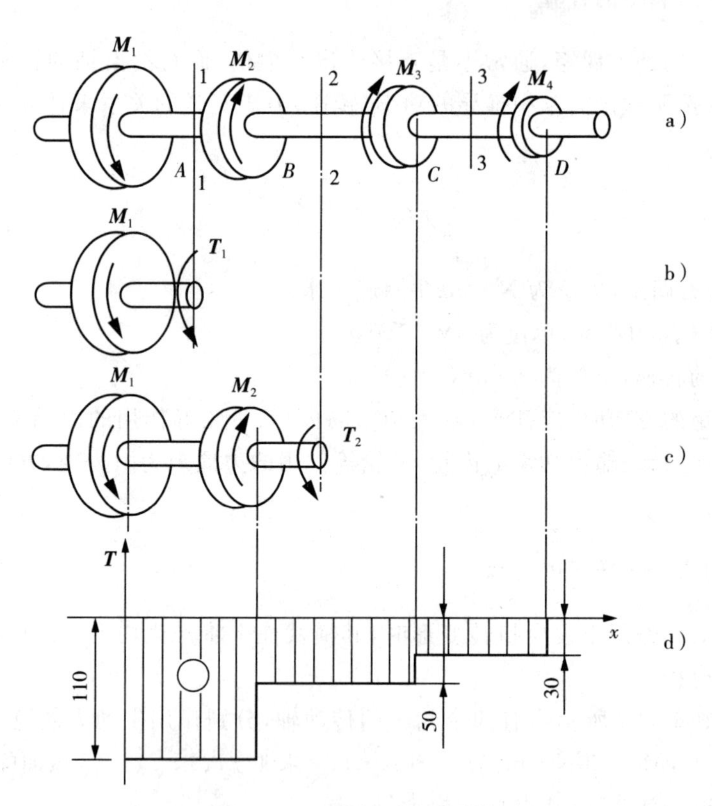

图 6-2 四个轮子的传动轴

由扭矩的计算结果可得:扭矩的大小等于所研究部分所有外力偶矩的代数和。外力偶矩正负规定:左上右下,外力偶矩为正。

为了使同一截面的扭矩具有相同的正负号,对扭矩的正负号作如下规定:用右手四指弯曲方向表示扭矩的转向,大拇指的指向离开截面时,扭矩规定为正,反之为负,如图 6-3 所示。

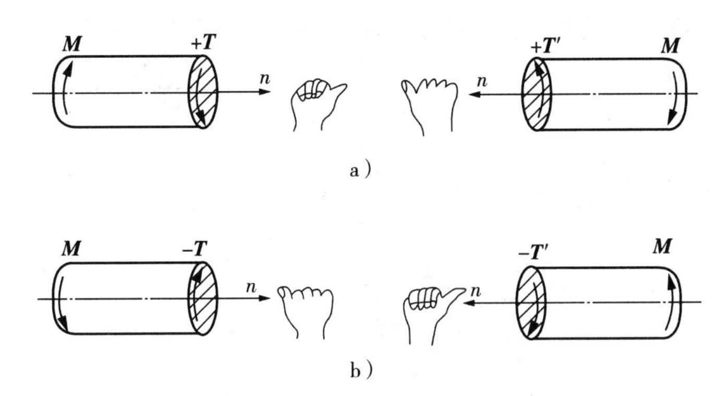

图 6-3　右手判定扭矩方向

6.2.3　扭矩图

为了直观地表示各截面扭矩的分布情况，以便分析危险截面，常将扭矩随截面位置变化的规律绘成图形，这种图形称为扭矩图。取平行于轴线的横坐标 x 表示各截面位置，垂直于轴线的纵坐标 T 表示相应横截面上的扭矩，正扭矩画在 x 轴上方，负扭矩画在 x 轴下方。

注意：绘制扭矩图时，应分段求扭矩。分段原则：以相邻两个外力偶的作用面来分，n 个外力偶分 $n-1$ 段，其他画法与绘制轴力图相同。图 6-2a 的扭矩图为 6-2d 所示。

例 6.2　带传动装置的计算简图 6-4a 所示，主动轮输入功率 $P_A=40\text{kW}$，从动轮 B、C、D 的输出功率分别为 $P_b=20\text{kW}$，$P_C=10\text{kW}$，$P_D=10\text{kW}$。轴的转速 $n=200\text{r/min}$，试绘制该轴的扭矩图。

解：(1)计算外力偶矩。

$$M_A=9550\frac{P_A}{n}=9550\times\frac{40}{200}\text{N}\cdot\text{m}=1910\text{N}\cdot\text{m}$$

$$M_B=9550\frac{P_B}{n}=9550\times\frac{20}{200}\text{N}\cdot\text{m}=955\text{N}\cdot\text{m}$$

$$M_C=M_D=9550\frac{P_C}{n}=9550\times\frac{10}{200}\text{N}\cdot\text{m}=477.5\text{N}\cdot\text{m}$$

(2)分段求扭矩。

① AB 段：　$T_1=-M_A=-1910\text{N}\cdot\text{m}$

② BC 段：　$T_2=M_b-M_A=955-1910=-955\text{N}\cdot\text{m}$

③ CD 段：　$T_3=-M_D=-477.5\text{N}\cdot\text{m}$

(3)画扭矩图。如图 6-4b 所示，最大扭矩(绝对值)发生在 AB 段，其值为 $|T|_{max}=1910\text{N}\cdot\text{m}$。

(4)讨论。若将 A 轮放在中间(见图 6-4c),再作出扭矩图(见图 6-4d),则最大扭矩发生在 BA、AC 两段。

$$|T|_{max}=955\text{N}\cdot\text{m}$$

由计算结果看出,图 6-4c 所示的轮子分布比较合理。

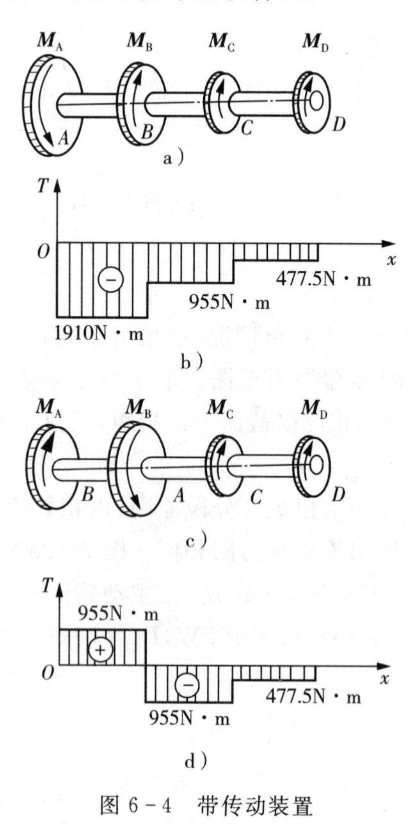

图 6-4 带传动装置

6.3 圆轴扭转时横截面的应力

扭矩是横截面上连续分布的内力系的合力偶矩,用截面法只能确定圆轴横截面上的扭矩大小,却不能确定扭矩在横截面上的分布情况。然而,要对圆轴进行强度分析,必须要了解截面上的应力分布情况及应力的计算方法。

这里,我们首先观察扭转变形,然后由表及里,找出应力的分布规律,最后确定应力的计算公式。

6.3.1 平面假设

取一等截面圆轴,如图 6-5 所示,在其表面上画出两条圆周线和两条与轴线平行的纵向线。然后,在其圆轴两端分别作用一外力偶矩 $\boldsymbol{M}$,使圆轴产生扭转变形,观察其现象。

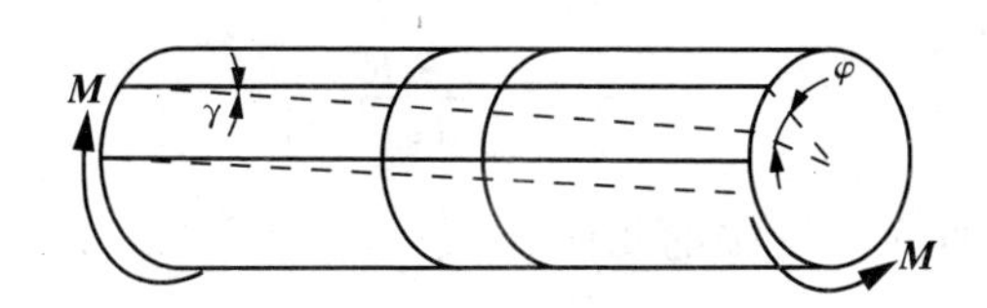

图 6-5　等截面圆轴

(1)圆周线的形状、大小以及两圆周间的距离均保持不变,但绕轴线发生了相对转动。

(2)纵向线近似地为直线,只是倾斜了同一角度 γ,原来的小矩形变成了平行四边形。

由上述变形现象可看出,圆轴扭转时,各横截面像刚性圆盘一样绕轴线发生不同角度的转动。由此得出平面假设:圆轴扭转前的横截面变形后仍保持为平面,且形状与大小及间距不变,仅横截面之间绕轴线发生相对转动。

6.3.2　圆轴扭转时横截面上的应力

由前面分析可得,因横截面间的距离不变、$\Delta l=0$、$\varepsilon=0$。所以,横截面上没有正应力。由于横截面间产生绕轴线的相对转动,使小矩形沿圆周方向的两侧面发生相对错动,出现了剪切变形,故横截面上必有切应力存在。又因圆截面半径长度不变,切应力方向必与半径垂直,其计算公式为

$$\tau_{\rho}=\frac{T\cdot\rho}{I_{\mathrm{P}}} \tag{6-2}$$

式中,τ_{ρ}——横截面上任意一点的切应力,常用单位:MPa(N/mm^2);

T——横截面的扭矩,常用单位:N·mm;

ρ——横截面上所求应力点到圆心的距离,常用单位:mm;

I_{P}——横截面对圆心的极惯性矩,它表示截面的几何性质,是一个仅与截面形状和尺寸有关的几何量,反映了截面的抗扭能力,常用单位:mm^4。

由公式(6-2)可看出,当横截面一定时,T、I_{P} 为常量。所以,切应力的大小与所求点到圆心的距离成正比,即呈线性分布;切应力的方向与横截面扭矩的转向一致,切应力的作用线与半径垂直。切应力在横截面上的分布规律,如图 6-6 所示。

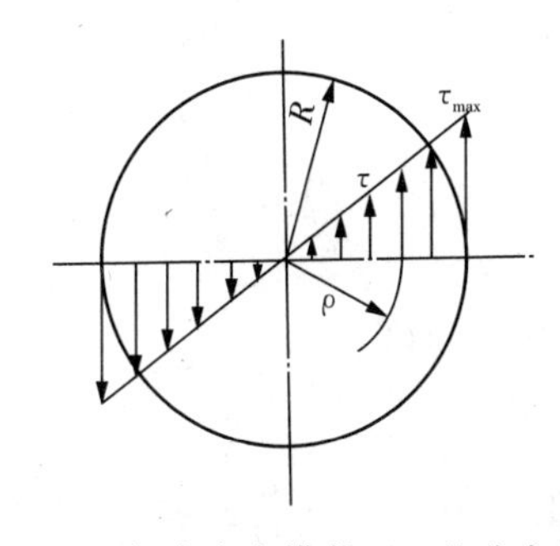

图 6-6　切应力在横截面上的分布规律

当 $\rho=\rho_{max}=R$ 时，$\tau=\tau_{max}$。由此可得最大切应力公式为

$$\tau_{max}=\frac{T\cdot R}{I_P} \tag{6-3}$$

式中，R 与 I_P 都是与截面尺寸有关的几何量，令

$$W_n=\frac{I_P}{R}$$

则有

$$\tau_{max}=\frac{T}{W_n} \tag{6-4}$$

式中，W_n 称为抗扭截面系数，常用单位 mm^3。

6.3.3 圆截面的极惯性矩和抗扭截面系数

在工程实际中，圆轴一般采用实心轴或空心轴，其横截面为实心圆或空心圆两种，如图 6-7 所示。

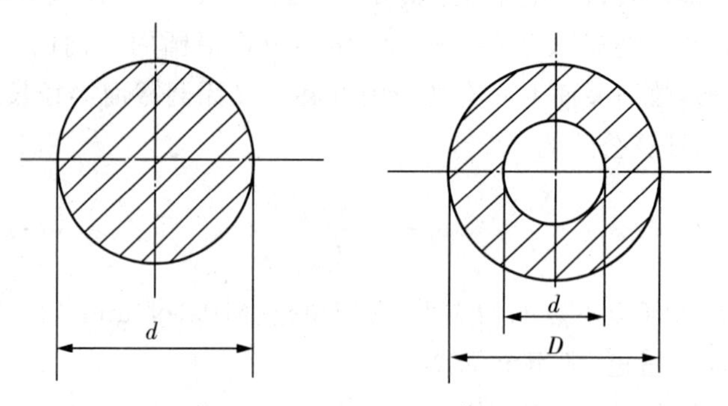

图 6-7 圆轴

(1)实心圆截面

$$I_P=\frac{\pi d^4}{32}\approx 0.1d^4 \tag{6-5}$$

$$W_n=\frac{I_P}{d/2}=\frac{\pi d^3}{16}\approx 0.2d^3 \tag{6-6}$$

(2)空心圆截面

$$I_P=\frac{\pi}{32}(D^4-d^4)=\frac{\pi D^4}{32}(1-\alpha^4)\approx 0.1D^4(1-\alpha^4) \tag{6-7}$$

$$W_n=\frac{I_P}{D/2}=\frac{\pi D^3}{16}(1-\alpha^4)\approx 0.2D^3(1-\alpha^4) \tag{6-8}$$

式中，α 为空心圆轴内、外直径的比值，即 $\alpha=\frac{d}{D}$。表 6-1 列出了圆形截面和圆环形截面的 I_P 和抗扭截面系数 W_n 的计算公式。

表 6－1　圆形截面和圆环形截面的极惯性矩和抗扭截面系数。

截面形状	极惯性矩	抗扭截面系数
	$I_P=\frac{\pi D^4}{32}$	$W_n=\frac{\pi D^3}{16}$
	$I_P=\frac{\pi D^4}{32}(1-\alpha^4)$	$W_n=\frac{\pi D^3}{16}(1-\alpha^4)$

例 6.3　图 6－8 所示为一钢制空心圆轴，外径 $D=25\text{mm}$，内径 $d=15\text{mm}$，长度 $L=200\text{mm}$，自由端受到力偶矩 $M=60\text{N}\cdot\text{m}$ 的作用，应力不超过比例极限。试求截面上的最大切应力 τ_{max} 及 $\rho=10\text{mm}$ 处的切应力。

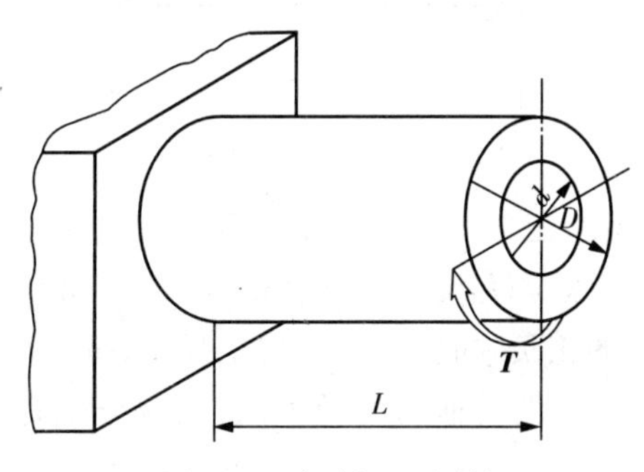

图 6－8　钢制空心圆轴

解：(1)求扭矩。圆轴各横截面上的扭矩都等于外力偶矩，即

$$T=M=60\text{N}\cdot\text{m}$$

(2)求截面上最大切应力。

$$\tau_{max}=\frac{T}{W_n}=\frac{60\times10^3}{\frac{\pi D^3}{16}(1-\alpha^4)}=\frac{60\times10^3}{\frac{\pi\times25^3}{16}\left[1-\left(\frac{15}{25}\right)^4\right]}=22.46(\text{MPa})$$

(3)求 $\rho=10\text{mm}$ 处的切应力，按公式(6－2)计算

$$\tau_\rho=\frac{T\rho}{I_P}=\frac{60\times10^3\times\rho}{\frac{\pi D^4}{32}(1-\alpha^4)}=\frac{60\times10^3\times10}{\frac{\pi\times25^4}{16}\times\left[1-\left(\frac{15}{25}\right)^4\right]}=17.98(\text{MPa})$$

6.4 圆轴扭转时的变形

圆轴扭转时，相距为 L 的两个横截面，绕轴线相对转过的角度 φ 称为扭转角，见图 6－9所示，圆轴的扭转变形是用扭转角度量的。圆轴扭转时的扭转角是由横截面的扭矩引起的。理论证明，扭转角的大小与扭矩 T 成正比，与圆轴的长度 L 成正比，与材料的切变模量 G(是表示材料抵抗剪切变形能力的物理量，由实验得出)成反比，与横截面极惯性矩 I_P成反比，其计算公式为

$$\varphi=\frac{Tl}{GI_P} \tag{6-9}$$

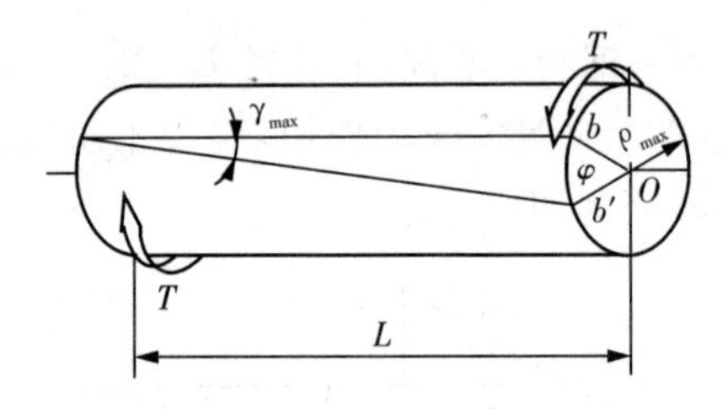

图 6－9　扭转圆轴

由上式可看出，在扭矩一定的情况下，扭转角 φ 的大小与乘积 GI_P的大小成反比，GI_P越大，则扭转角越小。可见，GI_P反映了圆轴抵抗扭转变形的能力，称为抗扭刚度。扭转角的正负取决于扭矩 T 的正负，扭转角的单位是弧度(rad)。

如果两截面间的扭矩有变化或轴的直径不同，则应分别计算各段的扭转角，然后求代数和，即

$$\varphi=\sum_{i=1}^{n}\varphi_i=\sum_{i=1}^{n}\frac{T_iL_i}{GI_{Pi}} \tag{6-10}$$

例 6.4　一机器的传动轴 AB，如图 6－10 所示。已知 $M=199\text{N}\cdot\text{m}$，$AC$ 段长 $l_{AC}=100\text{mm}$，BC 段长 $l_{CB}=200\text{mm}$，材料的切变模量 $G=80\text{GPa}$，$D=30\text{mm}$，内径 $d=20\text{mm}$。试求截面 B 相对于截面 A 的扭转角。

解：由图可知，各段扭矩大小相等，AC、CB 段的极惯性矩为

AC 段：　$$I_P=\frac{\pi d^4}{32}=\frac{3.14\times30^4}{32}=7.952\times10^4\,\text{mm}^4$$

CB 段：　$$I_P=\frac{\pi D^4}{32}(1-\alpha^4)=\left(\frac{3.14\times30^4}{32}\times\left[1-\left(\frac{20}{30}\right)^4\right]\right)=6.381\times10^4\,\text{mm}^4$$

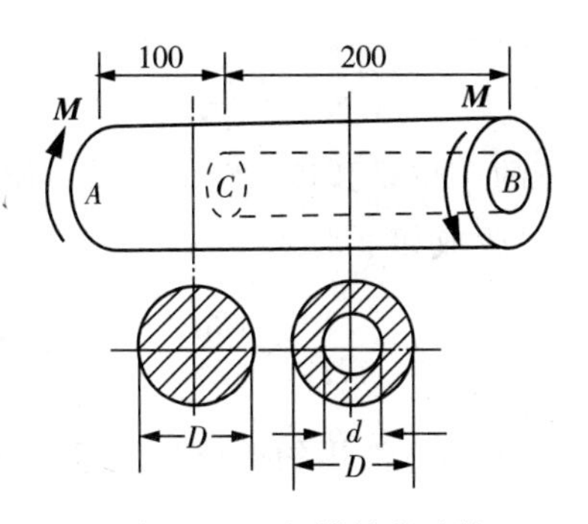

图 6－10　机器的传动轴

根据式(6－10)得

$$\varphi_{AB}=\varphi_{AC}+\varphi_{CB}=\frac{Tl_{AC}}{GI_{PAC}}+\frac{Tl_{CB}}{GI_{PCB}}=\left(\frac{199\times10^3\times100}{80\times10^3\times7.952\times10^4}+\frac{199\times10^3\times200}{80\times10^3\times6.381\times10^4}\right)$$

$$=1.093\times10^{-2}\,\text{rad}$$

6.5　圆轴扭转时的强度和刚度计算

6.5.1　强度条件

圆轴扭转时的强度条件是：危险截面上的最大切应力 τ_{max} 不得超过材料的许用切应力$[\tau]$，即

$$\tau_{max}=\frac{T}{W_n}[\tau] \qquad (6-11)$$

式中，T——危险截面的扭矩；

W_n——危险截面上的抗扭截面系数。

其中，许用切应力$[\tau]$由扭转实验测定，设计时可查阅相关手册。在静载荷的作用下，它与许用拉应力有如下关系：

(1)对于塑性材料有

$$[\tau]=(0.5\sim0.6)[\sigma]$$

(2)对于脆性材料有

$$[\tau]=(0.8\sim1.0)[\sigma]$$

6.5.2　刚度条件

圆轴扭转时除需要满足强度条件外，有时还要求有足够的刚度，即不能产生过大的扭转变形。否则，会影响机器的精度和引起振动。为了便于比较，工程上常以单位长度上的扭转角 θ 来度量扭转变形的刚度。由公式(6－9)得

$$\theta=\frac{\varphi}{l}=\frac{T}{GI_P} \tag{6-12}$$

上式中，单位长度上的扭转角 θ 的单位是弧度/米(rad/m)，而工程中常用度/米(°/m)作为扭转角 θ 的单位，这时，公式可改成如下形式

$$\theta=\frac{T}{GI_P}\times\frac{180}{\pi} \tag{6-13}$$

而轴的最大单位长度扭转角 θ_{max} 不超过许用的单位长度扭转角[θ]，即

$$\theta_{max}=\frac{T}{GI_P}\times\frac{180}{\pi}\leqslant[\theta] \tag{6-14}$$

式(6-14)为圆轴扭转时的刚度条件。

例 6.5 一传动轴如图 6-11a 所示，已知轴的直径 $d=4.5$cm，转速 $n=300$r/min。主动轮 A 输入的功率 $P_A=36.7$kW，从动轮 B、C、D 输出功率分别为 $P_B=14.7$kW，$P_C=P_D=11$kW。轴的材料为 45 钢，$G=8\times10^4$MPa，$[\tau]=40$MPa，$[\theta]=2$(°/m)，试校核轴的扭转强度和刚度。

解：(1)计算外力偶矩。

$$T_A=9550\frac{P_A}{n}=9550\frac{36.7}{300}=1168(\text{N}\cdot\text{m})$$

$$T_B=9550\frac{P_B}{n}=9550\frac{14.7}{300}=468(\text{N}\cdot\text{m})$$

$$T_C=9550\frac{P_C}{n}=9550\frac{11}{300}=350(\text{N}\cdot\text{m})$$

(2)画扭矩图，确定危险面上的扭矩 T_n。

先用截面法求 BA、AC、CD 各段任意截面上的扭矩，得

$$T_1=-T_B=-468(\text{N}\cdot\text{m})$$

$$T_2=-T_B+T_A=-468+1168=700(\text{N}\cdot\text{m})$$

$$T_3=T_C=350(\text{N}\cdot\text{m})$$

然后，画扭矩图如图 6-11b 所示。由扭矩图可知危险截面在 AC 段内，最大扭矩为

$$T_{max}=700(\text{N}\cdot\text{m})$$

(3)强度校核。

$$\tau_{max}=\frac{T}{W_n}=\frac{700\times10^3}{0.2\times45^3}=38.4\text{MPa}<[\tau]=40\text{MPa}$$

通过计算可知强度满足要求。

(4)刚度校核。

$$\theta_{max}=\frac{T}{GI_P}\times\frac{180}{\pi}=\frac{57\times700}{8\times10^{10}\times0.1\times(10^{-2}\times4.5)^4}=1.22(°/\text{m})<[\theta]=2(°/\text{m})$$

通过计算可知刚度也满足要求。

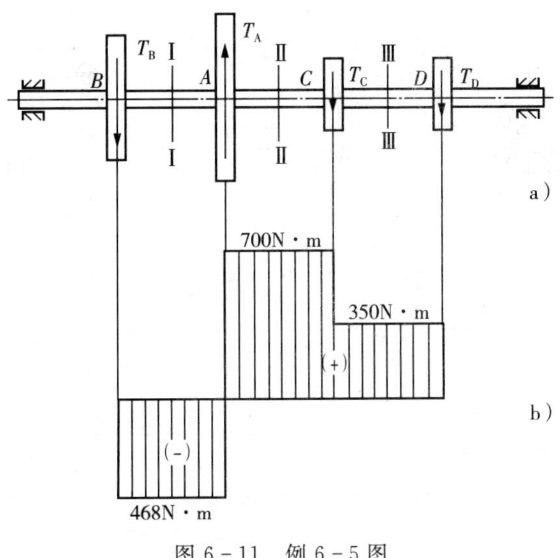

图 6－11　例 6－5 图

a）　b）

例 6.6　一传动轴的受力情况如下图 6－12 所示。已知材料的许用切应力$[\tau]=40\text{MPa}$,许用扭转角$[\theta]=0.5\ ^\circ/\text{m}$,材料的切变模量 $G=8\times10^4\text{MPa}$,试设计轴的直径。

解:(1)画扭矩图,并确定危险截面上的扭矩 T_{max}。

BC 段:
$$T_1=M_2=500\text{N}\cdot\text{m}$$

CD 段:
$$T_2=-M_1=-1000\text{N}\cdot\text{m}$$

画扭矩图如图 6－12b 所示。由扭矩图可看出,最大扭矩发生在 CD 段,即为危险截面。最大扭矩为

$$T_{max}=1000\text{N}\cdot\text{m}(\text{取绝对值})$$

(2)按强度条件设计轴的直径 d_1。由公式(6－11)得

$$\tau_{max}=\frac{T}{W_n}=\frac{T}{0.2d_1^3}\leqslant[\tau]$$

解得

$$d_1=\sqrt[3]{\frac{T}{0.2[\tau]}}=\sqrt[3]{\frac{1000\times10^3}{0.2\times40}}=50\text{mm}$$

(3)按刚度条件设计轴的直径 d_2。由公式(6－14)得

$$\theta_{max}=\frac{T}{GI_P}\times\frac{180}{\pi}=\frac{T}{G\times0.1d^4}\times\frac{180}{\pi}\leqslant[\theta]$$

解得

$$d_2=\sqrt[4]{\frac{T\times180}{G\times0.1\times\pi\times[\theta]}}=\sqrt[4]{\frac{1000\times180}{8\times10^{10}\times0.1\times3.14\times0.5}}=0.0615\text{m}=61.5\text{mm}$$

由计算结果可看出,要使圆轴同时满足强度和刚度条件,所求的直径取两者中的较大值,

即圆轴需取直径为 61.5mm。

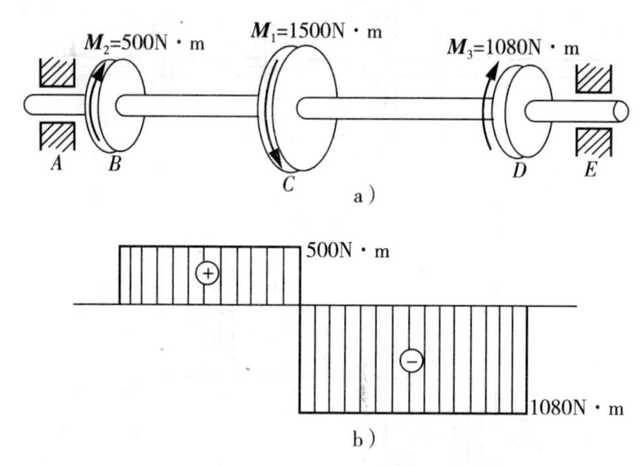

图 6－12 传动轴的受力情况

本章小结

(1)本章建立了圆轴扭转时的应力和变形计算公式及强度和刚度条件，要求读者清楚的了解扭转时的受力和变形的特点以及公式的适用条件：掌握扭矩，应力和变形的计算；达到能熟练地进行扭转强度和刚度计算的要求，并建立圆轴扭转合理设计的概念。

(2)圆轴扭转时，载荷是力偶，力偶作用面垂直于轴线；内力也是力偶，其作用面与横截面重合。内力偶矩——扭矩，是横截面上剪应力合成的力偶矩。扭矩的大小与正负，由截面一侧外力偶矩的代数和确定。

(3)圆轴扭转时，横截面上只有剪应力。其大小沿半径呈线性分布，圆心处为零，边缘处最大，方向垂直于半径，计算公式为 $\tau=\dfrac{T_n\rho}{I_P}$。

圆轴扭转变形，以任意两横截面相对转过的角度——扭转角 φ 表示，计算公式为 $\varphi=\dfrac{T_nL}{GI_P}$。其中，$GI_P$称为圆轴的抗扭刚度。

(4)圆轴扭转时，截面绕其圆心发生相对转动，因而决定其强度和刚度的几何量，不仅与横截面面积有关，而且与横截面的微面积离圆心的距离有关。极惯性矩 I_P，是度量圆轴扭转刚度的几何量，抗扭横截面系数 W_n是度量圆轴强度的几何量。它们的计算公式为

① 圆截面

$$I_P=\frac{\pi d^4}{32}$$

$$W_n=\frac{\pi d^3}{16}$$

② 圆环截面

$$I_P=\frac{\pi D^4}{32}[1-\alpha^4]$$

$$W_n=\frac{\pi D^3}{16}[1-\alpha^4],\alpha=\frac{d}{D}$$

(5)圆轴扭转时的强度,刚度条件为

$$\tau_{max}=\frac{T_n}{W_n}$$

$$\theta_{max}=\frac{T_n}{GI_P}\times\frac{180^\circ}{\pi}$$

强度和刚度条件是互相独立的条件,当要求同时满足时,往往刚度条件是主要的。进行强度、刚度计算时,需列出危险截强度,刚度条件。当危险截面不易判断时(譬如扭矩大的截面,尺寸大;扭矩小的截面,尺寸也小。),应同时列出几个可能为危险截面的强度、刚度条件,经计算后判定。

习 题 六

一、填空题

1. 圆轴扭转时的强度条件是:危险截面上的__________不得超过材料的__________。

2. 圆轴扭转时,两横截面相对转过的角度为__________。

3. 圆轴扭转时的受力特点是:一对外力偶的作用面均__________轴的轴线,其转向__________。

4. 圆轴扭转时,横截面上剪应力的大小沿半径呈__________规律分布。

5. 圆截面杆扭转时,其变形特点是变形过程中横截面始终保持__________,即符合__________假设。非圆截面杆扭转时,其变形特点是变形过程中横截面发生__________,即不符合__________假设。

二、选择题

1. 一空心钢轴和一实心铝轴的外径相同,比较两者的抗扭截面系数,可知(　)。

   A. 空心钢轴的较大　　B. 实心铝轴的较大

   C. 其值一样大　　D. 其大小与轴的剪变模量有关

2. 内、外径之比为 α 的空心圆轴,扭转时轴内的最大切应力为 τ,这时横截面上内边缘的切应力为(　　)

   A. τ　　B. $\alpha\tau$　　C. 零　　D. $(1-\alpha^4)\tau$

3. 阶梯圆轴的最大切应力发生在(　　)

   A. 扭矩最大的截面　　B. 直径最小的截面

   C. 单位长度扭转角最大的截面　　D. 不能确定

4. 空心圆轴的外径为 D、内径为 d、$\alpha=d/D$，其抗扭截面系数为(　　)

A. $W_n=W_P=\frac{\pi D^3}{16}(1-\alpha)$　　B. $W_n=W_P=\frac{\pi D^3}{16}(1-\alpha^2)$

C. $W_n=W_P=\frac{\pi D^3}{16}(1-\alpha^3)$　　D. $W_n=W_P=\frac{\pi D^3}{16}(1-\alpha^4)$

5. 若将受扭实心圆轴的直径增加一倍，则其刚度是原来的(　　)

A. 2 倍　　B. 4 倍　　C. 8 倍　　D. 16 倍

三、判断题

1. 同一减速器中，高速轴的直径小，低速轴的直径大。(　　)

2. 圆轴扭转时，横截面上只有切应力，无正应力。(　　)

3. 圆轴扭转时，切应力方向必然与半径垂直。(　　)

4. 只要在杆件的两端作用两个大小相等、方向相反的外力偶，杆件就发生扭转变形。(　　)

5. 圆杆受扭时，杆内各点处于纯剪切状态。(　　)

四、简答题

1. 减速箱中，高速轴直径大还是低速轴直径大？为什么？

2. 两根轴的直径 d 和长度 l 相同，而材料不同。在相同的扭矩作用下，它们的最大切应力是否相同？扭转角是否相同？为什么？

3. 若两轴上的外力偶矩及各段轴长相等，而截面尺寸不同，其扭矩图相同吗？

4. 一空心圆轴的外径为 D，内径为 d，它的极惯性矩 I_P，和抗扭截面系数 W_n 可否按下式计算？(已知 $\alpha=\frac{d}{D}$)

$$I_P=\frac{\pi D^4}{32}-\frac{\pi d^4}{32}=\frac{\pi D^4}{32}[1-\alpha^4],\quad W_n=\frac{\pi D^3}{16}-\frac{\pi d^3}{16}=\frac{\pi D^3}{16}[1-\alpha^3]$$

5. 从力学的角度解释，为什么空心圆轴比实心圆轴较合理？

6. 如下图 6-13 所示各杆，哪些产生纯扭转变形？

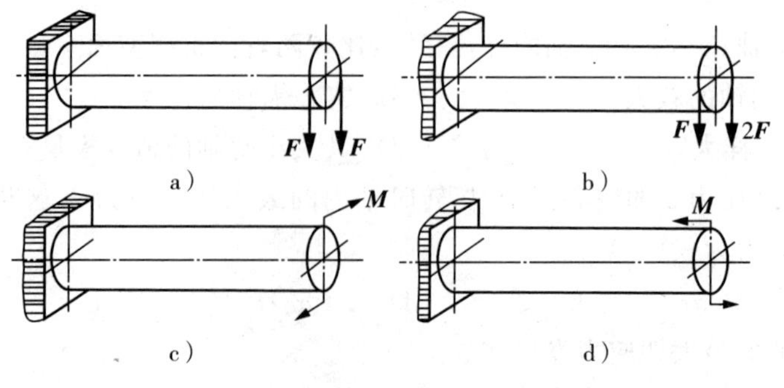

图 6-13

4.7 两个传动轴轮子的布局如下图 6－14 所示，哪一种轮子的布局对轴的强度有利？为什么？

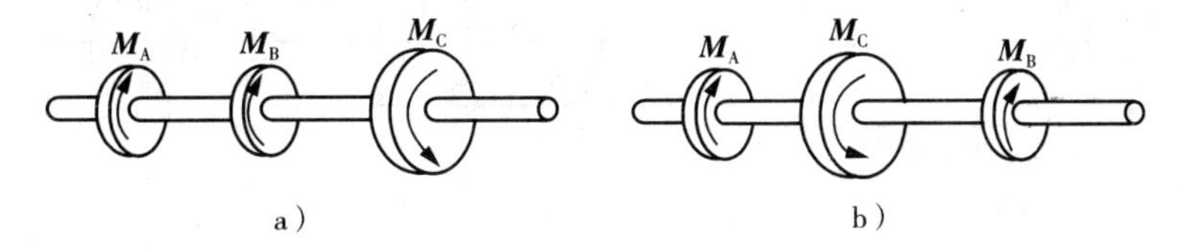

图 6－14

五、计算题

1. 图 6－15 中传动轴的转速 $n=250\text{r/min}$，主动轮 B 输入功率 $P_B=7\text{kW}$，从动轮 A、C、D 分别输出功率 $P_A=3\text{kW}$、$P_C=2.5\text{kW}$、$P_D=1.5\text{kW}$。试画出该扭矩图。

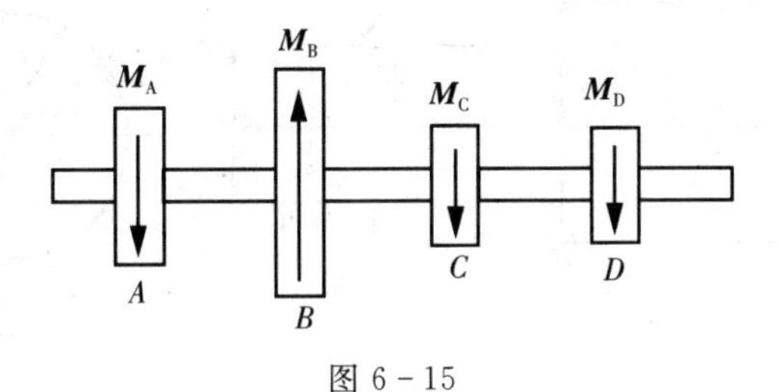

图 6－15

2. 试画出图 6－16 示两轴的扭矩图。

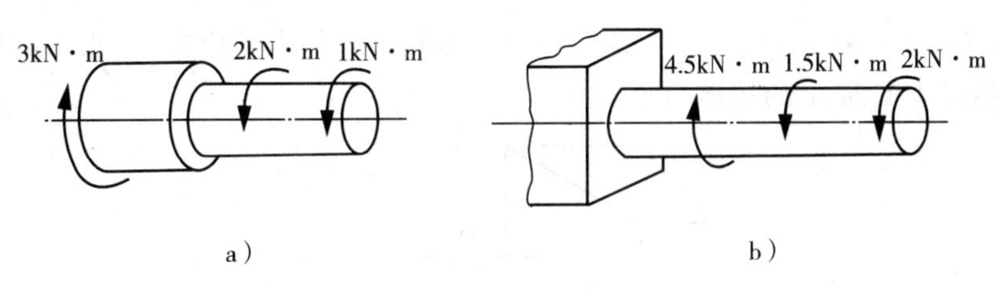

图 6－16

3. 图 6－17 所示为一转动轴，转速 $n=200\text{r/min}$，轮 A 为主动轮，输入功率 $P_A=60\text{kW}$，轮 B、C、D 均为从动轮，输出功率分别为 $P_B=20\text{kW}$、$P_C=15\text{kW}$、$P_D=25\text{kW}$。(1)试求出该轴的扭矩图；(2)若将轮 A 和轮 C 位置对调，试分析对轴的受力是否有利？

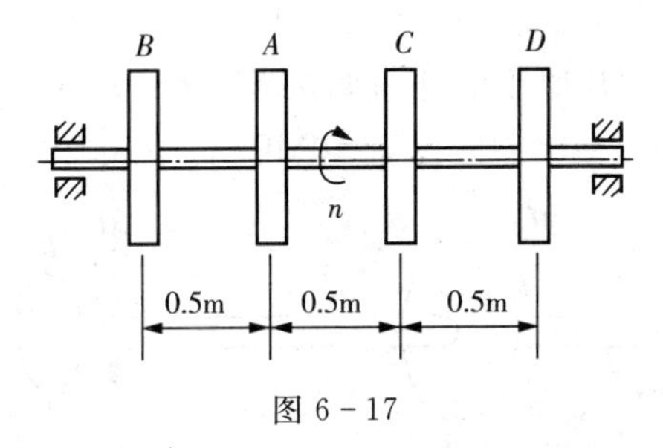

图 6－17

4. 如图 6－18 所示，试求(1)：轴 AB 的 Ⅰ—Ⅰ 截面上离圆心距离 20mm 各点的剪切应力，并画出 a、b 两点剪应力的方向；(2)Ⅰ—Ⅰ截面最大剪应力和 AB 轴的最大剪应力。

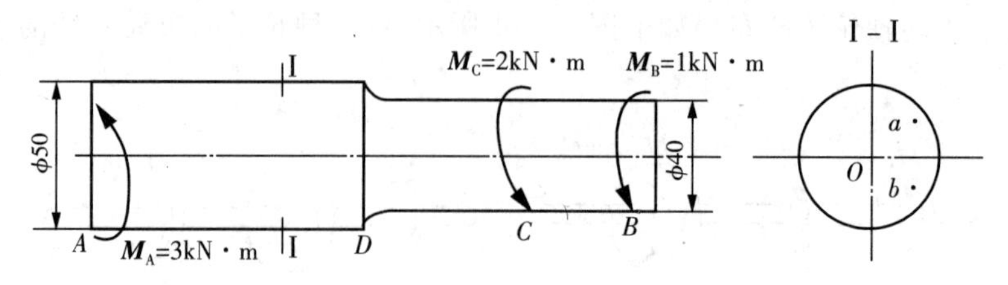

图 6－18

5. 阶梯轴受力偶作用如图 6－19 所示。已知 $M=4\text{kN}\cdot\text{m}$，$d_1=60\text{mm}$，$d_2=40\text{mm}$，Ⅰ—Ⅰ截面上 E 点至圆心的距离为 20mm。(1)计算 E 点的切应力 τ_e 与Ⅰ—Ⅰ截面的最大切应力 $\tau_{\max}$，并画出其方向；(2)BC 段表面上各点至圆心的距离与 E 点相同，试分析其切应力大小并分析与 E 点是否相同。

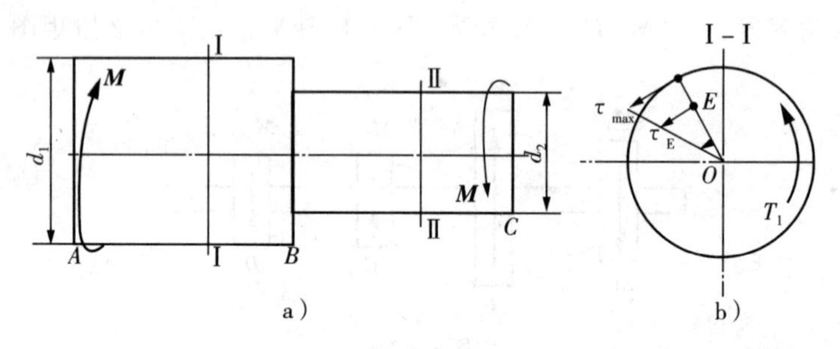

图 6－19

6. 如图 6－20 所示的圆轴，直径 $d=100\text{mm}$，$L=500\text{mm}$，$M_1=700\text{N}\cdot\text{m}$，$M_2=5000\text{N}\cdot\text{m}$，$G=8\times10^4\text{MPa}$。(1)作扭矩图；(2)求轴上的最大剪应力，并指出其位置；(3)求截面 C 相对于截面 A 的扭转角 φ_{CA}。

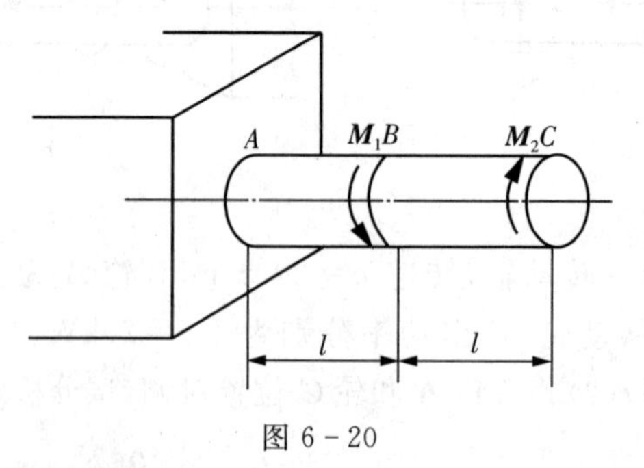

图 6－20

7. 图 6－21 所示圆轴 AB 所受的外力偶矩 $M_{e1}=800\text{N}\cdot\text{m}$，$M_{e2}=1200\text{N}\cdot\text{m}$，$M_{e3}=400\text{N}\cdot\text{m}$，$l_2=2l_1=600\text{mm}$，$G=80\text{GPa}$，$[\tau]=50\text{MPa}$，$[\varphi]=0.25(°)/\text{m}$。试设计轴的直径。

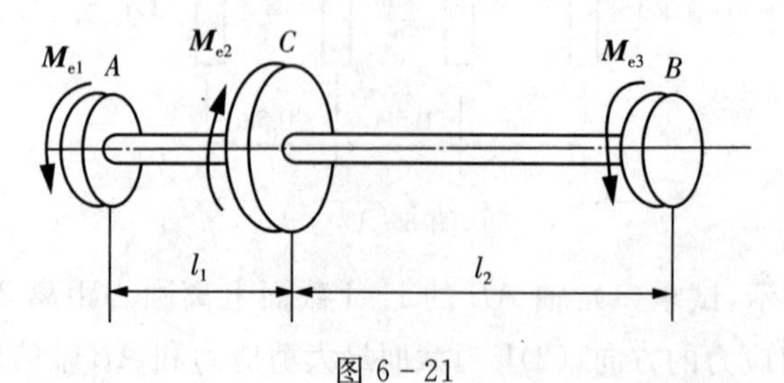

图 6－21

第7章　直梁的弯曲

【本章要点】

本章主要介绍平面弯曲的概念，直梁弯曲时的内力——剪力和弯矩的概念及计算，剪力图和弯矩图的画法；弯曲时横截面的应力及计算，梁弯曲的强度条件，强度计算，梁的变形计算。通过本章的学习，应达到以下要求：

(1)掌握平面弯曲的概念。

(2)熟练掌握剪力、弯矩的计算方法及剪力图、弯矩图绘制方法。

(3)掌握弯曲正应力的分布及计算方法。

(4)能够运用弯曲强度条件进行强度计算。

(5)了解提高弯曲强度的措施及梁的变形概念。

7.1　平面弯曲的概念

7.1.1　平面弯曲的概念

工程实际中常遇到这样一类构件，它们承受的外力(载荷)的作用线垂直于杆件的轴线。外力可以是集中力、力偶或均布载荷，例如图7-1所示的吊车横梁、火车车轮轴、跳水板。这些构件的共同受力特点是在通过杆件轴线的平面内，受到外力作用；其变形特点是杆件的轴线由直线变成曲线，这种变形称为弯曲变形。

工程中把以弯曲变形为主杆件的称为梁，常用的梁横截面通常采用对称形状，有矩形、圆形、工字型、T形等，如图7-2所示。工程中大多数梁的横截面都有对称轴，该轴称为纵向对称轴。梁的轴线和横截面的纵向对称轴构成的平面称为纵向对称面(见图7-3)。若作用在梁上的所有外力(或力偶)都位于纵向对称面内，且各力作用线垂直于梁的轴线，则变形后梁的轴线将弯曲成一条在这个纵向对称面内的平面曲线，这种弯曲称为平面弯曲。

平面弯曲是弯曲问题中最基本、最常见的，本章讨论的都是平面弯曲问题。

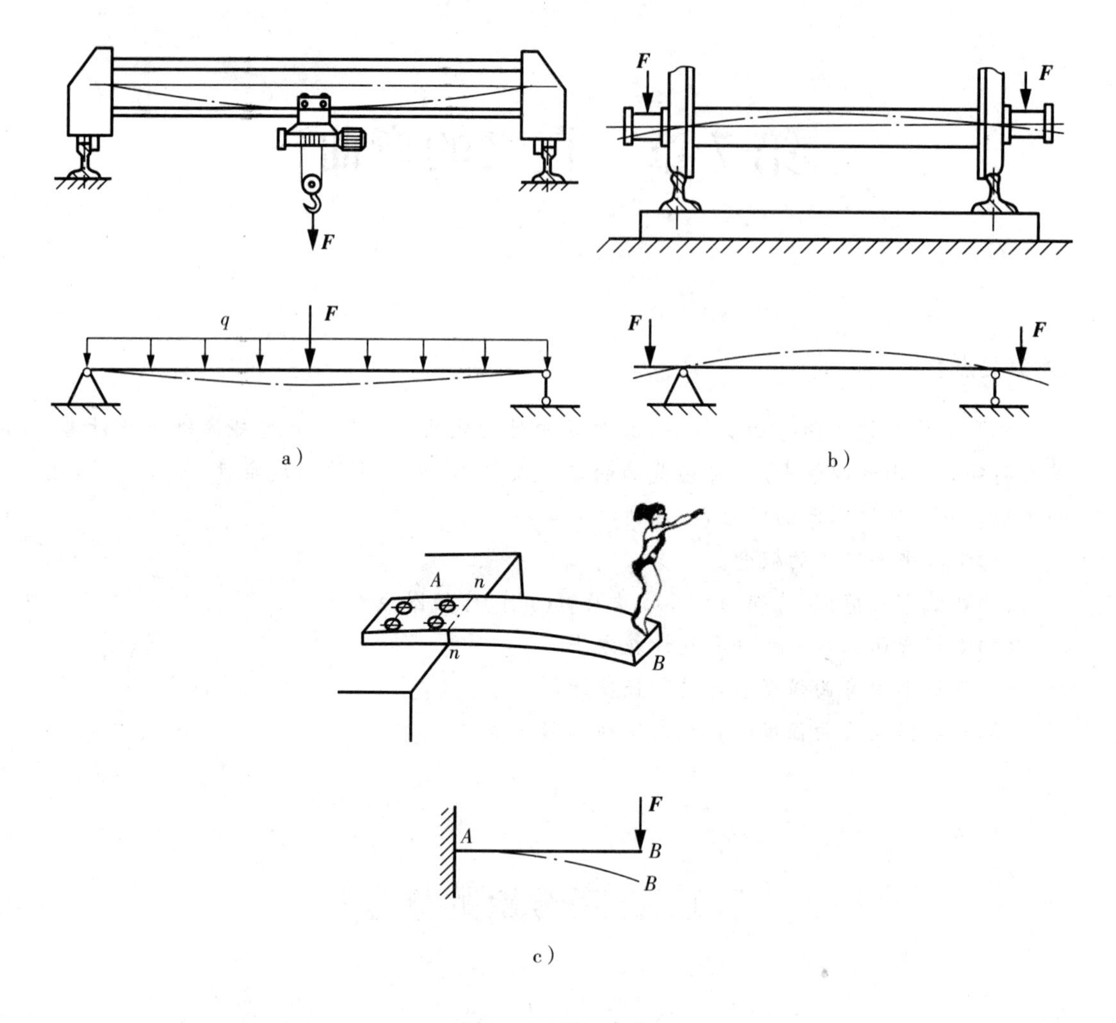

图 7-1 平面弯曲

a)吊车横梁 b)火车车轮轴 c)跳水板

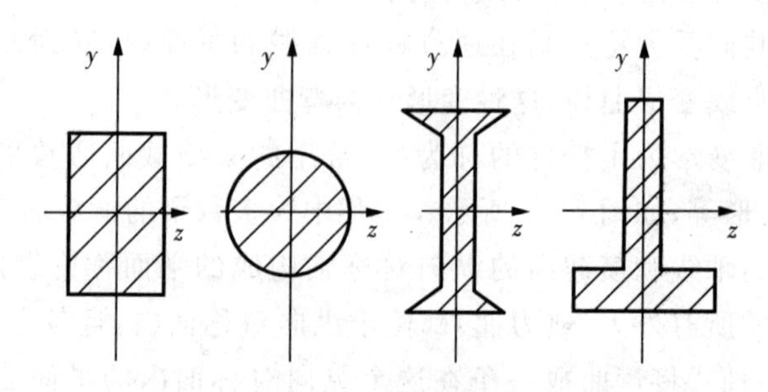

图 7-2 梁横截面

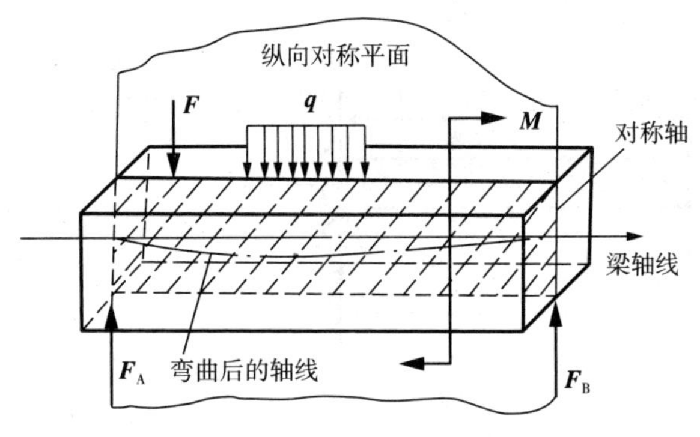

图 7－3　纵向对称面

7.1.2　梁上外力(载荷)和梁的基本类型

工程实际中,梁上所受的外力(载荷)是复杂多样的,因而要对外力进行简化。通常将外力(载荷)简化为以下三种形式(见图 7－3):

(1)集中力 $\boldsymbol{F}$——分布在很短一段梁上的力,简化为作用在一点上的集中力。

(2)均布载荷 $\boldsymbol{q}$——力均匀的作用在一段梁上,可简化为均布载荷,用载荷集度 $\boldsymbol{q}$ 表示(单位:N/m),载荷 $Q=ql$。

(3)集中力偶 $\boldsymbol{M}$——作用在很短梁上的力偶,单位 N・m。

在工程中,梁的结构形式很多,但按其支座情况可分为以下三种形式:

(1)简支梁——梁的一端为固定铰支座,另一端为活动铰支座,如图 7－4a 所示。

(2)外伸梁——其支座形式和简支梁相同,但梁的一端或两端伸出支座之外,如图 7－4b所示。

(3)悬臂梁——梁的一端固定,另一端自由,如图 7－4c 所示。

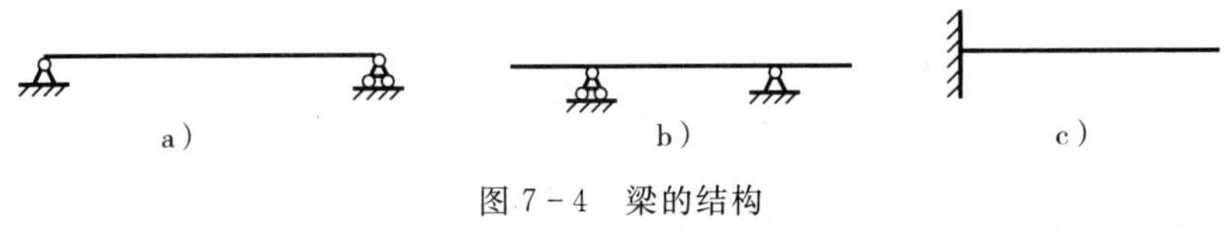

图 7－4　梁的结构

a)简支梁　b)外伸梁　c)悬臂梁

7.2　梁弯曲时横截面上的内力——剪力和弯矩

7.2.1　用截面法求梁的内力

现在讨论梁的内力问题,求梁的内力基本方法仍是截面法。以简支梁(见图 7－5)为例,已知作用在梁上两外力 $\boldsymbol{F}_1$ 和 $\boldsymbol{F}_2$,尺寸 a、b、l,求 $m-m$ 截面的内力。

计算步骤如下:

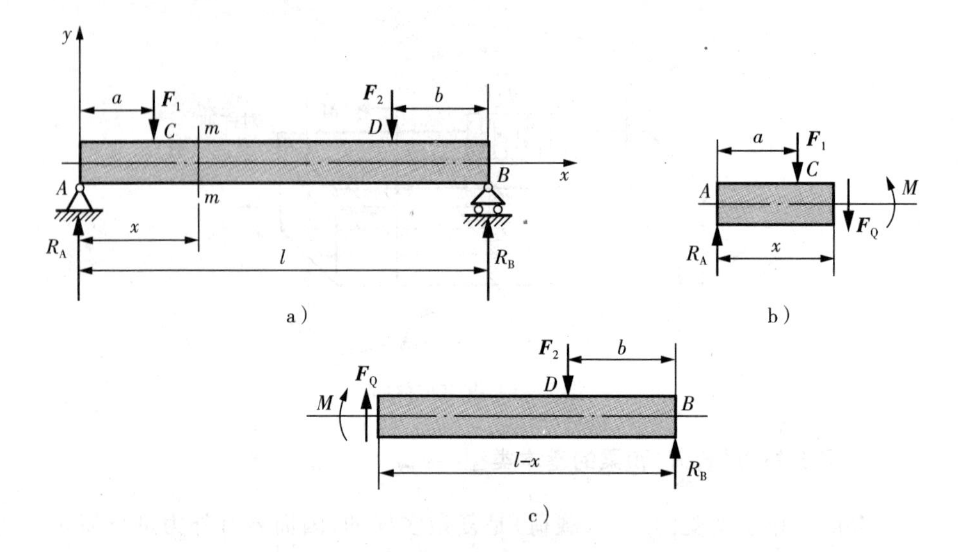

图 7-5　简支梁

a)梁的支座受力分析　b)截开后的左端受力分析　c)右端受力分析

(1)画受力图、求支座约束反力

画出梁的支座反力 $\boldsymbol{R}_A$、$\boldsymbol{R}_B$，如图 7-5a 中所示利用静力平衡方程求支座反力：

$$\sum F_y = 0\ ,\ R_A + R_B - F_1 - F_2 = 0$$

$$\sum M_A(\boldsymbol{F}) = 0\ ,\ R_B l - F_1 a - F_2(l-b) = 0$$

解得

$$R_A = F_1 - \frac{F_1 a}{l} + \frac{F_2 b}{l}$$

$$R_B = F_2 + \frac{F_1 a}{l} - \frac{F_2 b}{l}$$

(2)求任意截面 $m-m$ 的内力

① 截开

沿 $m-m$ 截面假想截开，将梁分为左右两部分，见图 7-5b。

② 代替

由于整个梁是平衡的，截取的两部分也应处于平衡状态。现以左端为研究对象，作用于左段的力除力 $\boldsymbol{F}_1$外，在 $m-m$ 截面上还应有右段对左端的内力作用，它们一起组成平衡力系。根据平衡条件可知，在 $m-m$ 截面上存在两个内力分量：一个是与截面相切内力 $\boldsymbol{F}_Q$，其作用线通过截面形心，称为剪力；另一个是内力偶矩 M，其作用面与横截面垂直，称为弯矩。剪力使梁产生剪切变形，弯矩使梁产生弯曲变形。

③ 平衡

取左段为研究对象，列平衡方程求剪力和弯矩。

$$\sum F_y = 0 \text{ , } R_A - F_1 - F_Q = 0$$

$$F_Q = R_A - F_1 = \frac{F_2 b}{l} - \frac{F_1 a}{l}$$

$$\sum M_C(\boldsymbol{F}) = 0 \text{ , } M + F_1(x-a) - R_A \cdot x = 0 \quad \text{（C 代表截面圆心）}$$

$$M = R_A \cdot x - F_1(x-a) = (F_2 b - F_1 a)\frac{x}{l} + F_1 a$$

同样，若取右段梁为研究对象，也可得截面 $m-m$ 上的剪力和弯矩，其数值与取左段所得结果相同，但方向相反。

7.2.2　剪力和弯矩

1. 剪力、弯矩符号规定

根据作用与反作用原理可知，任一横截面 $m-m$ 两侧的内力大小相等，但方向相反。为了使取左段或右段求得同一截面的剪力和弯矩符号也相同，对剪力和弯矩符号作规定。和前面轴力和扭矩的符号规定一样，剪力和弯矩的正、负也按梁的变形来确定的，规定如下：

(1)剪力：使微段梁产生左侧截面向上、右侧截面向下相对错动的剪力为正，反之为负，如图 7－6a、b 所示。

注意：左段相对右段向上移动，必有左段外力向上，右段外力向下移动，这时剪力为正。因此，以左段为研究对象时，外力向上引起的剪力为正，外力向下引起的剪力为负。以右段为研究对象时，外力向下引起的剪力为正，外力向上的引起的剪力为负。简单来说，就是“左上右下”，剪力为正；反之为负。

(2)弯矩：使微段梁弯曲成凹形时，弯矩为正，反之为负，如图 7－7c、d 所示。

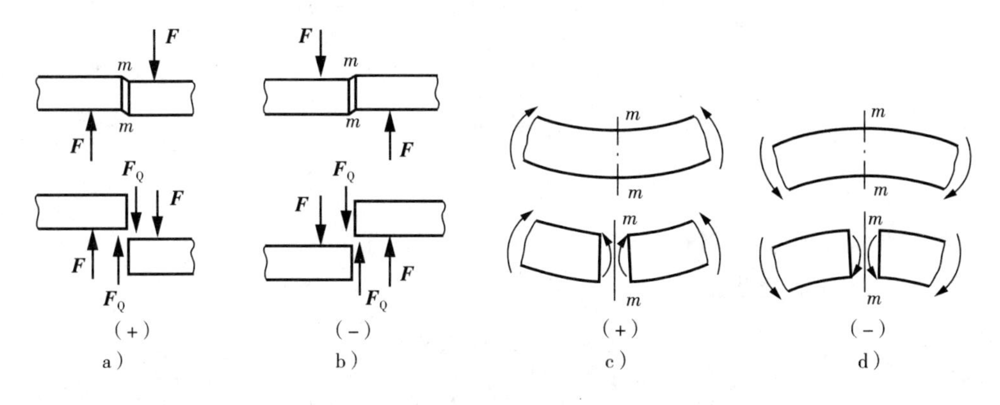

图 7－6　剪力、剪矩的符号

a)正剪力　b)负剪力　c)正弯矩　d)负弯矩

注意：梁在该截面附近弯曲成凹形(上凹下凸)，必有左段所有外力矩为顺时针转，右段外力矩为逆时针转，则产生的弯矩为正；反之为负。因此，以左段为研究对象，外力对该截面形心取力矩为顺时针时，引起的弯矩为正号；反之为负。简单来说，就是"左顺右逆"，弯矩为正；反之为负。剪力和剪矩的正负规定见表 7－1。

表 7－1 剪力和弯矩的正负号

外 力	剪 力	外 力 矩	弯 矩
左上右下	$F_Q(+)$	左顺右逆	$M(+)$
左下右上	$F_Q(-)$	左逆右顺	$M(-)$

2. 剪力、弯矩计算规则

由上述剪力弯矩计算结果，经论证，总结出剪力和弯矩的计算规律如下：

(1)剪力：梁某截面的剪力，等于该截面左侧（或右侧）所有外力的代数和。外力正负规定：当取截面左段为研究对象计算时，所有向上的外力为正，向下外力为负；取右段则相反。

(2)弯矩：梁某截面的弯矩，等于该截面左侧（或右侧）各外力对截面形心力矩的代数和。外力矩正负规定：当取截面左段为研究对象计算时，外力对截面形心力矩顺时针为正，逆时针为负；取右段则相反。

掌握上述方法后，可以简化剪力和弯矩的计算过程。

例 7.1 如图 7－5 所示，若已知 $F_1=5\text{kN}$、$F_2=10\text{kN}$、$l=1000\text{mm}$、$a=200\text{mm}$、$b=300\text{mm}$，分别求距左端 $x_1=100\text{mm}$、$x_2=500\text{mm}$、$x_3=800\text{mm}$ 处各截面的剪力和弯矩。

解：(1)求支反力。

建立平衡方程：

$$\sum F_y=0\ ,\ R_A+R_B-F_1-F_2=0$$

$$\sum M_A(\boldsymbol{F})=0\ ,\ R_B l-F_1 a-F_2(l-b)=0$$

解得

$$R_A=8\text{kN}$$

$$R_B=7\text{kN}$$

(2)求各截面剪力和弯矩。

① $x_1=100\text{mm}$ 处截面：

$$F_{Q1}=R_A=8\text{kN}$$

$$M_1=R_A\times0.1=8\times0.1=0.8\text{kN}\cdot\text{m}$$

② $x_2=500\text{mm}$ 处截面：

$$F_{Q2}=R_A-F_1=8-5=3\text{kN}$$

$$M_2=R_A\times0.5-F_1\times0.3=8\times0.5-5\times0.3=2.5\text{kN}\cdot\text{m}$$

③ $x_3=500\text{mm}$ 处截面：

$$F_{Q3}=-R_B=-7\text{kN}$$

$$M_3=R_B\times0.2=7\times0.2=1.4\text{kN}\cdot\text{m}$$

例 7.2　已知 F、a、$M=Fa$。试求简支梁（见图 7-7a）指定截面的剪力和弯矩（距离 $\Delta\to0$）。

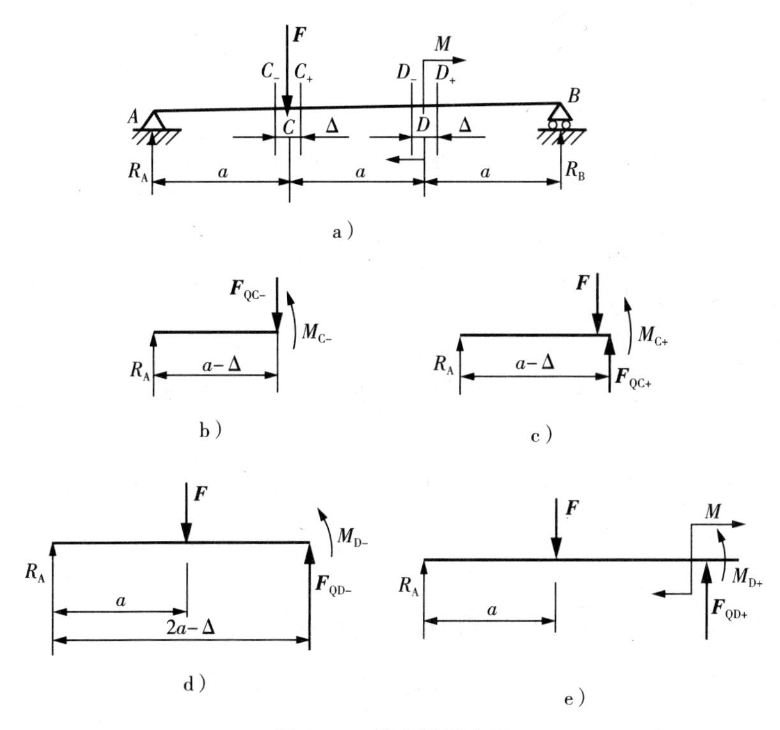

图 7-7　简支梁受力图

解：(1)画受力图，求支座反力。

$$\sum F_y=0\ ,\ R_A+R_B-F=0$$

$$\sum M_A=0\ ,\ 3aR_B-Fa-M=0$$

解得

$$R_A=\frac{1}{3}F$$

$$R_B=\frac{2}{3}F$$

(2)求指定截面上的剪力和弯矩。

① C_--C_- 截面：

$$F_{QC-}=R_A=\frac{1}{3}F$$

$$M_{C-}=R_A(a-\Delta)=\frac{1}{3}Fa$$

② C_+-C_+截面：

$$F_{QC-}=R_A-F=\frac{1}{3}F-F=-\frac{2}{3}F$$

$$M_{C+}=R_A(a+\Delta)-F\Delta=\frac{1}{3}Fa$$

③ D_--D_-截面：

$$F_{QD-}=R_A-F=\frac{1}{3}F-F=-\frac{2}{3}F$$

$$M_{D-}=R_A(2a-\Delta)-F(a-\Delta)=-\frac{1}{3}Fa$$

④ D_+-D_+截面：

$$F_{QD+}=R_A-F=\frac{1}{3}F-F=-\frac{2}{3}F$$

$$M_{D+}=R_A(2a+\Delta)-F(a+\Delta)+M=\frac{1}{3}F(2a+\Delta)-F(a+\Delta)+Fa=\frac{2}{3}Fa$$

7.3 剪力图和弯矩图

7.3.1 剪力方程和弯矩方程

由上述计算可知，梁横截面的剪力和弯矩是随截面的位置变化而变化的。如果把梁的轴线作为 x 轴，横截面位置可用 x 表示，则梁各个横截面上的剪力和弯矩可以表示为 x 的函数，即

$$F_Q=F_Q(x) \tag{7-1}$$

$$M=M(x) \tag{7-2}$$

以上两函数式表达了剪力和弯矩沿梁轴线的变化规律，故称为剪力方程和弯矩方程。

7.3.2 剪力图和弯矩图

为了能一目了然地看出梁各截面上的剪力和弯矩沿梁轴线的变化情况，在设计、计算中常把各截面上的剪力和弯矩用图形表示。取一平行于梁的轴线的横坐标 x 来表示梁横截面位置，以纵坐标表示相应横截面上的剪力和弯矩，画出剪力和弯矩的函数曲线，这样得出的图形称为剪力图和弯矩图。

剪力图和弯矩图的画法：首先，求出梁的支座反力；然后，以力和力偶的作用点为分界点，将梁分为几段，分段列出剪力方程和弯矩方程；再按方程绘图，一般坐标原点取在梁的左端面处。

例 7.3　一简支梁 AB（图 7－8a），图中尺寸 a、b、l 均已知，在 C 点受集中力 $\boldsymbol{F}$ 作用，画出梁的剪力图和弯矩图。

解：(1)求支座反力。列平衡方程：

$$\sum F_y = 0 \text{ , } R_A + R_B - F = 0$$

$$\sum M_A(\boldsymbol{F}) = 0 \text{ , } R_B l - Fa = 0$$

解得

$$R_A = \frac{Fb}{l}$$

$$R_B = \frac{Fa}{l}$$

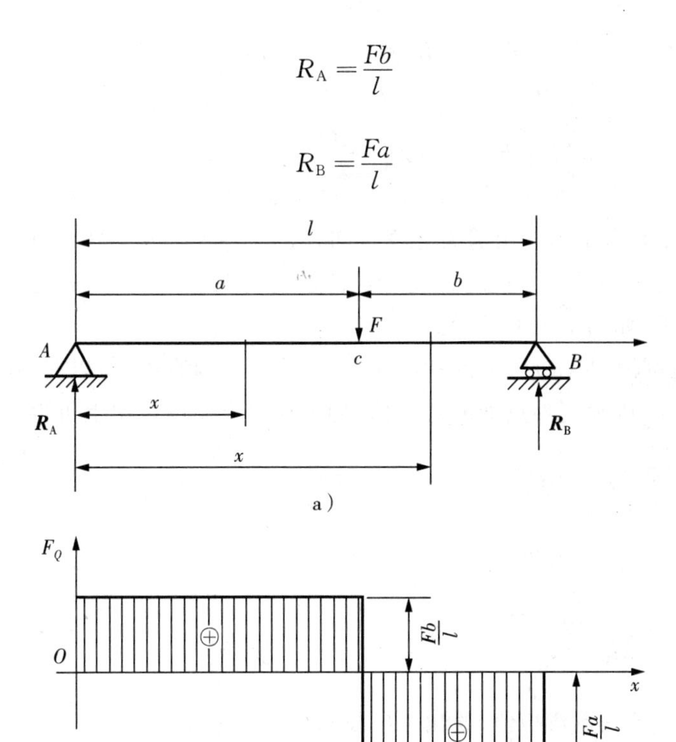

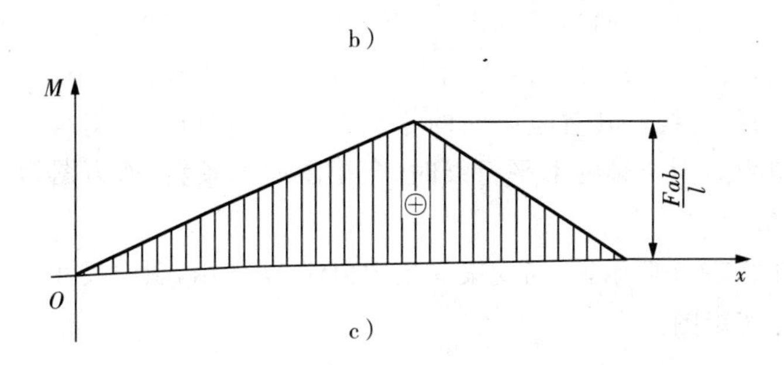

图 7－8　简支梁受力图

(2)列剪力方程和弯矩方程。因 A、C、B 处受集中力作用，故共有三个界点 A、C、B。因此可将梁分两段(AC 和 AB)，列出剪力方程和弯矩方程。

① AC 段：距 A 端 x 处任取一截面，取左侧为研究对象，剪力方程和弯矩方程为

$$F_Q=R_A=\frac{Fb}{l}\quad(0<x<a)$$

$$M_1=R_Ax=\frac{Fb}{l}x\quad(0\leqslant x\leqslant a)$$

② CB 段：在 CB 段内距 A 端 x 处取横截面，取右侧为研究对象，列出该段的剪力方程和弯矩方程

$$F_Q=-R_B=-\frac{Fa}{l}\quad(a<x<l)$$

$$M_2=R_B(l-x)=\frac{Fa(l-x)}{l}\quad(a\leqslant x\leqslant l)$$

(3)画剪力图和弯矩图。由剪力方程可知，$F_Q(x)$为一常数，AC 段和 CB 段剪力均为常数，所以剪力图是平行于 x 轴的直线，AC 段的剪力为正，画在 x 轴之上，CB 段剪力为负，画在 x 轴之下，如图 7-8b 所示。

由弯矩方程可知，$M(x)$为 x 的一次函数，图形为一斜直线，所以在 AC 段和 CB 段分别取 A、B、C 三界点，确定界点处的弯矩值，即可绘出弯矩图。由上可得

① A 点：$x=0$，$M_A=0$；

② C 点：$x=a$，$M_C=\frac{Fab}{l}$；

③ B 点：$x=l$，$M_B=0$。

用直线连接 A、B、C 三点弯矩值，绘出 AC 段和 CB 段的弯矩图 7-8c 所示。

分析此例，可得出集中力作用梁剪力图弯矩图特点：

(1)剪力图为平行线。两力之间的剪力图为一平行于轴的直线。集中力作用点处，剪力图发生突变，突变方向与外力方向相同，突变幅度等于外力大小。

(2)弯矩图为斜直线。其对应区间的弯矩图为一倾斜直线，斜线的斜率等于对应的剪力图的值。剪力图为 x 轴的上平行线时，弯矩图向上倾斜；剪力图为 x 轴的下平行线时，弯矩图向下倾斜。

例 7.4 如图 7-9 所示，一简支梁受集中力偶 $\boldsymbol{M}$ 作用，图中尺寸 a、b、l 均已知，试绘此梁的剪力图和弯矩图。

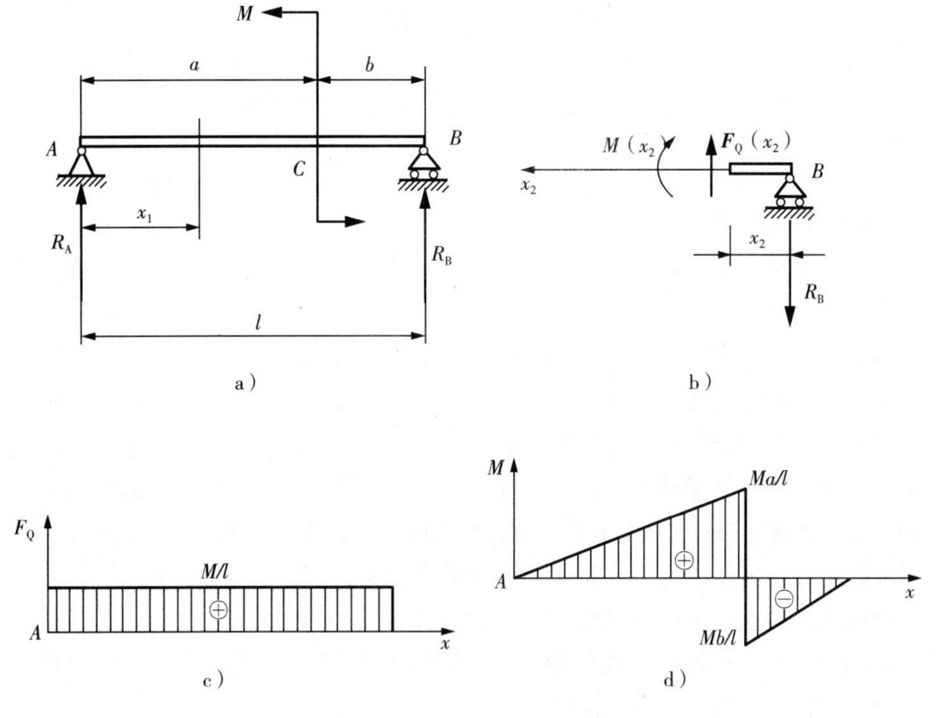

图 7-9　简支梁受力偶作用

解:(1)画受力图,求支座反力。

由平衡方程

$$\sum M_A(\boldsymbol{F})=0\ ,\ M-R_B l=0$$

$$\sum F_y=0\ ,\ R_A-R_B=0$$

解得

$$R_A=R_B=\frac{M}{l}$$

(2)列剪力方程和弯矩方程。本题中有 A、B、C 三个界点,将梁分为 AC、CB 两段,列出各段的剪力和弯矩方程。

① AC 段:取距左端为 x_1 的任意截面

$$F_{Q1}=R_A=\frac{M}{l} \tag{7-3}$$

$$M_1=R_A x=\frac{M}{l}x_1 \quad (0\leqslant x_1<a) \tag{7-4}$$

② CB 段:取距右端为 x_2 的任意截面(右端为坐标原点)

$$F_{Q2}=R_B=\frac{M}{l} \tag{7-5}$$

$$M_2=-R_Bx_2=-\frac{M}{l}x_2 \quad (0\leqslant x_2<b) \tag{7-6}$$

(3)画剪力图和弯矩图。

① 由剪力方程式(7-3)和式(7-5)可知,梁各截面剪力为一常量,所以剪力图为一平行线(见图7-9b)。

② 由式(7-4)可知,AC段内弯矩方程$M(x)$为x的一次函数,将区段内的特征坐标点$x_1=0$和$x_1=a$分别代入弯矩方程(7-4)式中得:$M_A=0$、$M_{C-}=Ma/l$($C-$表示从左侧趋近于C截面)。根据这两点作AC段的弯矩图,其图形是一条斜直线(见图7-9c)。再将$x_2=0$和$x_2=b$分别代入(4)式中得:$M_{C+}=-Mb/l$($C+$表示从右侧趋近于C截面)、$M_B=0$。根据这两点作CB段弯矩图,其图形也是一条斜直线(如图7-9d)。

分析此例可得出集中力偶作用梁剪力图和弯矩图特点。

(1)剪力图:梁上在集中力偶作用点处,剪力图不变。

(2)弯矩图:梁上在集中力偶作用点处,弯矩图突变。若力偶为顺时针,则弯矩图向上突变;若力偶为逆时针,则弯矩图向下突变。突变幅度等于力偶矩的大小。

例7.5 简支梁受集度为q的均布载荷作用(见图7-10a),梁长l,试绘出此梁的剪力图和弯矩图。

解:(1)求支座反力。由于q是单位长度上的载荷,所以梁上的总载荷为ql,又因梁左右对称,可知两个支座反力相等,即

$$R_A=R_B=\frac{ql}{2}$$

(2)列剪力方程和弯矩方程。以A端为坐标原点,距A点为x的任意截面上的剪力和弯矩方程分别为

$$F_Q=R_A-qx=\frac{ql}{2}-qx \quad (0<x<l) \tag{7-7}$$

$$M=R_Ax-qx\frac{x}{2}=\frac{ql}{2}x-\frac{qx^2}{2} \quad (0\leqslant x\leqslant l) \tag{7-8}$$

(3)画剪力图和弯矩图。由剪力方程(7-7)可看出,方程为一次函数,其图形为斜直线,所以取两点,计算剪力值得

$$x=0\ ,\ F_Q=ql/2$$

$$x=l\ ,\ F_Q=-ql/2$$

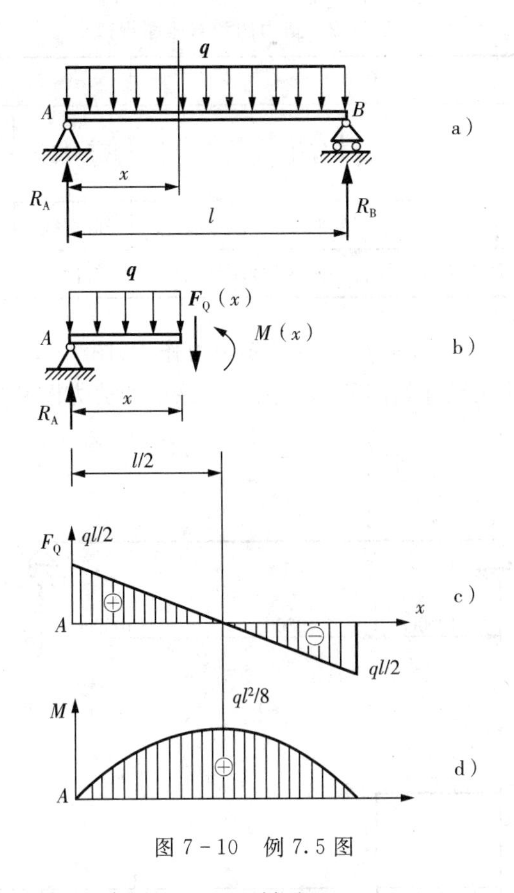

图 7-10　例 7.5 图

由上述计算结果可绘出剪力图，如图 7-10c 所示。

由弯矩方程(7-8)可看出，方程为二次函数，其图形为抛物线，所以取三点，计算弯矩值：

$$x=0\ ,\ M=0$$

$$x=l/2\ ,\ M=ql^2/8$$

$$x=l\ ,\ M=0$$

作出弯矩图，如图 7-10d 所示。

分析此例得出均布载荷作用梁剪力图弯矩图特点。

(1)剪力图：梁上有均布载荷作用时，其对应区间的剪力图为斜直线，均布载荷向下时，直线向下倾斜，斜线的斜率等于均布载荷 q。

(2)弯矩图：剪力图为斜线时，对应的弯矩图为抛物线，且抛物线开口方向与均布载荷 q 指向一致。剪力图下斜，弯矩图上弯；反之，则相反。

(3)剪力图 $F_Q=0$ 的点，其弯矩值最大，即抛物线的顶点。

前面总结了集中力，集中力偶和均布作用时，剪力图和弯矩图的作图规律，见表 7-2。下面我们根据这些规律快速而准确地作出梁的剪力图和弯矩图。

表 7-2 剪力图和弯矩图规律

<table>
<tr><td rowspan="3">项　目</td><td colspan="2">$q=0$</td><td colspan="3">$q\neq0$</td></tr>
<tr><td rowspan="2">图形规律</td><td rowspan="2">斜率规律</td><td rowspan="2">图形规律</td><td colspan="2">斜率规律</td></tr>
<tr><td>q 指向向下</td><td>q 指向向上</td></tr>
<tr><td>剪力图</td><td>直线</td><td>水平</td><td>斜直线</td><td>左高右低</td><td>左低右高</td></tr>
<tr><td>弯矩图</td><td>斜直线</td><td>$F_Q>0$,左低右高;$F_Q<0$,左高右低</td><td>抛物线</td><td>开口向下</td><td>开口向上</td></tr>
</table>

例 7.6 简支梁受 $p_1=3$kN、$p_2=1$kN 集中力作用(图 7-11a)。已知约束反力 $R_A=2.5$kN、$R_B=1.5$kN,其他尺寸如图所示。试绘出该梁的剪力图和弯矩图。

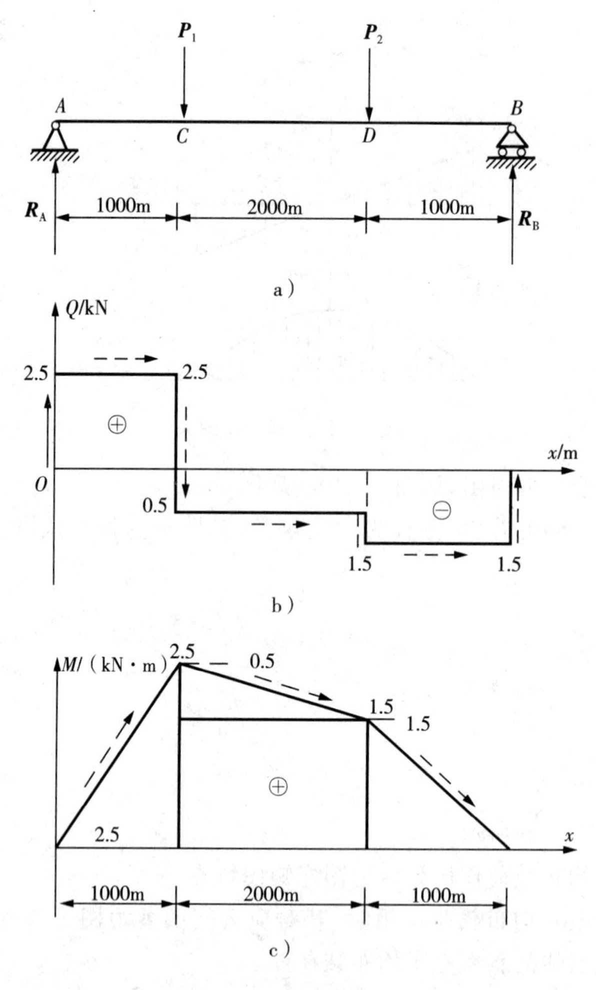

图 7-11 例 7.6 图

解:(1)绘剪力图。剪力图从零开始,一般至左向右,逐段画出。根据规律可知,因 A 点有集中力 R_A,故在 A 点剪力图突变,由零向上突变 2.5kN。从 A 点右侧到 C 点左侧,两点之间无力作用,故剪力图平行于 x 轴的直线。因 C 点有集中力 P_1,故在 C 点剪力图由 2.5kN 向下突变 3kN，C 点左侧的剪力值为 2.5kN，C 点右侧的剪力值为 −0.5kN。同样的道理，依次可完成其剪力图（见图 7 - 11b）。需要说明，剪力图最后应回到零，图中虚线箭头只表示走向和突变方向。

（2）绘弯矩图。弯矩图也是从零开始，从左向右，逐段画出。A 点因无力偶作用，故无突变。因 AC 段剪力图为 x 轴的上平行线，故其弯矩图为一条从零开始的上斜线，其斜率为 2.5（图 7 - 11c 中斜率仅为绘图方便而标注），C 点的弯矩值为 2.5×1=2.5(kN・m)。

CD 段的弯矩图为一条从 2.5kN・m 开始的下斜线，斜率为 0.5，故 D 点的弯矩值为 2.5−0.5×2=1.5(kN・m)。同样的道理，可画出 DB 段弯矩图，最后回到零（见图 7 - 11c）。

例 7.7　外伸梁受力如图 7 - 12a 所示，$M=4$kN・m、$P=10$kN、$R_A=-6$kN、$R_B=16$kN，其他尺寸如图所示。试绘出梁的剪力图和弯矩图。

解：（1）绘剪力图。根据规律画剪力图时可不考虑力偶的影响。因此，绘其剪力图时，由 A 点从零开始，向下突变 6。从 6 开始画 x 轴平行线至 B 点，向上突变 16，再画 x 轴平行线。最后，在 D 点向下突变 10 而回到零（见图 7 - 12b）。

（2）绘弯矩图从 A 点零开始，画斜率为 6 的下斜线至 C 点。因 C 点有力偶作用，故弯矩图有突变。根据“顺上逆下”，故向上突变 4，再画斜率为 6 的下斜线至 B 点，在 B 点转折，作斜率为 10 的上斜线至 D 点而回到零（见图 7 - 12c）。

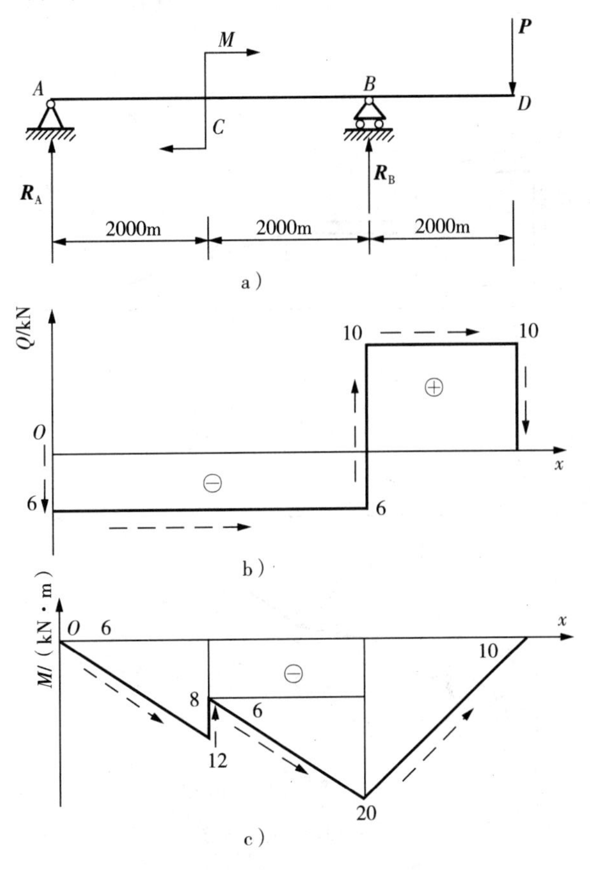

图 7 - 12　例 7.7 图

例 7.8 悬臂梁如图 7－13a 所示，已知 $P=4kN$，$q=2kN/m$，A 点的约束反力 $R_A=8kN$，$M_A=16kN\cdot m$，其他尺寸如图所示，试绘出该梁的剪力图和弯矩图。

解：(1)绘剪力图。A 点至 C 的剪力图画法与前例相同，C 点到 D 点，因受均布力作用，根据规律，剪力图为从 4 开始的斜率为 2 的下斜线，最后回到零(见图 7－13b)。

(2)绘弯矩图，因 A 点有约束反力偶 M_A，故 A 点的弯矩图由零向下突变 16。A 点至 C 点的弯矩图作法同前例。C 点到 D 点，因剪力图下斜，故弯矩图上弯而回到零(见图 7－13c)。D 点的弯矩值 4 也可用 CD 段的剪力图的面积求得。

$$4\times2\times\frac{1}{2}=4$$

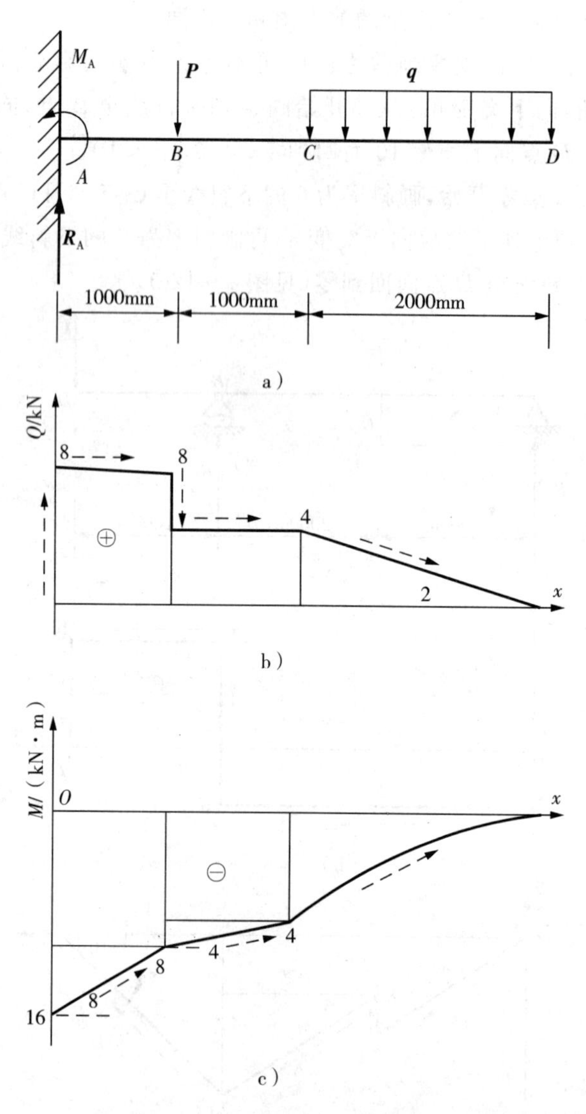

图 7－13　例 7.8 图

例 7.9　外伸梁受力如图 7－14a 所示，已知 $M=16\text{kN}\cdot\text{m}$，$q=2\text{kN/m}$，$P=2\text{kN}$，约束反力 $R_A=7.2\text{kN}$，$R_B=14.8\text{kN}$。试绘出梁的剪力图和弯矩图，并求距 A 点 4m 处截面的剪力和弯矩。

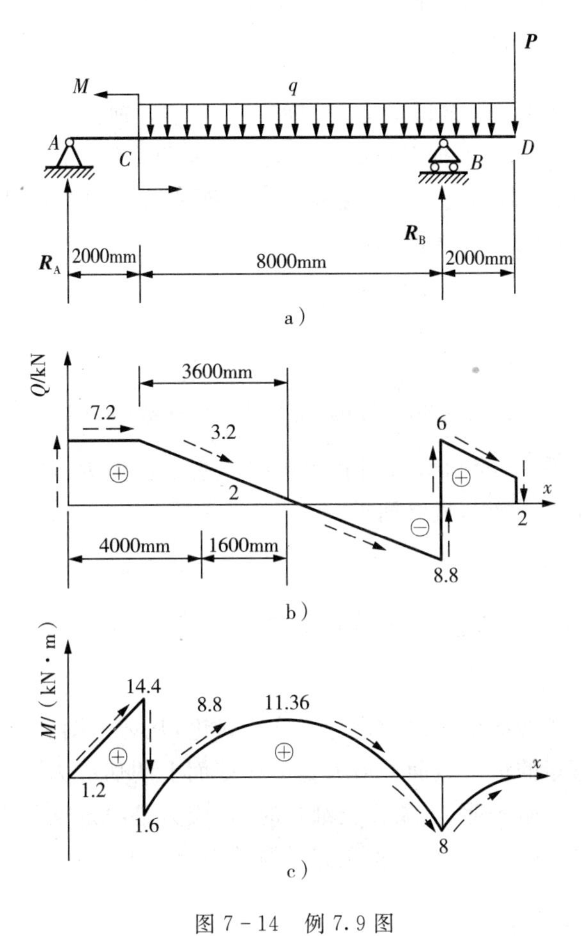

图 7－14　例 7.9 图

解：(1)绘制剪力图。从 A 点零开始，向上突变 7.2，AC 段为 x 轴的平行线。CB 段，剪力图从 7.2 下斜至 B 点，斜率为 2，故 B 点左侧的剪力值为 8.8。从 8.8 向上突变 14.8，即到 B 点右侧。BD 段剪力图为斜率 2 的下斜线至 D 点左侧，因 D 点有集中力 $\boldsymbol{P}$，故向下突变回到零（见图 7－14b）。剪力图中 $F_Q=0$ 的点由几何关系求得，如 $7.2/2=3.6(\text{m})$。

(2)绘弯矩图。AC 段弯矩图为一条从零开始的斜率为 7.2 的上斜线。因 C 点有力偶，故弯矩图在 C 点向下突变 1.6。CB 段剪力图为一条下斜线，故对应的弯矩图为一条从 1.6 开始的上弯抛物线，最大值点应对应于 $F_Q=0$ 的点，其值可由对应的三角形面积得

$$7.2\times3.6/2-1.6=11.36$$

B 点的值也可由对应的三角形面积得

$$8.8\times(8-3.6)/2-11.36=8$$

也可暂不求此值，继续绘图。因 B、D 点无力偶，故弯矩图直接转折上弯至零。最后，利用对应的剪力图梯形面积计算该值

$$(6+2)\times2/2=8$$

需要注意，图 7－14b 中 CB 段剪力图能否下斜而过 x 轴？图 7－14c 中的 CB 段弯矩图能否上弯而过 x 轴？都可根据图形的几何关系预先测算而定。

(3)求距 A 点 4m 处截面的剪力和弯矩。该截面的剪力和弯矩可由图中几何关系直接求得。由图 7－14b 可知，该截面的剪力

$$F_Q=2\times1.6=3.2(\text{kN})$$

由图 7－14c 可知，该截面的弯矩

$$M=11.36-1.6\times3.2/2=8.8(\text{kN}\cdot\text{m})$$

由上述各例可以看出，绘制剪力图和弯矩图的基本过程为：从左至右，从零开始，到点即停，标值判定(是否突变)，最终回零。

7.4 纯弯曲时梁横截面上的应力

前面对梁弯曲时横截面上的内力进行了分析讨论，从剪力图和弯矩图上可以确定发生最大剪力和最大弯矩的危险截面。剪力是由横截面上的切应力形成，而弯矩是由横截面上的正应力形成。实验表明，当梁比较细长时，正应力是决定梁是否破坏的主要因素，切应力则是次要因素。因此，本节着重研究梁横截面上的正应力。

7.4.1 纯弯曲实验

为了研究梁横截面上正应力的分布规律，可做纯弯曲实验。取一矩形截面简支梁 AB，其上作用两个对称的集中力 $\boldsymbol{F}$(见图 7－15)。在 AC 和 BD 段内，各横截面上既有剪力又有弯矩，这种弯曲称为横力弯曲。在 CD 段内，各个横截面上剪力等于零，而弯矩为常量，这种弯曲称为纯弯曲。

取一段纯弯曲梁，未加载前，在其表面画两条平行于梁轴线的纵向线和垂直于梁轴线的横向线，如图 7－16a 所示。然后，在梁两端加上一对力偶，使它发生纯弯曲变形，观察到如下现象(见图 7－16b)：

(1)纵向线弯曲成圆弧线，其间距不变。靠凸边的纵向线伸长，而靠凹边的纵向线缩短。

(2)横向线依然为直线，横向线间相对地转过了一个微小的角度，但仍与纵向线垂直。

(3)梁的高度不变。而梁的宽度在伸长区内，有所减少；在压缩区内，有所增大。

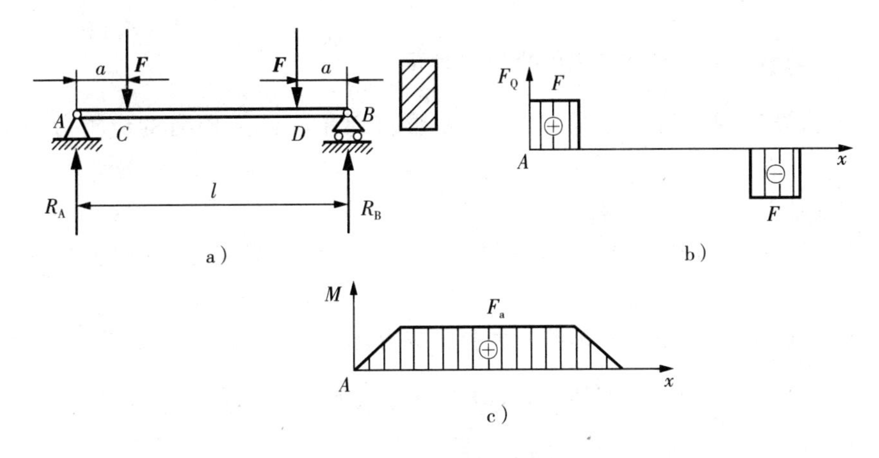

图 7－15　矩形截面简支梁

根据上述现象，可对梁的变形提出如下假设：

(1)平面假设：梁在纯弯曲时，各横截面始终保持为平面，仅绕某轴转过了一个微小的角度。

(2)单向受力假设：设梁由无数纵向纤维组成。弯曲时，这些纵向纤维处于单向受拉或受压状态。由图 7－16 可看出，梁从上表面到下表面，纵向纤维由缩短逐渐连续地过渡到伸长，其间一定有一层纵向纤维既不伸长也不缩短，这一纤维层称为中性层。中性层和横截面的交线称为中性轴，见图 7－16c 中的 z 轴。纯弯曲时，梁的横截面绕中性轴 z 转动了一微小的角度。

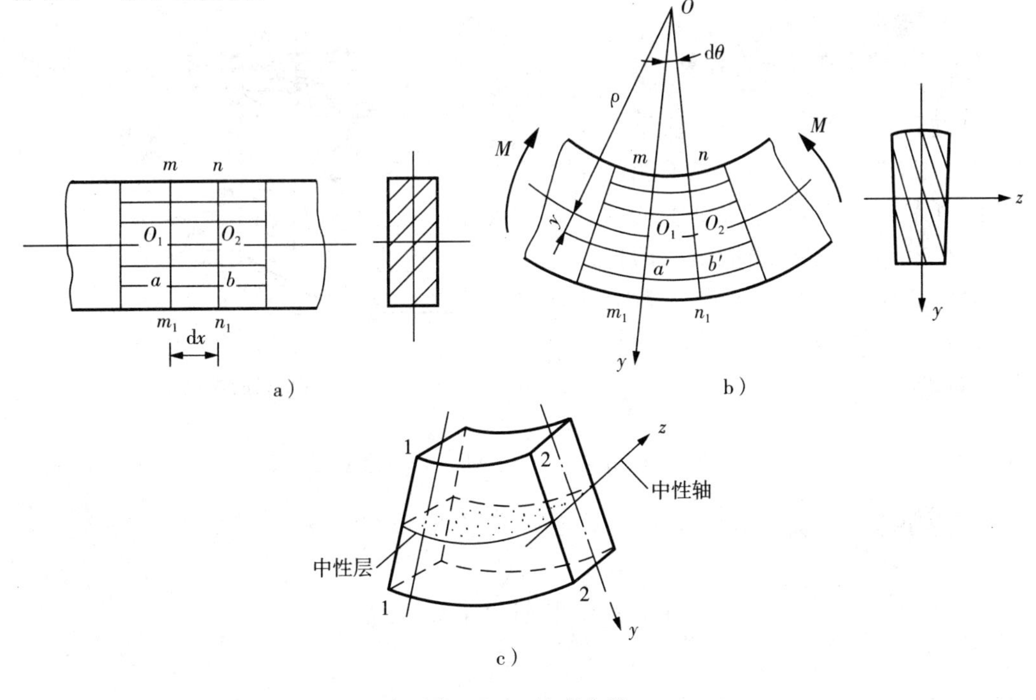

图 7－16　纯弯曲梁

7.4.2 纯弯曲时梁横截面上的正应力分布

由平面假设和观察变形现象可得出，矩形截面梁在纯弯曲时的应力分布有如下特点：

(1)中性轴上的线应变为零，所以其正应力为零。

(2)距中性轴距离相等的各点，其线应变相等。根据胡克定律，它们的正应力也相等。

(3)中性轴上部和下部分别为拉应力和压应力，由该截面弯矩方向决定。

(4)正应力沿 y 轴成线性规律分布，即 $\sigma=Ky$ 或 $K=\dfrac{\sigma}{y}$，K 为待定系数。如图 7-17 所示，最大正应力(绝对值)在离中性轴最远的上下边缘处。

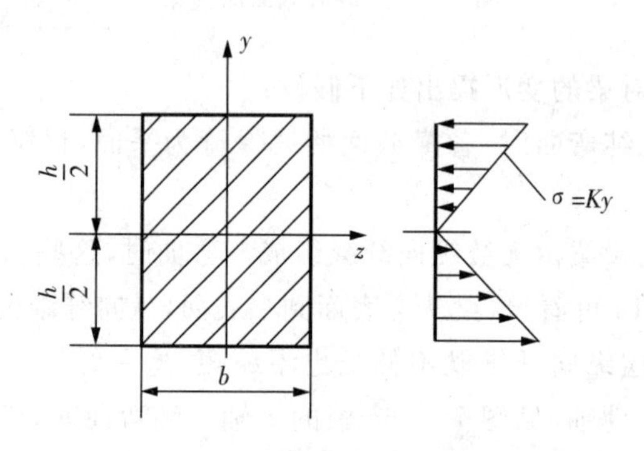

图 7-17 正应力沿 y 轴分布

7.4.3 纯弯曲正应力计算

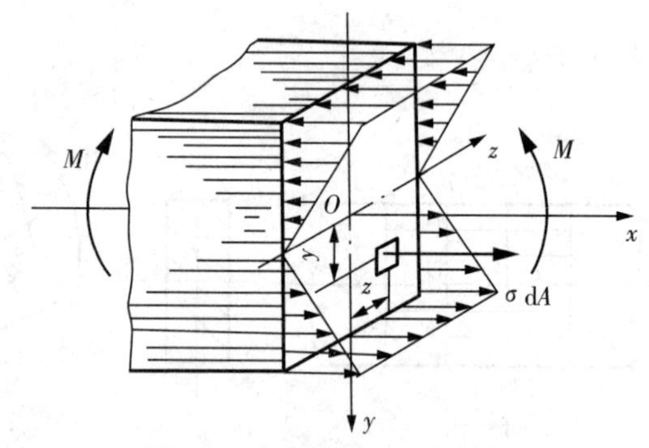

图 7-18 纯弯曲梁的横截面

如图 7-18 所示，在纯弯曲梁的横截面上任取一微面积 dA，微面积上的微内力为 σdA。由于横截面上的内力只有弯矩 M，所以由横截面上的微内力构成的合力必为零，而梁横截面上的微内力对中性轴 z 的合力矩就是弯矩 M，即

$$F_n=\int_A \sigma dA=0 \text{ 和 } M=\int_A y\sigma dA \tag{7-9}$$

将 $\sigma=Ky$ 代入以上两式得

$$\int_A Ky dA=0 \text{ 和} \int_A Ky^2 dA=M \tag{7-10}$$

式中：$\int_A y dA$—— 截面对 z 轴的静矩，记作 S^*，单位为 mm^3；

$\int_A y^2 dA$—— 截面对 z 轴的惯性矩，记作 I_z，单位为 mm^4。以上两式可写作

$$KS^* = 0$$

$$KI_z = M$$

由于 K 不为零，故 S^* 必为零，说明中性轴 z 轴通过截面形心。将 $K=\frac{\sigma}{y}$ 代入式 $KI_z=M$ 中，得出梁横截面正应力计算公式

$$\sigma = \frac{My}{I_z} \tag{7-11}$$

式中：σ—— 横截面上距中性轴为 y 的各点的正应力，常用单位 N/mm^2。；

M—— 横截面的弯矩，常用单位 N/mm；

y—— 所求点到中性轴的距离，常用单位 mm；

I_z—— 横截面对中性轴的惯性矩，它表示截面的几何性质，是一个仅与截面形状和尺寸有关的几何量，反映了截面的抗弯能力，常用单位 mm^4。

式(7－11)是在纯弯曲时推出的公式，但也适用于横力弯曲。

由正应力计算公式可知：在横截面上下边缘处，即 $y=y_{max}$ 时，正应力最大。若以 y_{max} 表示上下边缘的点到中性轴的距离，则横截面上正应力的最大值为

$$\sigma_{max} = \frac{M}{I_z} y_{max} \tag{7-12}$$

由于 y_{max} 和 I_z 均与截面的大小和形状有关。因此，令 $W_z=\frac{I_z}{y_{max}}$，故最大正应力计算公式可写为

$$\sigma_{max} = \frac{M}{W_z} \tag{7-13}$$

式中，W_z 为抗弯截面模量，它也是仅与截面有关的几何量，是衡量截面抗弯能力的一个物理量，常用单位 mm^3。

7.4.4　常用截面惯性矩 I_z 和抗弯截面模量 W_z

1. 矩形截面

如图 7－19 所示的矩形截面，高为 h，宽为 b，过形心 O 作 y 轴和 z 轴。取宽为 b、高为 dy 的狭长条为微面积 $dA=bdy$，根据公式 $I_z=\int_A y^2 dA$ 得

$$I_z = \int_{-\frac{h}{2}}^{\frac{h}{2}} y^2 b dy = \frac{bh^3}{12} \tag{7-14}$$

$$W_z = \frac{I_z}{y_{max}} = \frac{bh^3/12}{h/2} = \frac{bh^2}{6} \tag{7-15}$$

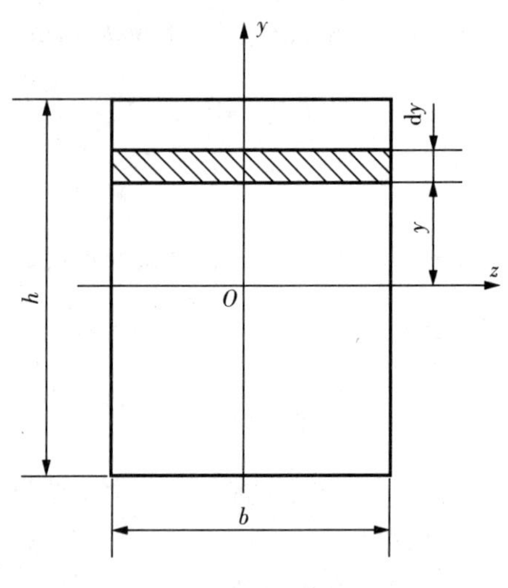

图 7-19 矩形截面

2. 圆形截面和圆环形截面

圆形截面和圆环形截面对任一圆心轴是对称的，所以 $I_y = I_z$，惯性矩和抗弯截面模量分别为

(1)圆形截面：

$$I_y = I_z = \frac{\pi d^4}{64} \tag{7-16}$$

$$W_y = W_z = \frac{\pi d^3}{32} \tag{7-17}$$

(2)圆环形截面：

$$I_y = I_z = \frac{\pi D^4}{64}(1-\alpha^4) \tag{7-18}$$

$$W_y = W_z = \frac{\pi D^3}{32}(1-\alpha^4) \tag{7-19}$$

常见的简单截面的惯性矩和抗弯截面系数如表 7-3 所示。

表 7-3 常用截面惯性矩和抗弯截面模量

图　形	形心轴位置	惯性矩	抗弯截面系数
y, D, C, z	截面圆心	$I_z = I_y = \frac{\pi D^4}{64}$	$W_z = W_y = \frac{\pi D^3}{32}$

（续表）

图　形	形心轴位置	惯性矩	抗弯截面系数
y, D, d, C, z	截面圆心	$I_z=I_y=\frac{\pi D^4}{64}(1-\alpha^4)$ $\alpha=\frac{d}{D}$	$W_z=W_y=\frac{\pi D^3}{64}(1-\alpha^4)$ $\alpha=\frac{d}{D}$
y, z_C, h, y_C, C, z, b	$z_C=\frac{b}{2}$ $y_C=\frac{h}{2}$	$I_z=\frac{bh^3}{12}$ $I_y=\frac{hb^3}{12}$	$W_z=\frac{bh^2}{6}$ $W_y=\frac{hb^2}{6}$
y, z_C, h, y_C, C, H, z, b, B	$z_C=\frac{B}{2}$ $y_C=\frac{B}{2}$	$I_z=\frac{BH^3-bh^3}{12}$ $I_y=\frac{HB^3-hb^3}{12}$	$W_z=\frac{BH^3-bh^3}{6H}$ $W_y=\frac{HB^3-hb^3}{6B}$

例 7.10　一悬臂梁如图 7－20a、b 所示的截面为矩形，自由端受集中力 $\boldsymbol{F}$ 作用，$F=4\text{kN}$、$h=60\text{mm}$、$b=40\text{mm}$、$l=250\text{mm}$。求固定端截面上 A 点的正应力及固定端截面上的最大正应力。

解：(1)画弯矩图，如图 7－20c 所示。固定端的弯矩为

$$M=-Fl=-(4\times250)\text{kN}\cdot\text{mm}=-1000\text{kN}\cdot\text{mm}$$

(2)求固定端截面上 A 点的正应力。由于固定端上的弯矩为负值，所以应力分布规律如图 7－20d 所示。因 A 点在中性轴的上边，所以 A 点产生的正应力为拉应力，其大小为

$$\sigma_A=\frac{M}{I_z}y_A=\frac{1000\times10^3}{\frac{40\times60^3}{12}}\times10=13.9\text{MPa}$$

(3)求固定端截面上的最大正应力。由于截面对称，所以上下截面边缘的最大正应力相等。

$$\sigma_{\max}=\frac{M}{I_z}y_{\max}=\frac{1000\times10^3}{\frac{40\times60^3}{12}}\times30=41.7\text{MPa}$$

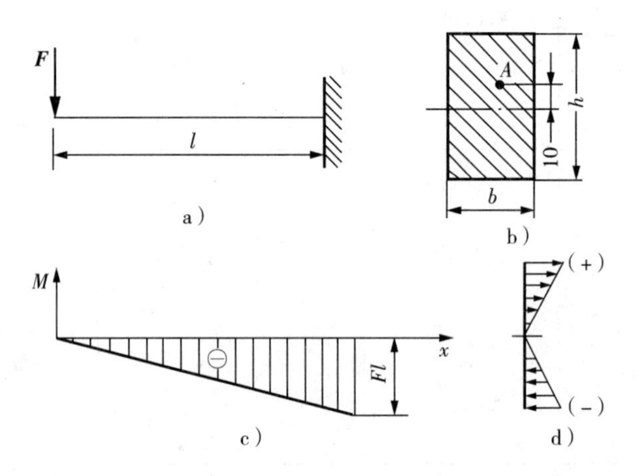

图 7-20　悬臂梁的矩形截面

a)悬臂梁　b)截面　c)弯矩图　d)应力分布

7.5　梁的正应力强度计算

在进行梁的强度计算时，首先应确定梁的危险截面和危险点。对于等截面直梁，最大弯矩 $M_{\max}$所在截面称为危险截面。危险截面上距中性轴最远的点称为危险点。要使梁具有足够的强度，必须使危险截面上的最大工作应力不超过材料的许用应力，其强度条件为

$$\sigma_{\max}=\frac{M_{\max}y_{\max}}{I_z}\leqslant[\sigma] \qquad (7-20)$$

式中，$[\sigma]$为材料的许用弯曲应力。对于材料的抗拉和抗压强度相同的梁，截面宜采用与中性轴对称的形状，如矩形和圆形截面或工字型截面。当截面对中性轴具有对称性时，强度条件可写为

$$\sigma_{\max}=\frac{M_{\max}}{W_z}\leqslant[\sigma] \qquad (7-21)$$

对于脆性材料(如铸铁)制成的梁，由于材料的抗拉与抗压强度不等，截面宜采用与中性轴不对称的形状，其强度条件应为

$$\left.\begin{aligned}\sigma_{max}^{+}=\frac{M_{max}}{I_z}y_1\leqslant[\sigma]^{+}\\ \sigma_{max}^{-}=\frac{M_{max}}{I_z}y_2\leqslant[\sigma]^{-}\end{aligned}\right\}\qquad(7-22)$$

式中，σ_{max}^{+}和σ_{max}^{-}分别为梁上的最大拉应力和最大压应力；$[\sigma]^{+}$和$[\sigma]^{-}$分别是材料的许用拉应力与许用压应力；y_1和y_2分别为最大拉应力作用位置和最大压应力作用位置距中性轴的坐标值。

若需考虑弯曲切应力强度时，对等截面直梁，最大切应力发生在最大剪力所在的截面上，其弯曲切应力强度条件为

$$\tau_{max}\leqslant[\tau]$$

根据强度条件可以解决下述三类问题：

(1)强度校核。验算梁的强度是否满足强度条件，判断梁的工作是否安全。

(2)设计截面。根据梁的最大载荷和材料的许用应力，确定梁截面的尺寸和形状或选用合适的标准型钢。

(3)确定许用载荷。根据梁截面的形状和尺寸及许用应力，确定梁可承受的最大弯矩，再由弯矩和载荷的关系确定梁的许用载荷。

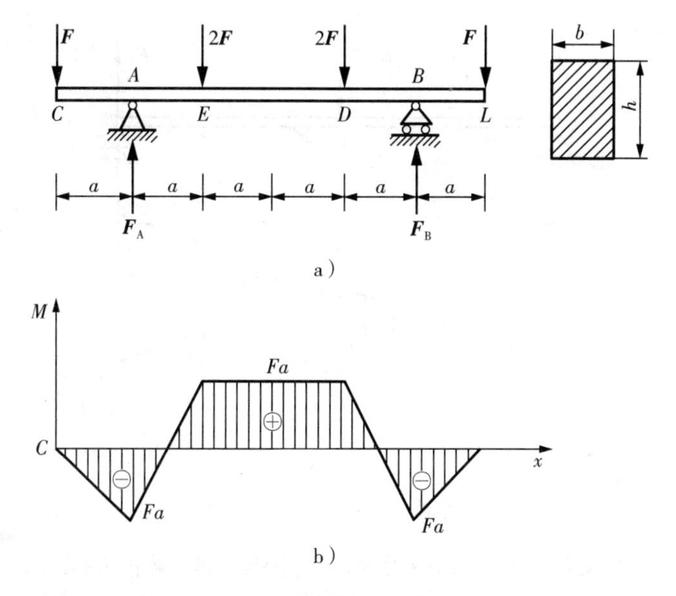

图 7-21　木制外伸梁矩形截面

a)外伸梁　b)弯矩图

例 7.11　图 7-21a 所示为一木制外伸梁(矩形截面)，已知 $F=8\text{kN}$、$a=0.8\text{m}$、截面尺寸 $h=200\text{mm}$、$b=100\text{mm}$、木料的许用应力$[\sigma]=10\text{MPa}$，试校核梁的强度。

解：(1)画梁的受力图，求支座反力。如图 7-21a 所示，由截面对称性可知

$$F_A = F_B = \frac{6F}{2} = \frac{6\times 8}{2} = 24\text{kN}$$

(2)画梁的弯矩图。如图 7-21b 所示,最大弯矩值为

$$M_{max} = Fa = 8\times 0.8 = 6.4\text{kN}\cdot\text{m}$$

(3)校核梁的强度。矩形截面对中性轴对称,故强度公式选用(7-21)得

$$\sigma_{max} = \frac{M_{max}}{W_z} = \frac{6.4\times 10^6}{\frac{100\times 200^2}{6}} = 9.6\text{MPa} < [\sigma] = 10\text{MPa}$$

所以梁的强度足够。

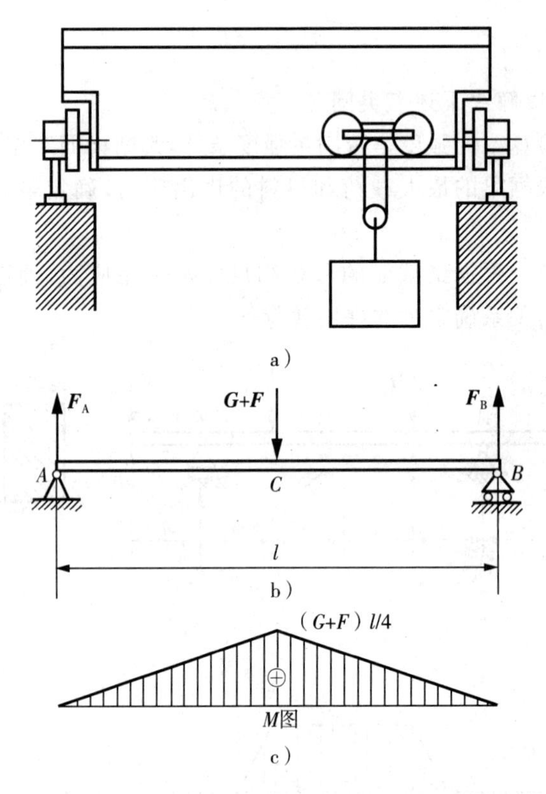

图 7-22　吊车梁

a)简图　b)受力图　c)弯矩图

例 7.12　一吊车梁(见图 7-22a)用 32b 工字钢制成,梁长 $l=10.5$m,材料 Q235 钢的许用应力$[\sigma]=140$MPa,电动葫芦重 $G=15$kN,梁的自重不计。试求该梁的最大载重量 F(已知工字钢抗弯截面系数 $W_z=726.3\text{cm}^3$)。

解:(1)画梁的受力图,求支座反力。电动葫芦移动到梁的中点时,弯矩达到最大值。因此,受力图如图 7-22b 所示,则支座反力为

$$F_A = F_B = \frac{G+F}{2}$$

(2)画梁的弯矩图。弯矩图如图 7 - 22c 所示，最大弯矩发生在梁的中点处，最大弯矩值

$$M_{max}=\frac{(G+F)l}{4}$$

(3)梁能承受的最大载荷 **F**。工字型截面具有中性轴对称性，根据强度条件

$$\sigma_{max}=\frac{M_{max}}{W_z}\leqslant[\sigma]$$

得

$$M_{max}\leqslant[\sigma]W_z$$

$$\frac{(G+F)l}{4}\leqslant[\sigma]W_z$$

梁能承受的最大载荷为

$$F\leqslant\frac{4[\sigma]W_z}{l}-G=\frac{4\times140\times726.3\times10^3}{10.5\times10^3}-15\times10^3=23736\text{N}=23.7\text{kN}$$

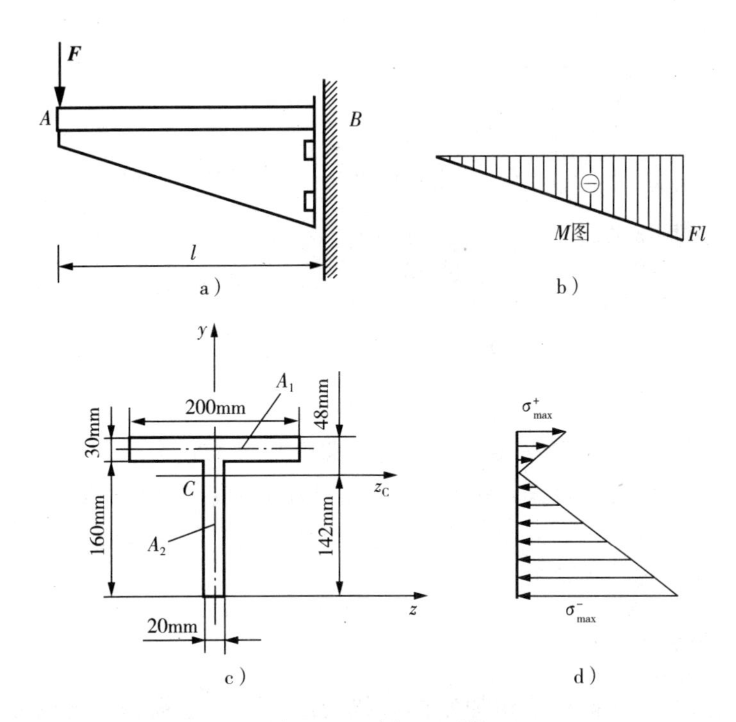

图 7 - 23　例 7.13 图

a)铸铁梁　b)弯矩图　c)截面　d)应力分布

例 7.13　如图 7 - 23a 所示，材料为铸铁，T 形截面，梁长 $l=600\text{mm}$。固定端 B 处横截面尺寸如图 7 - 23c 所示，自由端集中力 $F=20\text{kN}$ 作用。已知铸铁许用拉应力$[\sigma]^+=40\text{MPa}$，许用压应力$[\sigma]^-=100\text{MPa}$，试校核梁的强度。

解:(1)画梁的弯矩图。梁的弯矩图如图 7－23b 所示,最大弯矩在固定端 B 处横截面上,该截面为危险截面,其最大弯矩值为

$$M_{max}=-Fl=-20\text{kN}\times0.6\text{m}=-12\text{kN}\cdot\text{m}$$

(2)确定固定端 B 处横截面的形心及对截面中性轴 z_C 的惯性矩 I_{zC},由题意可得截面的形心为

$$y_C=142\text{mm},z_C=0$$

截面的惯性矩 I_{zC} 为

$$I_{zC}=I_{zC1}+I_{zC2}=26.1\times10^6\text{mm}^4$$

式中,I_{zC1} 和 I_{zC2} 分别代表两部分矩形图形中对中性轴的惯性矩,它们的面积分别用 A_1 和 A_2 表示。图 7－23c 中,y_1 和 y_2 表示 T 形截面的上合下边缘到截面中性轴 z_C 的坐标,分别是

$$y_1=48\text{mm},y_2=-142\text{mm}$$

(3)校核梁的强度。应用强度公式算的 B 处横截面上最大拉应力 σ_{max}^+ 和最大压应力 σ_{max}^- 分别为

$$\sigma_{max}^+=\frac{M_{max}}{I_z}y_1=\frac{12\times10^6\times48}{26.1\times10^6}=22.1\text{MPa}<[\sigma]$$

$$\sigma_{max}^-=\frac{M_{max}}{I_z}y_2=\frac{12\times10^6\times142}{26.1\times10^6}=65.3\text{MPa}<[\sigma]$$

因此,梁的强度满足要求。

7.6 梁的弯曲变形

梁在外力作用下,产生弯曲变形。如果弯曲变形过大,就会影响结构的正常工作。以车床为例,若其弯曲变形过大,将使齿轮不能很好地啮合,造成磨损不均匀,降低使用寿命,影响加工零件的精度。因此,我们必须研究梁的变形问题,以便把梁的变形限制在规定的范围内,保证梁的正常工作。

7.6.1 挠度和转角

梁受外力作用后,它的轴线由原来的直线变成了一条连续而光滑的曲线(见图 7－24),称为挠曲线。因为梁的变形是弹性变形,所以梁的挠曲线也称为弹性曲线。挠曲线可表示为 $y=f(x)$,称为挠曲线方程。

梁的变形可以用挠度和转角两个基本量来度量。

1. 挠度

梁任意横截面的形心沿 y 轴方向的线位移,称为该截面的挠度,通常用 y 表示,并规

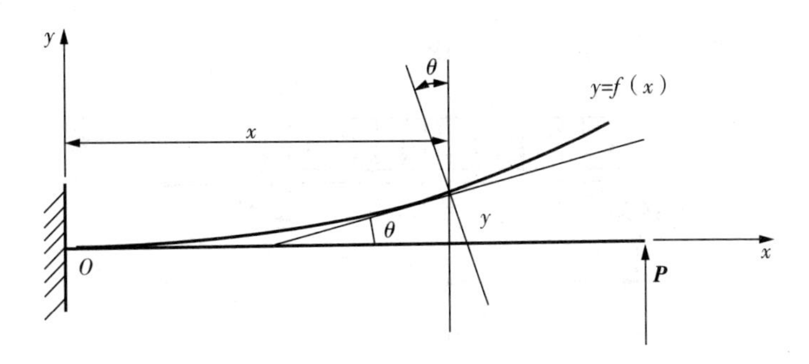

图 7-24　梁的挠曲线

定向上的挠度为正;向下的挠度为负。挠度的单位与长度的单位一致。

由于弯曲变形属于小变形,梁横截面形心沿 x 轴方向的位移很小,可忽略不计。

2. 转角

在弯曲过程中,梁任一横截面相对于原来位置所转过的角度,称为该截面的转角,用 θ 表示。因为变形前后,横截面始终垂直于梁的轴线。因此,截面转角 θ 就等于挠曲线在该处的切线与 x 轴的夹角(或法线与 y 向的夹角),转角的单位是弧度(rad)。一般规定,逆时针方向转角为正,顺时针方向的转角为负。

求变形的基本方法是积分法。由于该方法计算过程较烦,本书中不作介绍。为了应用方便,表 7-4 中列出了常见梁在单载荷作用下的挠度和转角公式,以供查用。

7.6.2　用叠加法计算梁的变形

在材料服从胡克定律且变形很小的前提下,梁的挠度和转角都与梁上的载荷成线性关系。当梁同时受到几个载荷作用时,可用叠加法计算梁的变形。先分别计算每一种载荷单独作用时所引起的梁的挠度和转角。然后,再把同一截面的转角和挠度代数相加,就得到这些载荷共同作用下的该截面的挠度和转角。

例 7.14　一简支梁 AB,已知 EI_z,所受载荷情况如图 7-25a 所示,试求 C 点的挠度。

解:用叠加法求 C 点的挠度,分别画出均布力 $\boldsymbol{q}$ 和集中力 $\boldsymbol{P}$ 单独作用时的计算简图。

(1)查表可知,当均布力单独作用时(见图 7-25b),

$$y_{C1}=-\frac{5ql^4}{384EI_z}$$

(2)当集中力 P 单独作用时(见图 7-25c),查表可知 C 点的挠度,则

$$y_{C2}=-\frac{Pl^3}{48EI_z}$$

(3)q 和 P 同时作用时,

$$y_C=y_{C1}+y_{C2}=-\frac{5ql^4}{384EI_z}-\frac{Pl^3}{48EI_z}$$

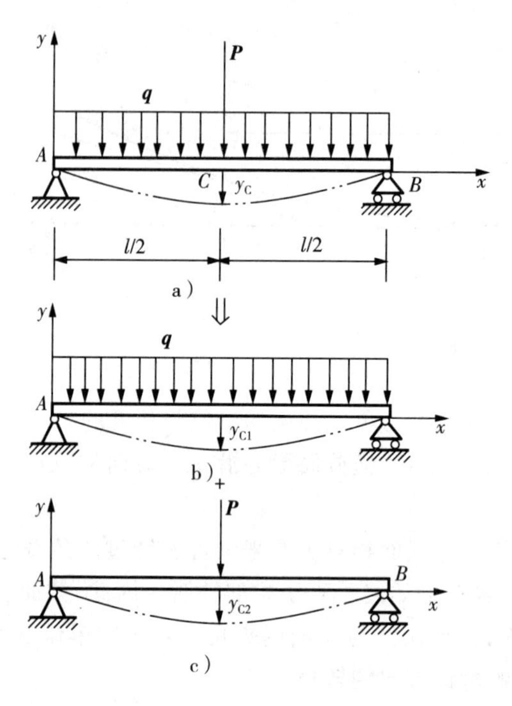

图 7-25 例 7.14 图

a)受载荷作用 b)均布力单独作用 c)集中力单独作用

表 7-4 单一载荷作用下梁的变形

序号	梁的简图	挠曲线方程	端截面转角	最大挠度
1		$y=-\frac{Mx^2}{2EI_z}$	$\theta_B=-\frac{Ml}{EI_z}$	$y_B=-\frac{Ml^2}{2EI_z}$
2		$y=-\frac{Fx^2}{6EI_z}(3l-x)$	$\theta_B=-\frac{Fl^2}{2EI_z}$	$y_B=-\frac{Fl^3}{2EI_z}$
3		$0\leqslant x\leqslant a$， $y=-\frac{Fx^2}{6EI_z}(3a-x)$； $a\leqslant x\leqslant l$， $y=-\frac{Fa^2}{6EI_z}(3x-a)$	$\theta_B=-\frac{Fa}{2EI_z}$	$y_B=-\frac{Fa^2}{6EI_z}(3l-a)$
4		$y=-\frac{qx^2}{24EI_z}(x^2-4lx+6l^2)$	$\theta_B=-\frac{ql^3}{6EI_z}$	$y_B=-\frac{ql^4}{8EI_z}$

（续表）

序号	梁的简图	挠曲线方程	端截面转角	最大挠度
5	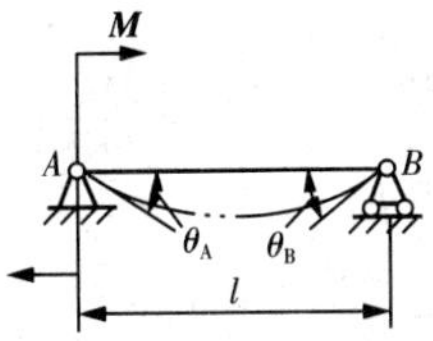	$y=-\dfrac{Mx}{6EI_z l}(l-x)\times(2l-x)$	$\theta_A=-\dfrac{Ml}{3EI_z}$； $\theta_B=\dfrac{Ml}{6EI_z}$	$x=\left(1-\dfrac{1}{\sqrt{3}}\right)l$， $y_{max}=-\dfrac{Ml^2}{9\sqrt{3}EI_z}$； $x=\dfrac{1}{2}$， $y_{max}=-\dfrac{M^2}{16EI_z}$
6	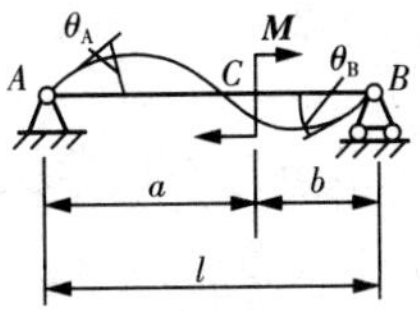	$0\leqslant x\leqslant a$， $y=\dfrac{Mx}{6EI_z l}(l^2-3b^2-x^2)$； $a\leqslant x\leqslant l$， $y=\dfrac{M}{6EI_z l}[-x^3+3l(x-a)^2$ $+(l^2-3b^2)x]$	$\theta_A=\dfrac{M}{6EI_z l}\times$ (l^2-3b^2)； $\theta_B=\dfrac{M}{6EI_z l}\times$ (l^2-3a^2)	
7	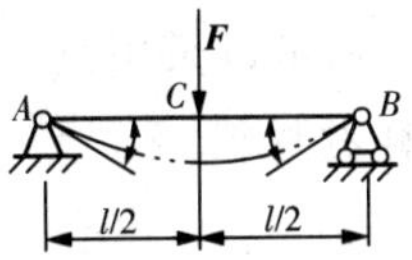	$y=-\dfrac{Fx}{48EI_z}\times(3l^2-4x^2)$ $0\leqslant x\leqslant\dfrac{1}{2}$	$\theta_A=-\theta_B=-\dfrac{Fl^3}{16EI_z}$	$y_{max}=-\dfrac{Fl^3}{48EI_z}$
8	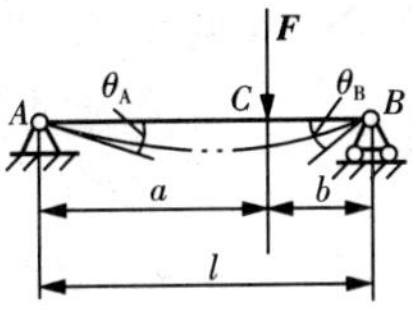	$0\leqslant x\leqslant a$， $y=-\dfrac{Fbx}{6EI_z l}\times(l^2-x^2-b^2)$； $a\leqslant x\leqslant l$， $y=-\dfrac{Fb}{6EI_z l}[\dfrac{1}{b}\times(x-a)^3+$ $(l^2-b^2)x-x^3]$	$\theta_A=-\dfrac{Fab(1+b)}{6EI_z l}$； $\theta_B=\dfrac{Fab(l+a)}{6EI_z l}$	设 $a>b$， $x=\sqrt{\dfrac{l^2-b^2}{3}}$ 处， $y_{max}=-\dfrac{Fb\sqrt{(l^2-b^2)^3}}{9\sqrt{3}EI_z l}$； 在 $x=\dfrac{1}{2}$ 处； $y_{v2}=-\dfrac{Fb(3l^2-4b^2)}{48EI_z}$
9	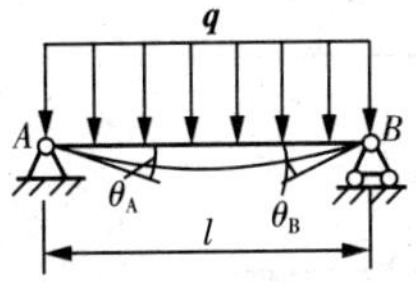	$y=-\dfrac{qx}{24EI_z}(l^3-2lx^2+x^3)$	$\theta_A=-\theta_B=-\dfrac{ql^3}{24EI_z}$	$y_{max}=-\dfrac{5ql^4}{384EI_z}$
10	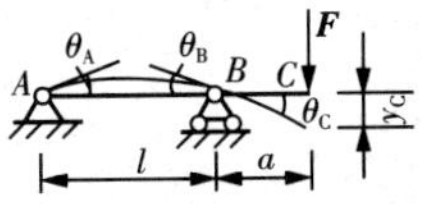	$0\leqslant x\leqslant l$， $y=\dfrac{Fa}{6EI_z l}(l^2-x^2)$； $l\leqslant x\leqslant(l+a)$， $y=-\dfrac{F(x-l)}{6EI_z}$ $[a(3x-l)-(x-l)^2]$	$\theta_A=-\dfrac{1}{2}\theta_B=\dfrac{Fal}{6EI_z}$； $\theta_C=-\dfrac{Fa}{6EI_z}(2l+3a)$	$y_C=-\dfrac{Fa^2}{3EI_z}(l+a)$

（续表）

序号	梁的简图	挠曲线方程	端截面转角	最大挠度
11		$0 \leqslant x \leqslant l$， $y=-\frac{Mx}{6EI_z l}(x^2-l^2)$； $l \leqslant x \leqslant (l+a)$， $y=-\frac{M}{6EI_z}(3x^2-4xl+l^2)$	$\theta_A=-\frac{1}{2}\theta_B=\frac{Ml}{6EI_z}$； $\theta_C=-\frac{M}{3EI_z}(l+3a)$	$y_C=-\frac{Ma}{6EI_z}(2l+3a)$

7.7 提高梁的强度和刚度的措施

从梁的弯度正应力公$\sigma_{max}=\frac{M_{max}}{W_z}$可知，梁的最大弯曲正应力与梁上的最大弯矩$M_{max}$成正比，与弯曲截面系数$W_z$成反比；从梁的挠度和转角的表达式可以看出梁的变形与跨度L的高次方成正比，与梁的抗弯刚度EI_z成反比。依据这些关系，可以采用以下措施来提高梁的强度和刚度，在满足梁的抗弯能力前提下，尽量减小消耗的材料。

1. 合理安排梁的支承

在梁的尺寸和截面形状已经设定的条件下，合理安排梁的支承，可以起到降低梁上最大弯矩的作用。同时，也缩小了梁的跨度，从而提高了梁的强度和刚度。以图 7－26a 所示均布载荷作用下的简支梁为例，若将两端支座各向里侧移动 $0.2l$（见图 7－26b），梁上的最大弯矩只及原来的$\frac{1}{5}$。同时，梁上的最大挠度和最大转角也变小了。

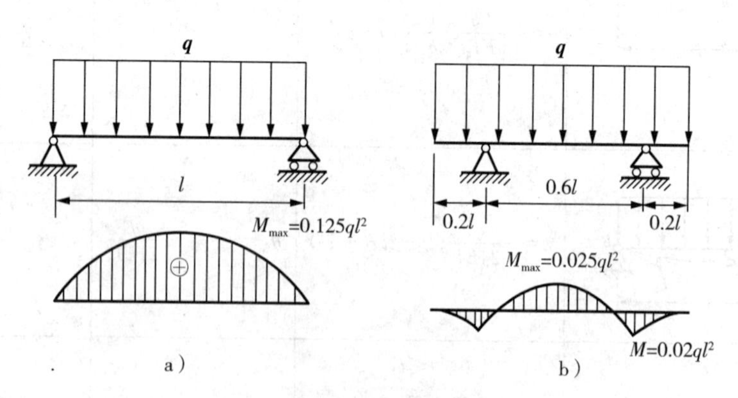

图 7－26 简支梁

a)均布载荷作用 b)支座移动后受力

工程上常见的锅炉筒体（见图 7－27）和龙门吊车大梁（见图 7－28）的支承不在两端，而向中间移动一定的距离，就是这个道理。

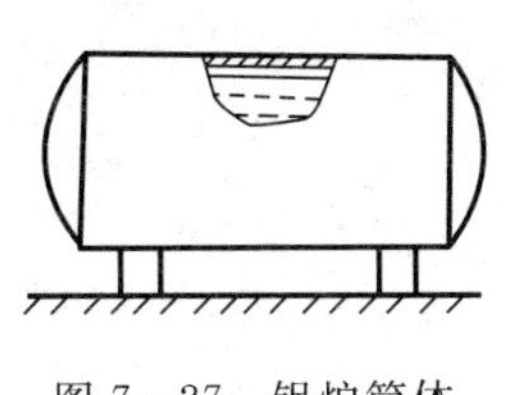

图 7-27　锅炉筒体

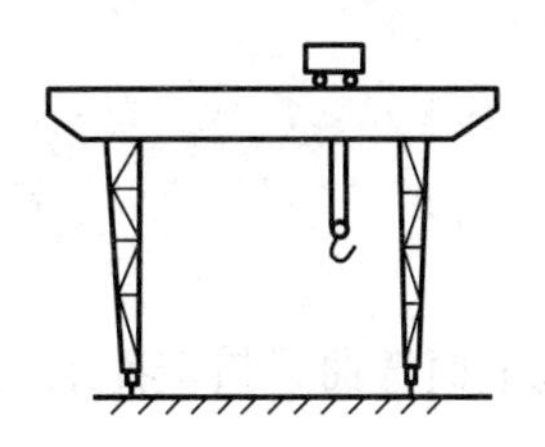

图 7-28　龙门吊车大梁

2. 合理地布置载荷

当梁上的载荷大小一定时，合理地布置载荷，可以减小梁上的最大弯矩，提高梁的强度和高度。以简支梁承受集中力 $\boldsymbol{F}$ 为例（见图 7-29a），集中力 $\boldsymbol{F}$ 的布置形式和位置不同，梁的最大弯矩明显减少。传动轴上齿轮靠近轴承安装（简图见图 7-29b）；运输大型设备的多轮平板车（简图见图 7-29c）；吊车增加副梁（简图见图 7-29d），均可作为简支梁上合理的布置载荷，提高抗弯能力的实例。

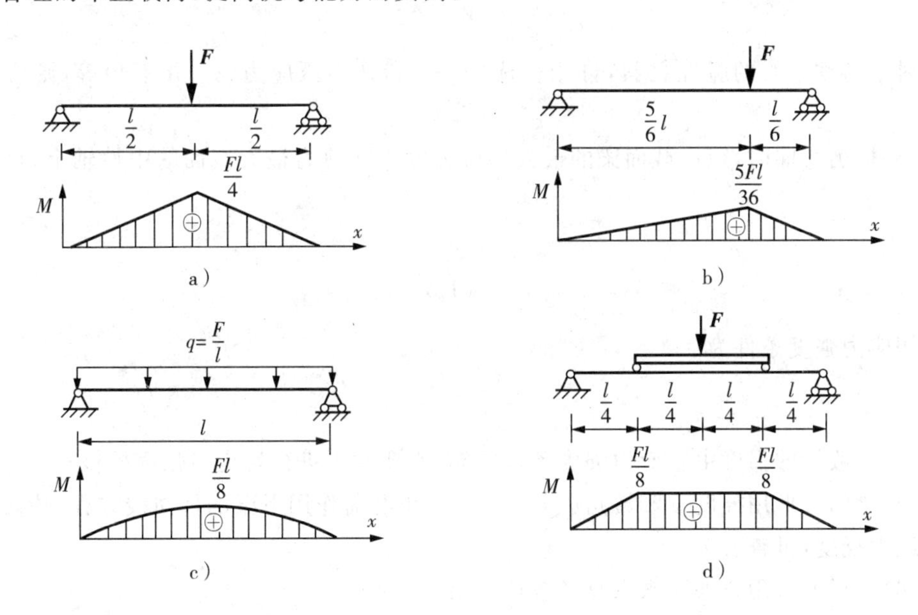

图 7-29　简支梁上的载荷布置

3. 选择梁的合理截面

梁的合理截面应该是用较小的截面积获得较大的弯曲系数（或较大的截面二次矩）。从梁横截面正应力的分布情况来看，应该尽可能将材料放在离中性轴较远的地方。因此，工程上许多受弯曲构件都采用工字形、箱型、槽型等截面形状。另外，各种材型（如型钢，空心钢管等）的广泛应用也是这个道理。

当然，除了上述三条措施外，还可以采用增加约束（即采用超静定梁或等强度梁）等措施来提高梁的强度和刚度。需要指出的是，由于优质钢与普通钢的 E 值相差不大、价格悬殊，用优质钢代替普通钢达不到提高梁刚度的目的，反而增加了成本。

本章小结

(1)平面弯曲梁横截面上正应力的计算公式为

$$\sigma=\frac{My}{I_z}$$

梁的最大正应力发生在弯矩最大的横截面上且离中性轴最远的边缘处,计算公式为

$$\sigma=\frac{M_{\max}y_{\max}}{I_z}$$

(2)梁的正应力强度条件为

$$\sigma_{\max}=\frac{M_{\max}}{W_z}\leqslant[\sigma]$$

对于铸铁之类的脆性材料,许用拉应力$[\sigma_t]$和许用压应力$[\sigma_c]$并不相等,则应分别计算。

(3)横力弯曲时,矩形截面梁的最大切应力发生在剪力最大截面的中性轴上,计算公式为

$$\tau=\frac{F_S S_z^*}{I_z b}$$

梁的切应力强度条件为

$$\tau_{\max}\leqslant[\tau]$$

(4)一般梁的强度由正应力强度条件限制,必要时再进行切应力强度校核。

(5)梁的变形用挠度 y 和转角 θ 来度量。简单载荷作用下梁的挠曲线方程,端截面转角和最大挠度,可查表 7-4。

(6)工程上常用叠加法来求复杂载荷下梁的变形。

(7)提高梁的强度和刚度的措施可从合理安排梁的支承、合理布置梁上的载荷、采用合理的截面等三个主要方面考虑。根据实际情况,一般可采用减小梁的跨度、分散载荷、采用型钢、增加约束转化为超静定梁、采用等强度梁等方法。

习 题 七

一、填空题

1. 梁的内力包括________和弯矩,求梁的内力的方法是________。

2. 工程中常见的简单梁有以下几种形式:________、________、________。

3. 剪力符号的规定：____
________________________________；弯矩符号的规定：____________________
____。

二、选择题

1. 梁的抗弯能力与(　　)有关。
   A. 梁的载荷、横截面、长度、支座、材料
   B. 梁的载荷、横截面、长度
   C. 梁的载荷、横截面、材料
   D. 梁的载荷、支座、材料
2. 对于圆截面梁，其横截面的抗弯界面模量 $W_z=$(　　)。
   A. $\pi d^4/64$　　B. $\pi d^8/64$
   C. $\pi d^4/32$　　D. $\pi d^8/32$
3. 现有横截面相同的钢梁和木梁，其支承条件和载荷情况完全相同，则这两根梁的(　　)。
   A. 剪力图相同，弯矩图不相同
   B. 剪力图相同，弯矩图相同
   C. 剪力图不相同，弯矩图不相同
   D. 剪力图不相同，弯矩图相同
4. 在梁的弯曲过程中，梁的中性层(　　)。
   A. 不变形　　B. 长度不变
   C. 长度伸长　　D. 长度缩短
5. 纯弯曲是指梁的横截面上(　　)的弯曲情况。
   A. 仅有剪力而无弯矩　　B. 仅有弯矩而无剪力
   C. 既有剪力又有弯矩　　D. 弯矩大而剪力小
6. 以一下(　　)项不是提高梁强度和刚度的措施。
   A. 合理安排梁的支承　　B. 合理地布置载荷
   C. 合理的选择梁的截面　　D. 合理的选择梁的长度

三、判断题

1. 当梁上的载荷只有集中力时，弯矩图为曲线。(　　)
2. 梁弯曲变形时，弯矩最大的截面一定是危险截面。(　　)
3. 矩形截面对 z 轴和对 y 轴的惯性矩相等。(　　)
4. 弯矩最大的地方挠度最大，弯矩是零的地方挠度为零。(　　)

四、简答题

1. 什么叫梁的平面弯曲？请列举一些梁的平面弯曲变形的构件，并把它们简化为相

应的梁的类型。

2. 什么是挠度和转角？两者之间有什么联系？

3. 试解释纯弯曲与平面弯曲、中性轴与形心轴以及抗弯刚度与抗弯截面系数的概念。

4. 如果矩形截面的高度和宽度分别增加一倍，梁的承载能力各增加几倍？

5. 提高梁的强度和刚度的主要措施有哪些？

6. 两梁的横截面如下图所示，z 为中性轴。试问此两截面的二次矩能否按下式计算？

$$I_z=\frac{BH^3}{12}-\frac{bh^3}{12}$$

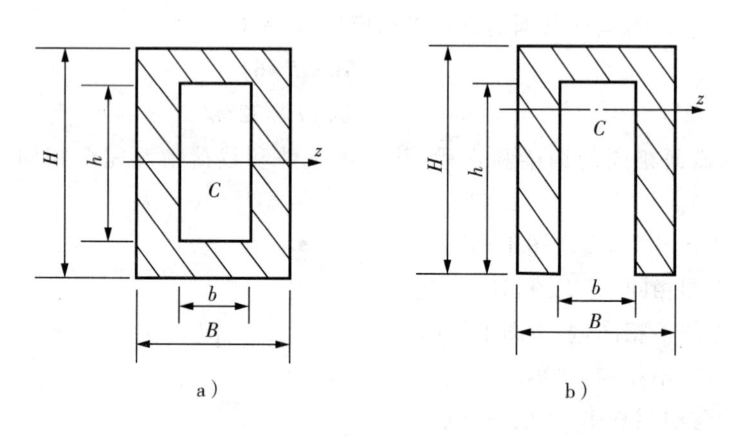

图 7-30

五、计算题

1. 试列出图 7-31 各梁的剪力方程和弯矩方程，画剪力图和弯矩图，并求出最大 F_Q 和最大 M。设 q、l、F、M_e 均为已知。

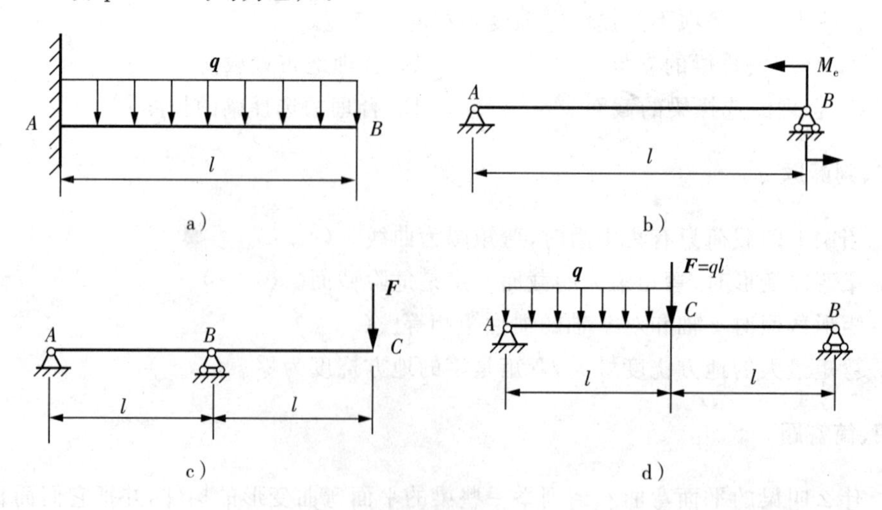

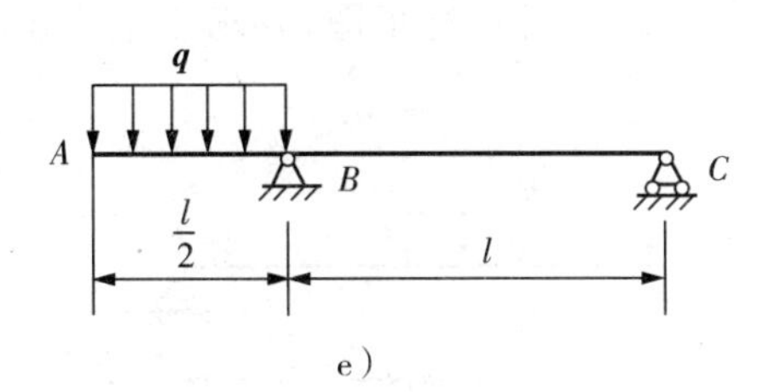

e)

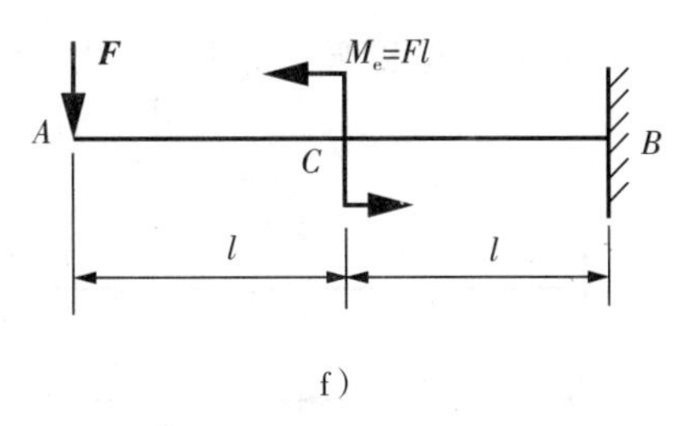

f)

图 7-31

2. 如图 7-32 所示，求指定截面的剪力和弯矩，并确定其正负号。

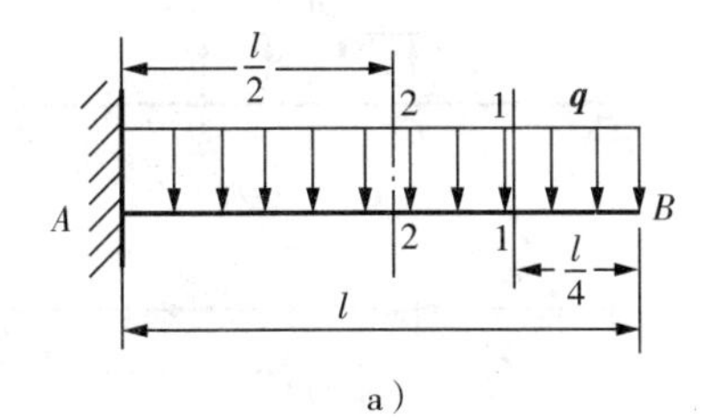

a)

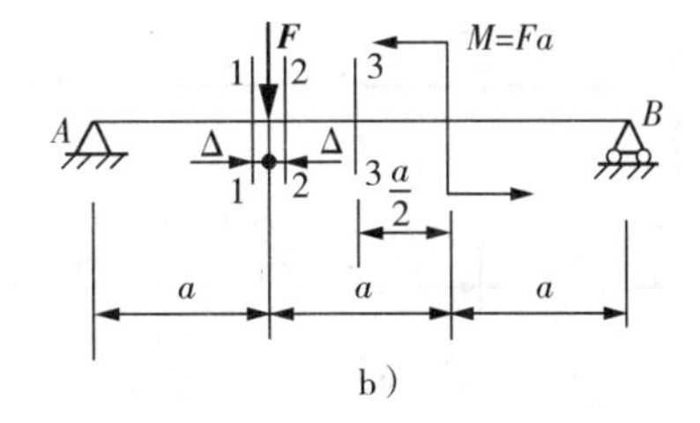

b)

图 7-32

3. 如图 7-33 所示，试作下列各梁的剪力图和弯矩图，并求最大 F_Q 和最大 M。

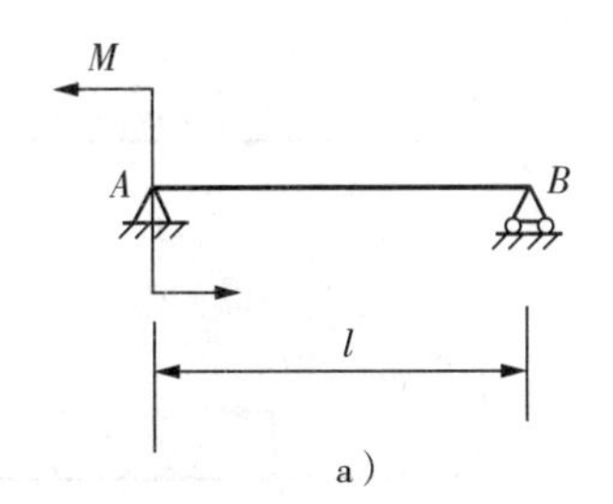

a)

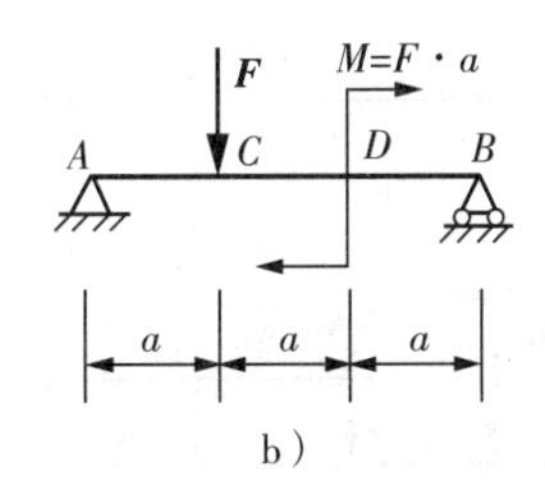

b)

图 7-33

4. 如图 7-34 所示，试分析该剪力图和弯矩图中的错误，并加以改正。

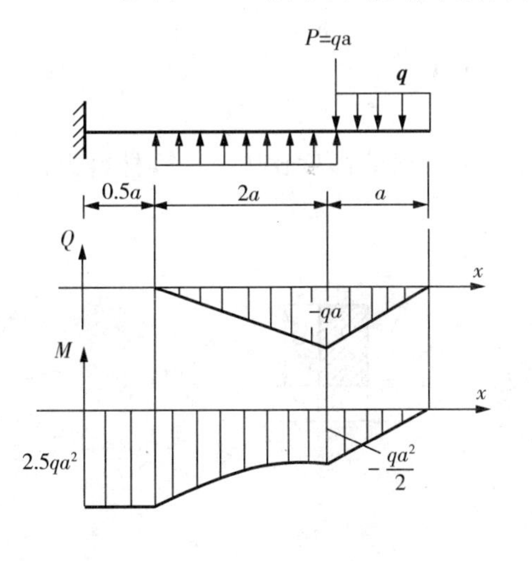

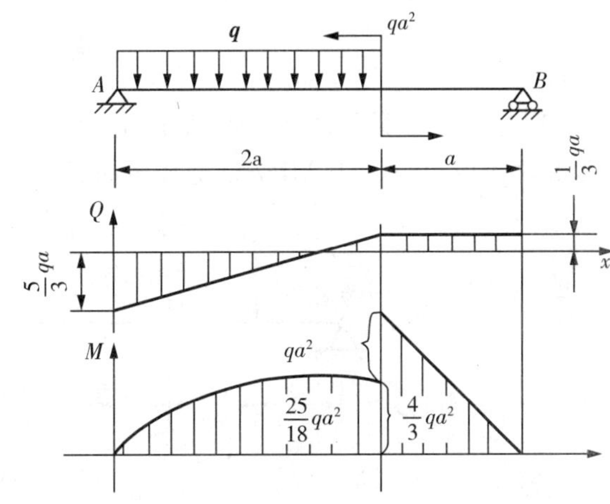

图 7-34

5. 不列剪力方程和弯矩方程，画出图 7 - 35 剪力图和弯矩图，并求出最大 F_Q 和最大 M。

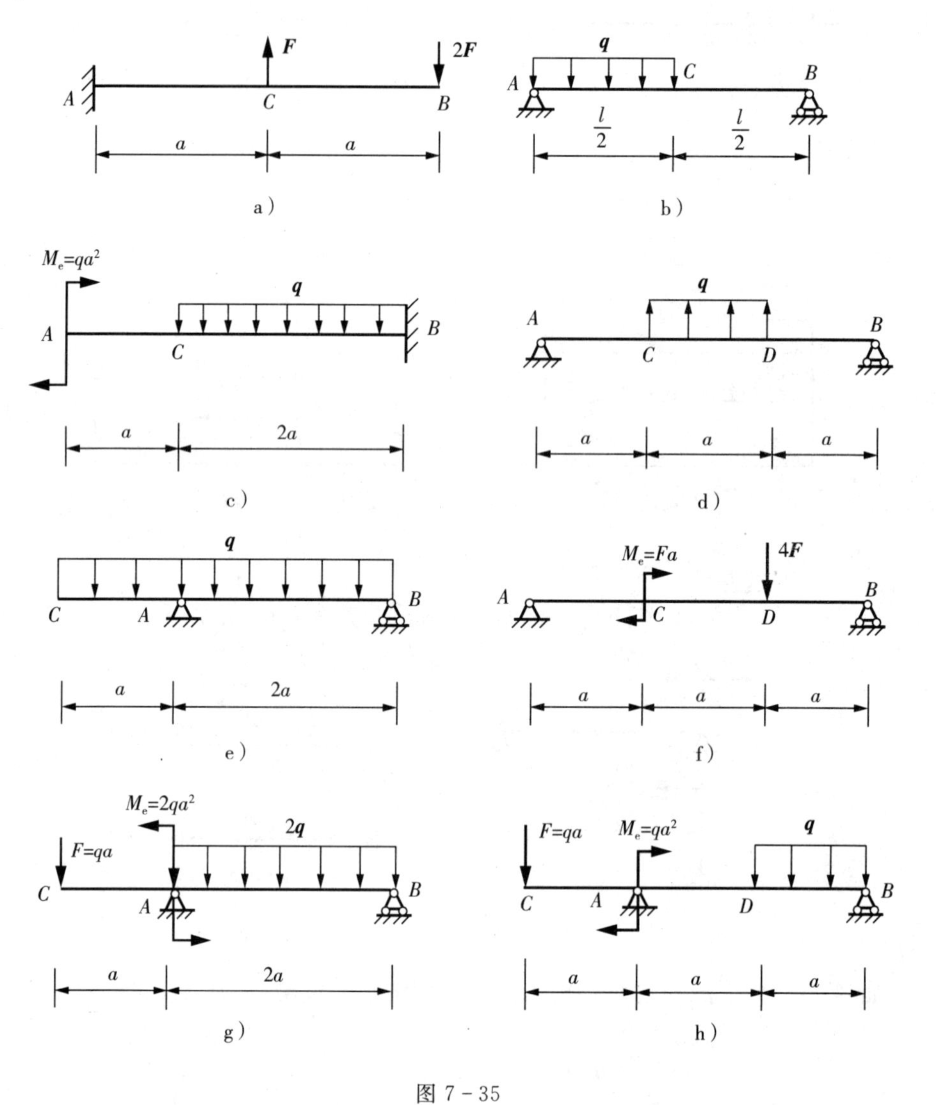

图 7 - 35

6. 矩形截面梁如图 7 - 36 所示，已知 $p=2\text{kN}$，横截面的高度比 $h/b=3$，材料为松木，其许用应力$[\sigma]=10\text{MPa}$，试选择截面尺寸。

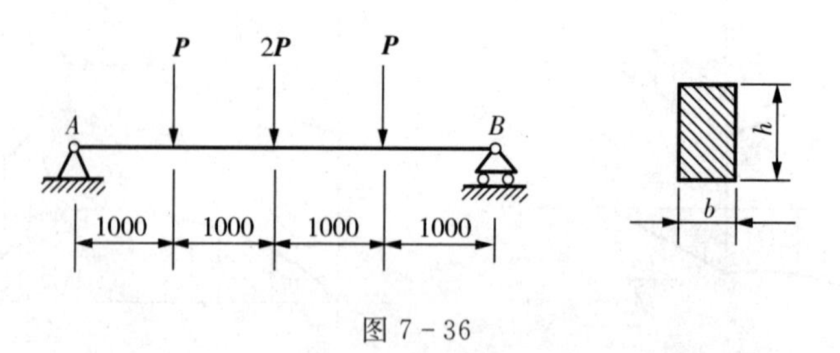

图 7 - 36

7. 试用叠加法求图 7-37 所示各梁的变形，EI_z 为已知。

(1)y_c，B；　(2)Y_B，θ_c；　(3)Y_B；θ；　(4)Y_A，θ_B；　(5)Y_A，θ_B；　(6)Y_B，θ。

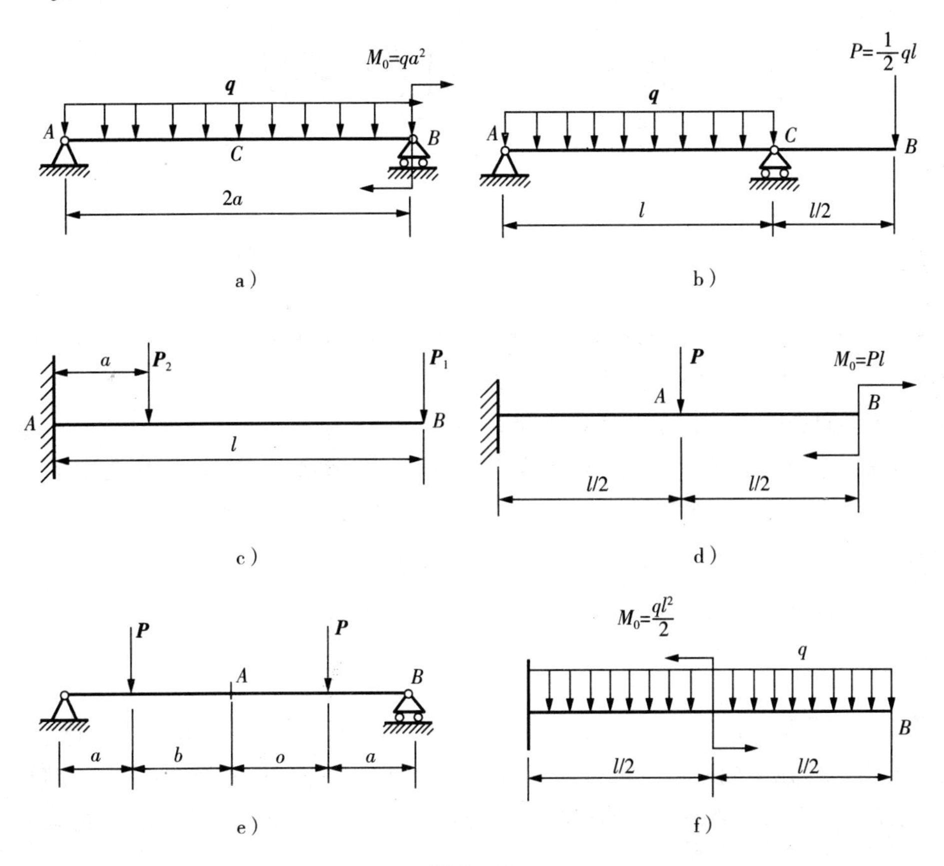

图 7-37

第8章　组合变形

【本章要点】

本章主要介绍工程中常见的组合变形，重点介绍弯曲与拉伸组合变形，弯曲与扭转组合变形。通过本章的学习，应达到以下要求：

(1)了解组合变形的概念及叠加原理。

(2)理解弯曲与拉伸(或压缩)的组合及弯曲与扭转的组合变形时的强度计算。

8.1　组合变形的概念

前面我们所研究的构件在外力作用下只产生一种基本变形，但在工程实际中，有很多构件在外力作用下同时产生两种或两种以上的基本变形，这种变形称为组合变形，如图8-1所示。本章主要研究拉伸(或压缩)与弯曲，弯曲与扭转的组合变形时的强度计算问题。

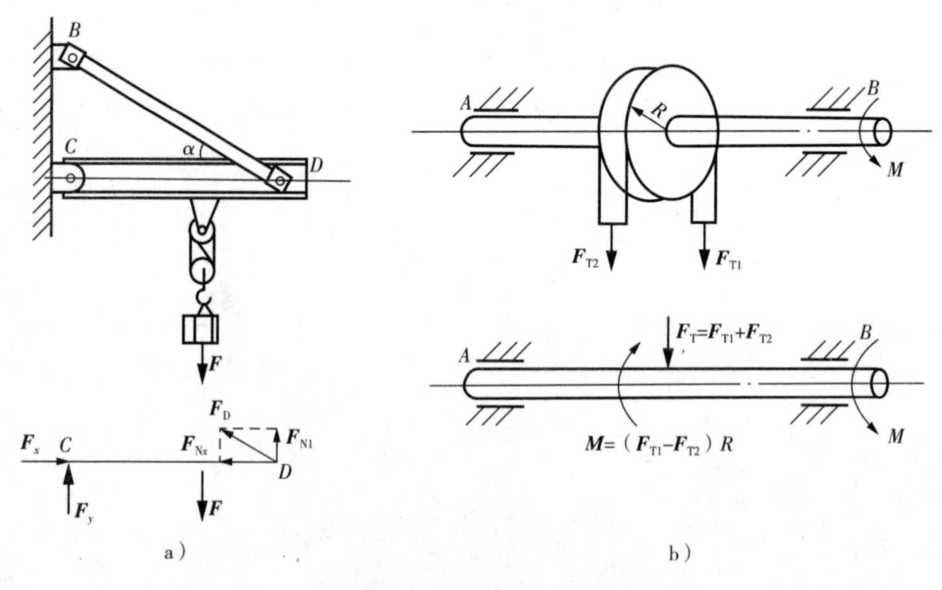

图8-1　组合变形

组合变形的强度计算方法与以前研究的基本变形强度计算方法是不同的，而且不同的组合变形，其强度计算的方法也不相同。所以，我们面临的一个首要问题是如何正确判别杆件组合变形的类型。

要正确判别杆件组合变形的类型，我们首先对以前已研究的四种基本变形的受力特点要有清晰的认识。在此基础上，通过对外载荷的必要处理，即必要时将外力进行分解(将外力分解为沿杆件轴向作用和垂直于轴线作用的两分力)或将外力平移(产生一个力与一个作用面由平移前后力所确定的附加力偶)。然后，对照四种基本变形的受力特点，不难判别杆件的组合变形类型。

构件在组合变形下的应力，一般可用叠加原理来进行计算。实践证明，如果材料服从胡克定律，并且构件的变形很小，不影响构件原来的受力状态，就可假设构件上所有载荷的作用彼此是独立的，每一载荷所引起的应力都不受其他载荷的影响。于是构件在几个载荷同时作用下所产生的效果，就等于每一载荷单独作用下所产生的效果的总和，这就是叠加原理。当构件在复杂载荷作用下发生几种基本变形时，只要将载荷简化为一系列引起基本变形的载荷，分别计算构件在各个基本变形下所产生的应力，然后叠加起来，就得到原来载荷所引起的应力。

因此组合变形下对构件的内力及应力进行分析，关键问题在于如何将组合受力与变形分解为基本受力与变形以及怎样将基本受力与变形情况下的计算结果进行叠加。

解决组合变形强度计算问题的方法归结为：

(1)进行外力分析，分析在外力作用下，杆件会产生哪几种组合变形。

(2)进行内力分析，确定危险截面。

(3)进行应力分析，确定危险点。

(4)根据危险点的应力状态和杆件的材料，按照强度理论建立强度条件，进行强度计算。

8.2 拉伸(压缩)与弯曲组合变形

拉伸(压缩)与弯曲组合变形，是工程中常见的组合变形。如图8-2a所示，构件在外力作用下，将产生拉伸与弯曲组合变形。

1. 外力分析

如图8-2b所示，将力$\boldsymbol{F}$沿x轴和y轴方向分解为两个分力$\boldsymbol{F}_x$和$\boldsymbol{F}_y$，则有

$$F_x = F\cos\varphi$$

$$F_y = F\sin\varphi$$

分力$\boldsymbol{F}_x$为轴向拉力，使梁产生轴向拉伸变形，(见图8-2c)；分力$\boldsymbol{F}_y$与杆轴线垂直，使梁产生弯曲变形(见图8-2d)。故梁在力$\boldsymbol{F}$作用下产生拉伸与弯曲组合变形。

2. 内力分析

画轴力图和弯矩图，如图8-2e、f所示。

$$F_N = F_x = F\cos\varphi$$

$$M_{max} = F_y l = Fl\sin\varphi$$

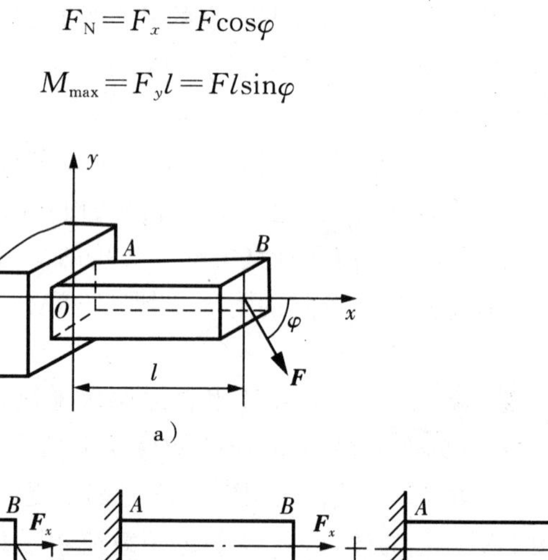

a）

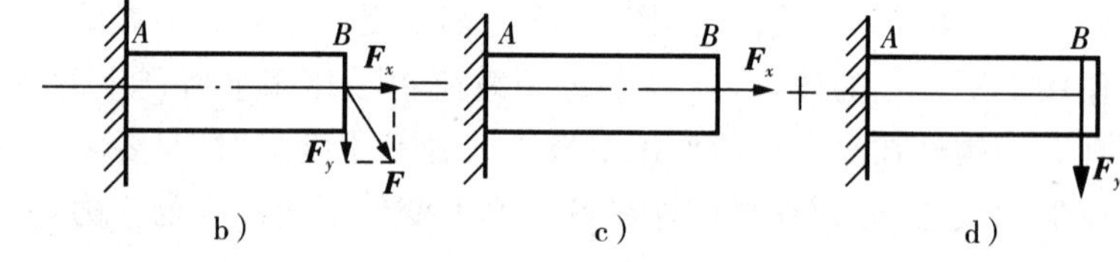

b）　　c）　　d）

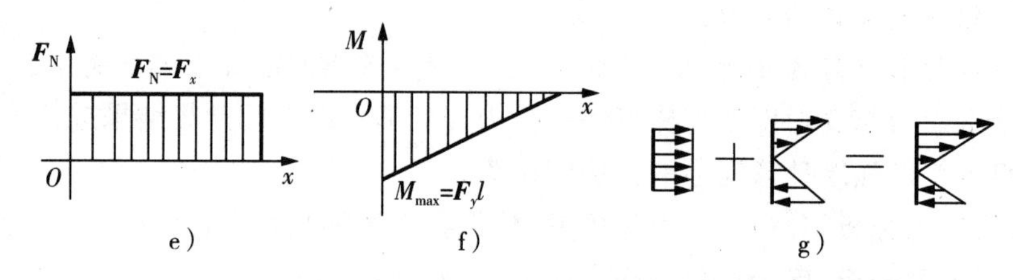

e）　　f）　　g）

图 8－2　拉伸与弯曲组合变形

a)组合变形　b)力 **F** 分解　c)$\boldsymbol{F}_x$ 轴向拉伸　d)$\boldsymbol{F}_y$ 垂直作用　e)轴力图

f)弯矩图　g)拉伸应用　h)弯曲应用　i)叠加后应力

3. 横截面上的应力分析

由内力图可知，危险截面发生在固定端截面 A 处。

(1)拉伸时，产生的正应力为

$$\sigma_1 = \frac{F_N}{S}$$

(2)弯曲时，产生的最大正应力为

$$\sigma_2 = \frac{M_{max}}{W}$$

由于拉伸和弯曲时产生的应力都为正应力，故拉伸与弯曲组合变形产生的正应力采用叠加法计算，其上下边缘处正应力分别为

$$\left.\begin{aligned}\sigma_{max} &= \frac{F_N}{S} + \frac{M_{max}}{W} \\ \sigma_{min} &= \frac{F_N}{S} - \frac{M_{max}}{W}\end{aligned}\right\} \tag{8-1}$$

叠加后应力分布如图 8－2i 所示。

4. 强度条件

(1)由式 8－1 可知，拉弯组合变形的危险截面上的危险点的强度条件为

$$\sigma_{\max}=\frac{F_{\mathrm{N}}}{S}+\frac{M_{\max}}{W}\leqslant[\sigma] \tag{8-2}$$

(2)产生压弯组合变形危险截面上的危险点的强度条件为

$$\sigma_{\max}=-\frac{F_{\mathrm{N}}}{S}-\frac{M_{\max}}{W}\leqslant[\sigma] \tag{8-3}$$

例 8.1　如图 8－3 所示，在梁的中点处 C 作用垂直力 $F=25\mathrm{kN}$。试求梁的最大压应力。

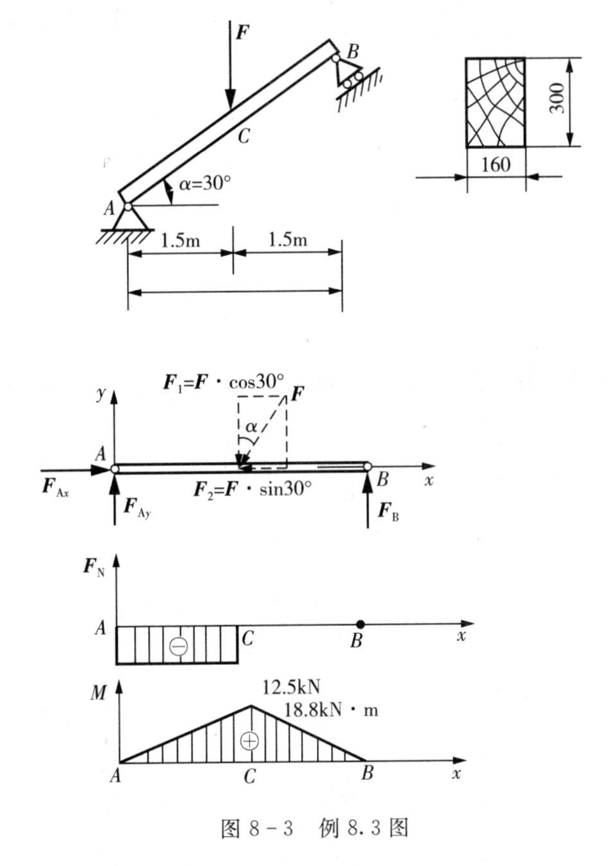

图 8－3　例 8.3 图

解　(1)外力分析。将外力 $\boldsymbol{F}$ 分解为垂直和平行梁轴的两个分力：

$$F_1=F\cos30^{\circ}$$

$$F_2=F\sin30^{\circ}$$

力 $\boldsymbol{F}_1$ 使梁产生弯曲，力 $\boldsymbol{F}_2$ 使梁产生压缩，故梁 AC 段产生压弯组合变形。

(2)内力分析。力 $\boldsymbol{F}_1$ 引起的最大弯矩在梁的中点 C 截面上,其值为

$$M_{max}=\frac{F\cos30^{\circ}\times\dfrac{l}{\cos30^{\circ}}}{4}=\frac{Fl}{4}=\frac{25\times10^3\times3\times10^3}{4}=18.8\times10^6\,\text{N}\cdot\text{mm}$$

力 $\boldsymbol{F}_2$ 引起梁 AC 段产生轴力为

$$F_N=F\sin30^{\circ}=25\times0.5=12.5\text{kN}$$

(3)应力分析。计算横截面面积和抗弯截面系数得

$$S=160\times300=480\times10^2\,\text{mm}^2$$

$$W_z=\frac{bh^2}{6}=\frac{160\times300^2}{6}=240\times10^4\,\text{mm}^3$$

最大弯曲正应力为

$$\sigma_1=\frac{M_{max}}{W}=\frac{18.8\times10^6}{240\times10^6}=\pm7.81\text{MPa}$$

轴向压应力为

$$\sigma_2=\frac{F_N}{S}=\frac{12.5\times10^3}{480\times10^2}=0.26\text{MPa}$$

(4)求最大压应力。由上面分析可知,最大压应力发生在 C 截面稍偏左的上边缘,其值为

$$\sigma_{max}=|-7.81-0.26|=8.07\text{MPa}$$

8.3 扭转与弯曲的组合变形

扭转与弯曲组合变形在机械工程中是常见的,其强度计算的分析方法与拉弯组合变形相同。

下面研究圆轴扭转与弯曲组合变形的强度计算,如图 8-4a 所示。

1. 外力分析

因为力 $\boldsymbol{F}$ 与圆轴轴线垂直,所以力 $\boldsymbol{F}$ 使圆轴产生弯曲变形;力偶矩 $M=FR$ 使轴产生扭转变形,故圆轴产生扭转和弯曲组合变形(见图 8-4b)。

2. 内力分析

画出弯矩图和扭矩图,如图 8-4c、d 所示。

$$M_{max}=Fl$$

$$T=M$$

由此可看出危险截面发生在固定端 A 截面上。

3. 应力分析

由于在 A 截面上同时产生弯矩和扭矩，因此在该截面上产生相应的弯曲正应力和扭转剪应力。其应力分布如图 8-4e 所示，由图可看出，危险截面上的危险点发生在 a、b 两点上，危险点上的最大弯曲正应力和最大扭转剪应力分别为

$$\sigma=\frac{M_{\max}}{W}$$

$$\tau=\frac{T}{W_{\mathrm{n}}}$$

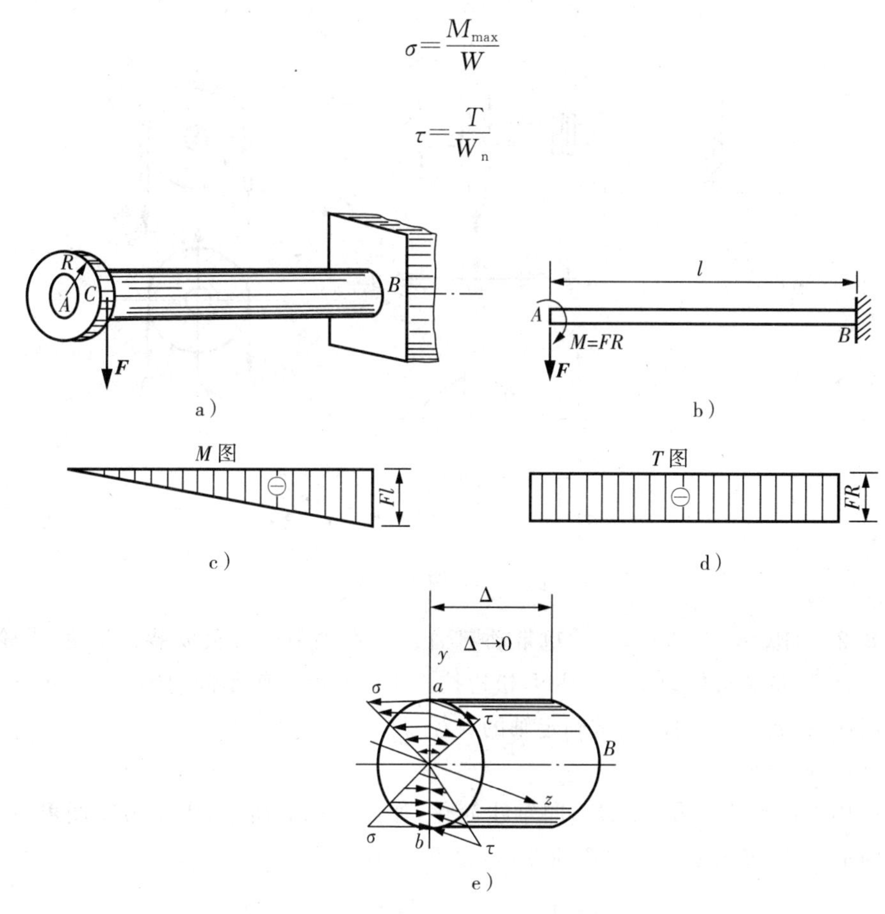

图 8-4　圆轴扭转与弯曲组合变形

a)圆轴扭转和弯曲　b)组合变形　c)弯矩图　d)扭矩图　e)应力分布

4. 强度条件

由于危险点上同时产生正应力和剪应力，将它们进行应力叠加，叠加后的综合值称为相当应力，用 σ_{xd} 表示。由理论可证明，相当应力的计算公式为

$$\sigma_{xd}=\frac{\sqrt{M^2+T^2}}{W_z}$$

式中：M——危险截面的弯矩；

T——危险截面的扭矩；

W_z——危险截面的抗弯截面系数。

因此，扭转与弯曲组合变形时的强度条件为

$$\sigma_{xd}=\frac{\sqrt{M^2+T^2}}{W_z}\leqslant[\sigma] \tag{8-4}$$

组合变形的强度条件仍可解决工程实际中的三大类问题，即校核组合变形的强度、设计截面尺寸、确定许可载荷。

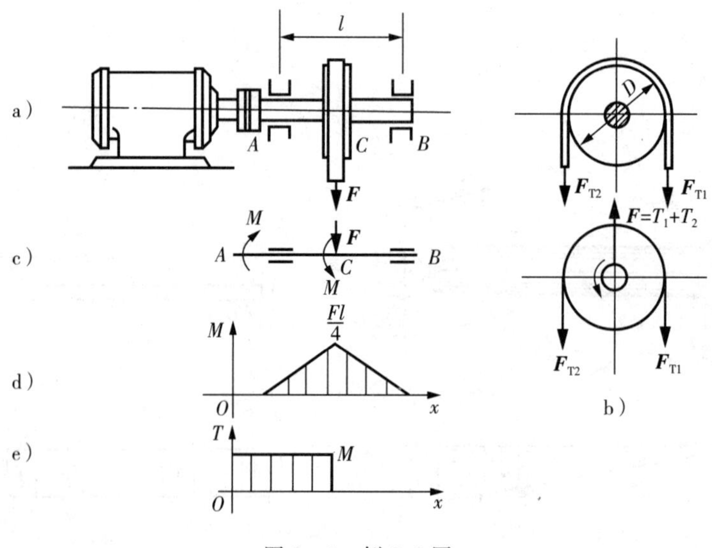

图 8-5 例 8.2 图

例 8.2 如图 8-5 所示，电动机带动圆轴 AB，在轴中点 C 处安装一带轮，带轮直径 $D=400\text{mm}$，皮带紧边拉力 $F_{T1}=6\text{kN}$，松边拉力 $F_{T2}=3\text{kN}$，轴承间距离 $l=200\text{mm}$，轴材料的许用应力$[\sigma]=120\text{MPa}$。试确定轴的直径 d。

解：(1)外力分析。

把作用于带轮的拉力 $\boldsymbol{F}_{T1}$、$\boldsymbol{F}_{T2}$ 向轴线简化，如图 8-5b 所示，由受力简图可见，轴受铅垂方向的力 $\boldsymbol{F}$，该力使轴发生弯曲变形，力 $\boldsymbol{F}$ 大小为

$$F=F_{T1}+F_{T2}=6+3=9\text{kN}$$

同时，轴又受由皮带的拉力产生的力偶矩作用，该力偶矩使轴发生扭转变形，力偶矩大小为

$$M=(F_{T1}-F_{T2})\frac{D}{2}=(6-3)\times\frac{0.4}{2}=0.6\text{kN}\cdot\text{m}$$

力 $\boldsymbol{F}$ 使轴产生弯曲变形，力偶矩使轴产生扭转变形，所以 AB 轴受弯扭组合变形，其受力简图见图 8-5c 所示。

(2)内力分析。

画弯矩图和扭矩图如图 8-5d、e 所示。横截面 C 为危险截面，该截面上的弯矩 M 和

扭矩 T 分别为

$$M=\frac{1}{4}Pl=\frac{1}{4}\times9\times0.2=0.45\text{kN}\cdot\text{m}$$

$$T=M=0.6\text{kN}\cdot\text{m}$$

(3)确定直径。

由式(8-4)可得

$$W_z\geqslant\frac{\sqrt{M^2+T^2}}{[\sigma]}=\frac{\sqrt{0.45^2+0.6^2}}{120}\times10^6=6250\text{mm}^3$$

由 $W_z=0.1d^3\geqslant6250\text{mm}^3$，得 AB 轴的直径 d 为

$$d\geqslant\sqrt[3]{\frac{6250}{0.1}}=39.7\text{mm}$$

本章小结

(1)组合变形的概念。在工程实际中，有很多构件在外力作用下同时产生两种或两种以上的基本变形，这种变形称为组合变形。

(2)用叠加法求解组合变形杆件强度问题的步骤是：

① 对杆件进行受力分析，确定杆件是由哪些基本变形的组合。

② 分别画出各基本变形的内力图。

③ 确定危险截面上危险点的应力分布。

④ 运用强度理论进行计算。

(3)弯曲与扭转或压缩组合变形的塑性材料的强度条件为

$$\sigma_{\max}=\frac{|F_N|}{A}+\frac{|M|_{\max}}{W_z}\leqslant[\sigma]$$

对于脆性材料，需分别按最大拉应力和最大压应力进行强度计算。

(4)弯曲与扭转组合变形塑性材料圆轴的强度条件为

$$\sigma_{r3}=\frac{\sqrt{M^2+T^2}}{W_z}\leqslant[\sigma]$$

$$\sigma_{r4}=\frac{\sqrt{M^2+0.75T^2}}{W_z}\leqslant[\sigma]$$

对于两个互相垂直平面内的弯曲与扭转组合变形，则有 $M^2=M_y^2+M_z^2$。

习 题 八

一、简答题

1. 什么是组合变形？分析组合变形的方法是什么？
2. 组合变形强度计算的步骤有哪些？

二、计算题

1. 最大吊重 $G=8\text{kN}$ 的起重机如下图 8－6 所示，若 AB 杆为工字钢，材料为 Q235 钢，$[\sigma]=100\text{MPa}$，试选择工字钢型号。

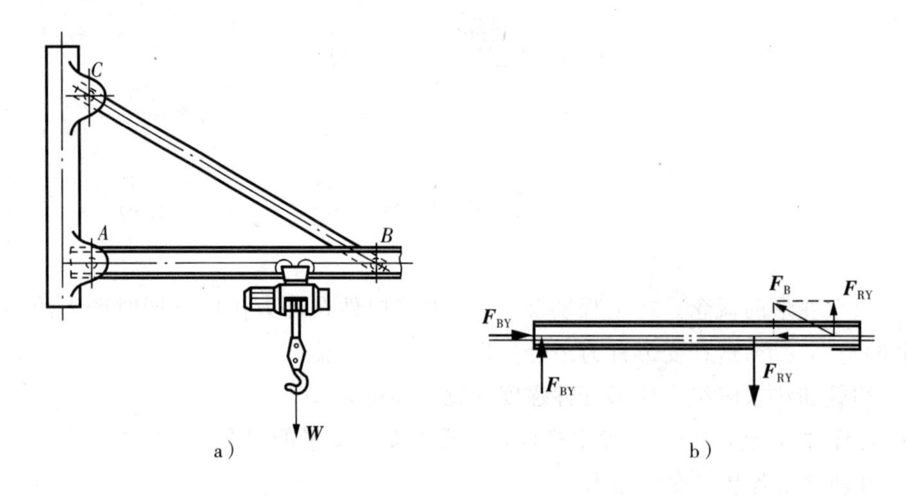

图 8－6

2. 如图 8－7 所示，电动机带动一圆轴 AB，在轴中点处装有一重 $G=5\text{kN}$、直径 1.2m 的胶带轮，胶带紧边的拉力为 $F_1=6\text{kN}$，松边的拉力 $F_2=3\text{kN}$。若轴的许用应力 $[\sigma]=50\text{MPa}$，试按第三强度理论求轴的直径 d。

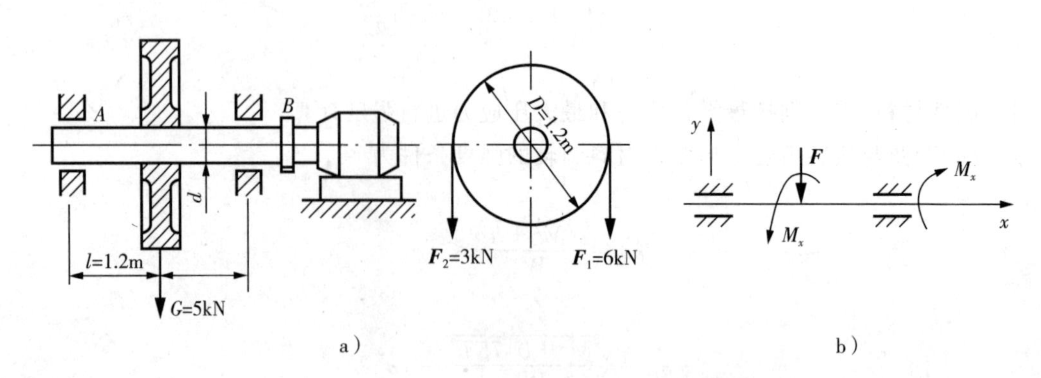

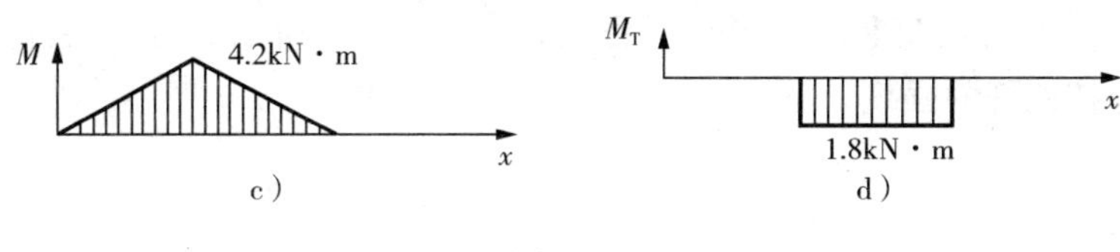

图 8－7

3. 起重支架如下图 8－8 所示，受载荷 $\boldsymbol{F}_P$作用，试校核横梁的强度。已知载荷 $\boldsymbol{F}_P$＝12kN，横梁用 14 号工字钢制成，许用应力$[\sigma]$＝160MPa(长度单位 mm)。

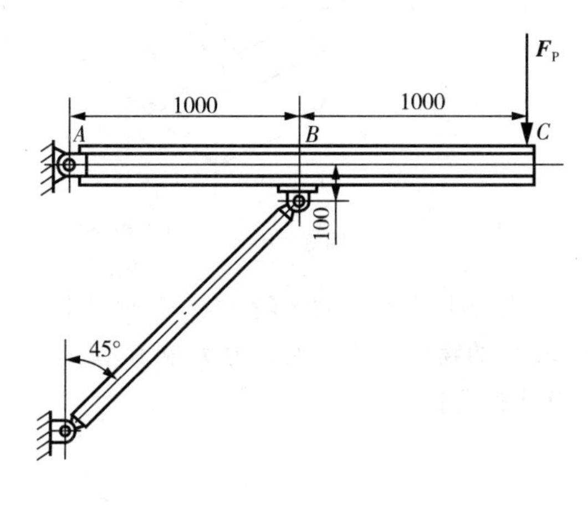

图 8－8

4. 如图 8－9 图所示，钢板的一侧切去深为 40mm 的缺口，受力 P＝128kN。试求：(1)横截面 AB 上的最大正应力。(2)若两侧都切去深为 40mm 的缺口，此时最大应力是多少？不计应力集中的影响。

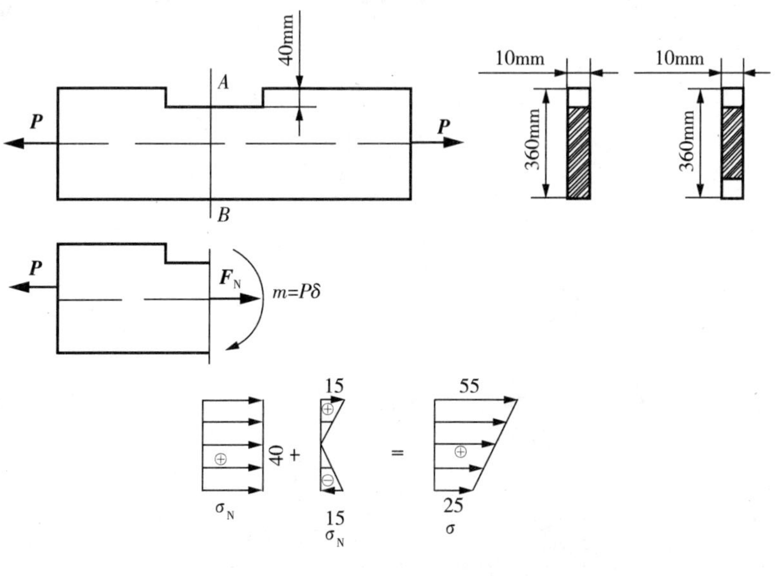

图 8－9

5. 曲拐圆形部分的直径 $d=30$mm,受力如下图 8-10 所示。若杆的许用应力$[\sigma]=100$MPa,试校核此杆的强度。

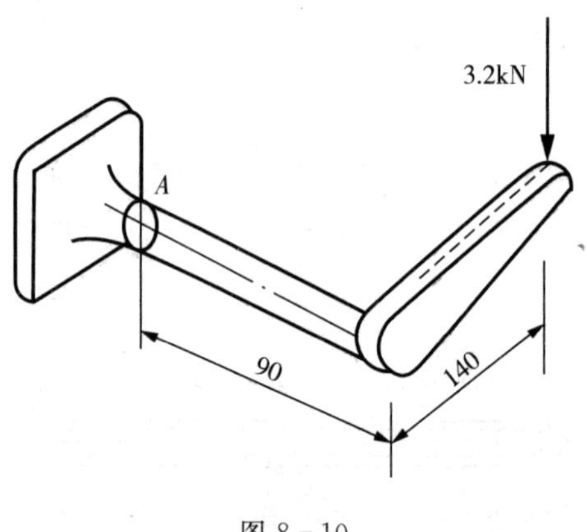

图 8-10

6. 如下图 8-11 所示,轴 AB 上装有两个轮子,一轮轮缘上受力 **F** 作用,另一轮上绕一绳,绳端悬挂一重 $G=6$kN 的物体。若此轴在力 **F** 和 **G** 作用下处于平衡状态,轴的许用应力$[\sigma]=60$MPa,试设计轴的直径。

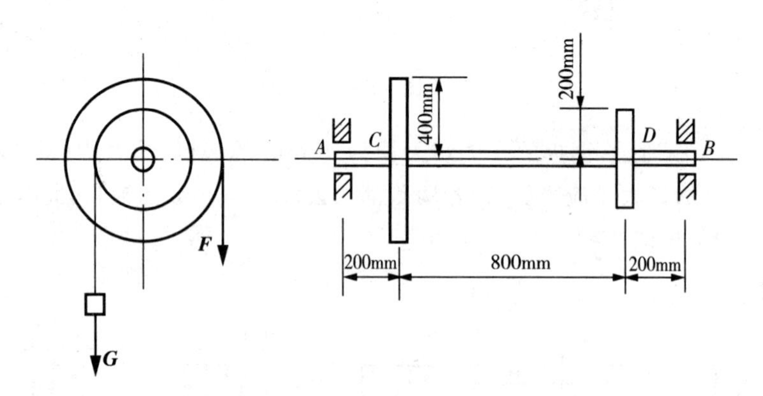

图 8-11

第9章　压杆稳定

【本章要点】

本章主要介绍工程中常见的压杆稳定问题，重点介绍压杆稳定的概念，两端铰支细长压杆的临界应力，欧拉公式的适用范围、经验公式，压杆的稳定校核及提高压杆稳定性的措施。通过本章的学习，应达到以下要求：

(1)了解压杆稳定的概念。

(2)理解压杆的稳定校核，提高压杆稳定性的措施。

9.1　压杆稳定的概念

工程中把承受轴向压力的直杆称为压杆。从强度观点看，杆件只要满足压缩强度条件，就能保证压杆的正常工作。实践证明，这个结论仅适用短粗压杆，对于细长压杆并非如此。研究表明，细长的轴向受压杆，当压力达到一定大小时，会突然发生侧向弯曲，改变原来的受力性质，从而丧失承载能力。此时，压杆横截面上的应力还远远小于材料的极限应力，甚至小于比例极限应力。因此，这种失效不是强度不足，而是由于压杆轴线不能维持原有的直线形状平衡，丧失了稳定性，这种现象简称为失稳。压杆稳定是不同于强度破坏的又一种失效形式，对于细长压杆必须给予足够的重视。为确保细长压杆能正常工作，不仅要进行强度和刚度计算，还要进行稳定性计算。

工程结构中有许多较细长的受压杆件，如螺旋千斤顶的丝杆(见图 9－1)，自卸载重汽车液压装置的活塞杆，内燃机气门阀的挺杆，桁架、塔架中的细长压杆等。设计这种压杆时，除了考虑强度问题外，更应考虑稳定性的问题。因为压杆失稳是突然发生的，因而其后果十分严重，工程实际中曾多次发生过因为压杆失稳而酿成事故。人们对压杆的认识在实践中不断深化，并在各种事故中寻求和探索它的规律，逐渐认识到了压杆的稳定性在保证设备正常使用中的重要作用。

杆件在其原有几何形状下保持平衡的能力称为杆件的稳定性。为研究细长压杆的失稳过程，在杆端施加轴向压力 $\boldsymbol{F}$，以图 9－2 所示的细长压杆为例说明。

(1)当 $\boldsymbol{F}$ 较小时，杆件处于直线平衡形式，如图 9－2a 所示。

(2)若施加一横向干扰力，杆件将发生微小弯曲变形，如图 9－2b 所示；撤掉干扰力，杆件经过几次摆动后，仍能恢复到原来的直线平衡状态，如图 9－2c 所示。这表明此时杆件处于稳定性平衡状态。

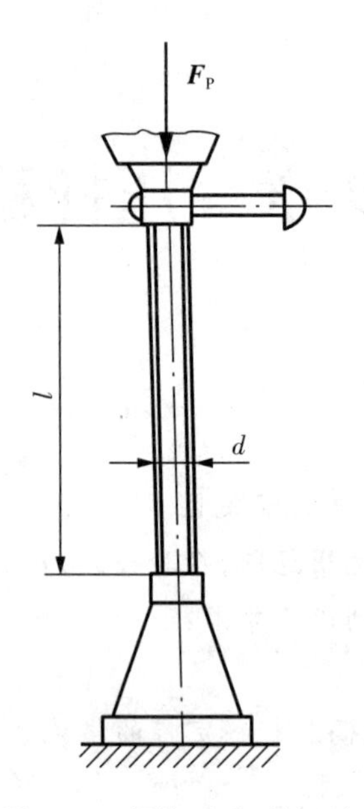

图 9-1 螺旋千斤顶的丝杆

(3)当压力 $\boldsymbol{F}$ 逐渐增大到某一值时，杆件在横向干扰力作用下发生弯曲，撤出横向干扰力后，杆件不能恢复到原来的直线平衡状态，而是处于微弯的平衡状态，如图 9-2d 所示。

(4)若压力继续增加，杆件因弯曲变形显著增加而丧失工作能力，这说明杆件原有的直线平衡状态是不稳定的。

上述分析表明，在轴向压力逐渐增大过程中，压杆经历了从稳定性平衡到不稳定性平衡的两个阶段。压杆能否保持稳定，与其所承受的轴向压力 $\boldsymbol{F}$ 的大小有关。压力 $\boldsymbol{F}$ 小于某一值时，压杆处于稳定性平衡状态；当压力 $\boldsymbol{F}$ 增大到某一值时，压杆即处于非稳定性平衡状态。此时，轴向压力的量变，引起了压杆直线平衡状态的质变。

压杆由稳定性平衡过渡到非稳定性平衡的极限状态称为临界状态。与临界状态对应的轴向压力 $\boldsymbol{F}$ 称为临界压力或临界载荷，用 $\boldsymbol{F}_{cr}$ 表示。不难看出，压杆能否保持稳定与压力 $\boldsymbol{F}$ 的大小密切相关。临界压力 $\boldsymbol{F}_{cr}$ 大，压杆不易失稳；临界压力 $\boldsymbol{F}_{cr}$ 小，压杆易失稳。因此，解决压杆稳定性的关键是确定临界力 $\boldsymbol{F}_{cr}$ 的大小。

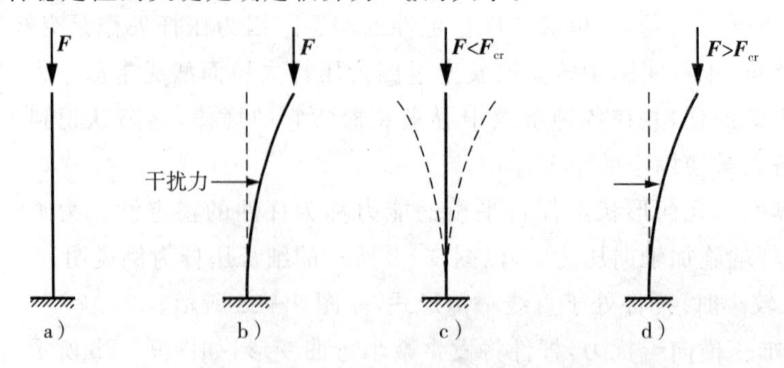

图 9-2 细长压杆

a)压杆受力 b)施加干扰力 c)撤掉干扰力 d)增加力 $\boldsymbol{F}$

9.2 压杆稳定的临界力和临界应力

9.2.1 压杆的临界力

临界力 $\boldsymbol{F}_{cr}$ 是判断压杆是否稳定的依据，当作用在压杆上的压力 $\boldsymbol{F}=\boldsymbol{F}_{cr}$ 时，压杆受到干扰力作用后将处于微弯临界平衡状态，细长杆的临界力 F_{cr} 是压杆发生弯曲而失稳的最小压力值。当杆内应力不超过材料的比例极限 σ_p 时，临界力的大小与压杆的抗弯刚度成正比，压杆长度的平方成反比，并与压杆两端的支承情况有关。各种不同约束情况下的临界力公式，可用统一形式表示，称为计算临界力的欧拉公式，即

$$F_{cr}=\frac{\pi^2 EI}{(\mu l)^2} \tag{9-1}$$

式中：E——材料的弹性模量；

I——压杆横截面对中性轴的惯性矩；

μ——与压杆横截面两端支承情况有关的长度系数，其值见表 9-1；

l——杆件的长度；

μl——与杆件支承情况有关的长度系数，称为计量长度。

几种理想杆端约束情况下的长度系数见表 9-1。

9.2.2 压杆的临界应力

压杆在临界力作用下横截面上的正应力，称为临界应力，用 σ_{cr} 表示，即

$$\sigma_{cr}=\frac{F_{cr}}{A}=\frac{\pi^2 E}{(\mu l)^2}\times\frac{I}{A}$$

式中，I 和 A 均与压杆横截面形状和尺寸有关。几何量 i 称为截面的惯性半径。设 $i^2=\frac{I}{A}$ 或 $i=\sqrt{\frac{I}{A}}$，代入上式得

$$\sigma_{cr}=\frac{F_{cr}}{A}=\frac{\pi^2 E}{(\mu l)^2}\times i^2=\frac{\pi^2 E}{(\mu l/i)^2} \tag{9-2}$$

令 $\lambda=\frac{\mu l}{i}$，则得到临界应力的欧拉公式为

$$\sigma_{cr}=\frac{\pi^2 E}{\lambda^2} \tag{9-3}$$

式中，λ 称为压杆的柔度或长细比，是一个无量纲的量。

上式表明：σ_{cr} 与 λ^2 成反比，λ 越大，压杆越细长，其临界应力 σ_{cr} 越小，压杆越容易失稳；反之，λ 越小，压杆越粗短，其临界应力 σ_{cr} 越大，压杆越不易失稳。λ 综合反映了杆件

的长度、截面形状和尺寸以及杆两端支承情况等因素对临界应力的影响。因此，柔度是压杆稳定性计算中的一个重要参数。

表 9-1　长度系数表

杆端约束情况	两端铰支	一端固定 一端自由	两端固定	一端固定 一端铰支
挠度曲线形状	F_{cr} l	F_{cr} l $2l$	F_{cr} $\frac{l}{4}$ $\frac{l}{2}$ $\frac{l}{4}$ l	F_{cr} $0.7l$ l
μ	1	2	0.5	0.7

例 9.1　如图 9-3 所示细长杆，一端固定、一端自由，用 22a 工字钢制成，压杆长度 $l=4\text{m}$，弹性模量 $E=210\text{GPa}$。试用欧拉公式求此压杆的临界力。

解：压杆一端固定，一端自由，$\mu=2$。由型钢表可查得 22a 工字钢：$I_z=3400\text{cm}^4$、$I_y=225\text{cm}^4$，故压杆的临界力为

$$F_{cr}=\frac{\pi^2 EI_{min}}{(\mu l)^2}$$

$$=\frac{\pi^2 EI_y}{(\mu l)^2}=\frac{\pi^2\times 210\times 10^9\times 225\times 10^{-8}}{(2\times 4)^2}$$

$$=72.9\times 10^3\text{N}$$

讨论：当压杆在各弯曲平面内具有相同的杆端约束时，用工字钢作压杆是否合理？

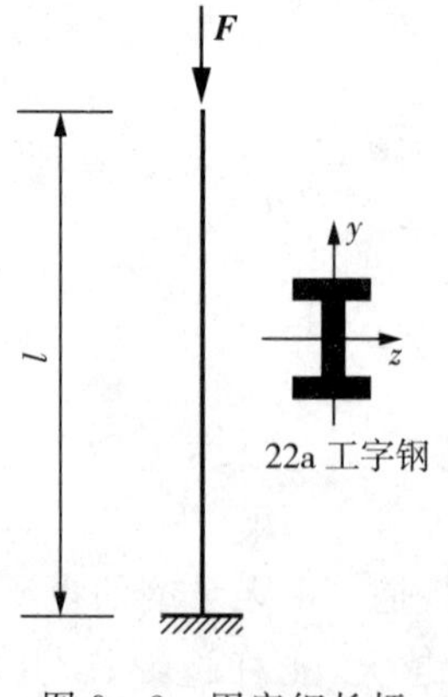

图 9-3　固定细长杆

9.2.3　欧拉公式的适用范围

由于欧拉公式是在材料服从于胡克定律的条件下推导得出的。所以，只有当杆内临界应力不超过材料的比例极限 σ_p 时，欧拉公式才能适用，即

$$\sigma_{cr}=\frac{\pi^2 E}{\lambda^2}\leqslant\sigma_p$$

由此可导出对应于比例极限时的柔度 λ_p 为

$$\lambda_p=\sqrt{\frac{\pi^2 E}{\sigma_P}} \tag{9-4}$$

则欧拉公式的适用范围是

$$\lambda\geqslant\lambda_p$$

把 $\lambda\geqslant\lambda_p$ 的压杆称为细长杆或大柔度杆，欧拉公式只适用细长杆。λ_p 的数值取决于材料的弹性模量及比例极限 σ_p。各种材料的 E 和 σ_p 不同的，其 λ_p 值也是不同的。例如，Q235 钢的 $E=206\text{GPa}$、$\sigma_p=200\text{MPa}$，代入式(9－4)得

$$\lambda_p=\sqrt{\frac{\pi^2 206\times10^3}{200}}\approx100$$

也就是说，对于 Q235 钢制成的压杆，当实际柔度 $\lambda\geqslant100$ 时，才能用欧拉公式计算其临界压力。几种常见材料的 λ_p 值见表 9－2。

表 9－2　几种常见材料的 λ_p 值

材　料	a/MPa	b/MPa	λ_p	λ_a
Q235、10、25 钢	304	1.12	100	61
35 钢	461	2.568	100	60
45、55 钢	578	3.744	100	60
铸铁	332	1.454	100	
木材	28.7	0.194	59	

9.2.4　临界应力的计算公式

工程中的压杆柔度往往小于 λ_p，即压杆的工作应力超过材料的比例极限而小于材料的屈服极限，此时仍会发生失稳现象，但欧拉公式已不适用。对于这类压杆的临界应力计算，工程中一般采用以实验结果为依据的经验公式，即

$$\sigma_{cr}=a-b\lambda \tag{9-5}$$

式中，a、b 为与材料性质有关的常数(见表 9－2)，单位为 MPa。式(9－5)也有一个适用范围。对于塑性材料制成的压杆，其临界应力不得超过材料的屈服极限 σ_s，即

$$\sigma_{cr}=a-b\lambda<\sigma_s \text{或} \lambda>\frac{a-\sigma_s}{b}=\lambda_s$$

式中，λ_s为对应于屈服极限的柔度值，称为屈服极限柔度。如 Q235 钢的 $\sigma_s=240\text{MPa}$、$a=310\text{MPa}$、$b=1.12\text{MPa}$，将这些值代入上式，可求得 $\lambda_s=60$。故当柔度 λ 在 60～100 之间时，才能使用经验公式。式(9-5)的适用范围为

$$\lambda_s<\lambda<\lambda_p$$

柔度在 λ_s和 λ_p之间的压杆，称为中长杆或中柔度杆。

对于柔度 $\lambda\leqslant\lambda_s$的杆，称为小柔度杆或粗短杆。此类杆在失稳前工作应力已达到屈服极限，材料因发生较大的塑性变形而丧失工作能力，其失效的原因属于强度不足，并非失稳。

根据以上分析，可将各类杆的临界应力计算公式归纳如下：

(1)当 $\lambda\geqslant\lambda_p$时，压杆是细长杆，采用欧拉公式

$$\sigma_{cr}=\frac{\pi^2 E}{\lambda^2}$$

(2)当 $\lambda_s<\lambda<\lambda_p$时，压杆是中长杆，采用经验公式

$$\sigma_{cr}=a-b\lambda$$

(3)当 $\lambda\leqslant\lambda_s$时，压杆是粗短杆，采用压缩强度公式

$$\sigma_{cr}=\sigma_s\text{（塑性材料）}$$

$$\sigma_{cr}=\sigma_b\text{（脆性材料）}$$

若以柔度 λ 为横坐标，以临界应力 σ_{cr}为纵坐标，绘制临界应力与柔度之间的关系曲线，即为临界应力总图，如图 9-4 所示。该图表示了临界应力随柔度 λ 的变化规律。

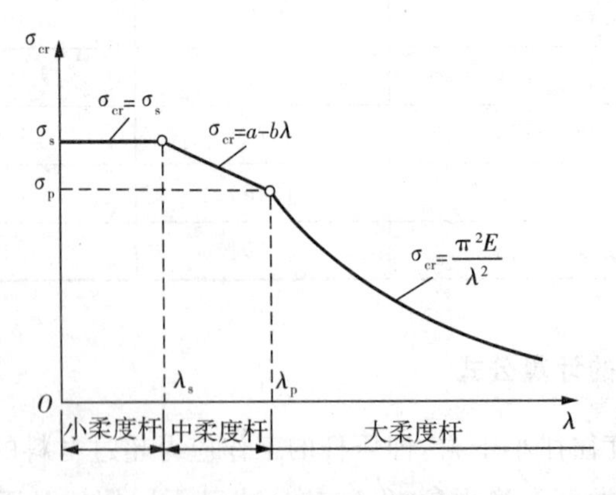

图 9-4 临界应力总图

例 9.2 用 Q235 钢($E=206\text{GPa}$)制成的三根压杆，两端均为铰接，横截面直径 $d=50\text{mm}$，长度分别为 $l_1=2\text{m}$、$l_2=1\text{m}$、$l_3=0.5\text{m}$。试求三根压杆的临界压力。

解：(1)计算柔度。确定压杆的临界应力公式，三根压杆的截面直径相同，$I_z=\frac{\pi d^4}{64}$，A

$=\frac{\pi d^2}{4}$，则其横截面惯性半径均为 $i=\sqrt{\frac{I_z}{A}}=\frac{d}{4}$，代入柔度计算公式得

$$\lambda_1=\frac{\mu l_1}{i}=\frac{\mu l_1}{d/4}=\frac{1\times 2000\text{mm}\times 4}{50\text{mm}}=160$$

$\lambda_1 \geqslant \lambda_p=100$，杆 1 为细长杆，用欧拉公式计算临界应力。

$$\lambda_2=\frac{\mu l_2}{i}=\frac{\mu l_2}{d/4}=\frac{1\times 1000\text{mm}\times 4}{50\text{mm}}=80$$

$\lambda_s=60<\lambda_2<\lambda_p=100$，杆 2 为中长杆，用经验公式计算临界应力。

$$\lambda_3=\frac{\mu l_3}{i}=\frac{\mu l_3}{d/4}=\frac{1\times 500\text{mm}\times 4}{50\text{mm}}=40$$

$\lambda_3<\lambda_s=60$，杆 3 为粗短杆，其屈服点为临界应力。

(2)计算各杆的临界压力。

$$F_{cr1}=A\sigma_{cr1}=A\times\frac{\pi^2 E}{\lambda_1^2}=\frac{\pi d^2}{4}\times\frac{\pi^2 E}{\lambda_1^2}$$

$$=\frac{\pi^3\times(50\times 10^{-3}\text{m})^2\times 206\times 10^9\text{Pa}}{4\times 160^2}=156\times 10^3\text{N}=156\text{kN}$$

$$F_{cr2}=A(a-b\lambda_2)=\frac{\pi d^2}{4}(a-b\lambda_2)$$

$$=\frac{\pi\times(50\times 10^{-3}\text{m})^2}{4}\times(304-1.12\times 80)\times 10^6\text{Pa}=421\times 10^3\text{N}=421\text{kN}$$

$$F_{cr3}=A\sigma_s=\frac{\pi\times(50\times 10^{-3}\text{m})^2}{4}\times 235\times 10^6\text{Pa}=461\times 10^3\text{N}=461\text{kN}$$

例 9.3　一压杆长 $l=200\text{mm}$，矩形截面宽 $b=2\text{mm}$，高 $h=10\text{mm}$，压杆两端为球铰链支座，材料为 Q235，$E=200\text{GPa}$。试计算压杆的临界应力。

解：(1)求惯性半径 i。因压杆采用矩形截面且两端球铰，故失稳必在其刚度较小的平面内产生，应求出截面的最小惯性半径。

$$i=\sqrt{\frac{I_{min}}{A}}=\sqrt{\frac{hb^3}{12bh}}=\frac{2}{\sqrt{12}}$$

(2)求柔度 λ。因两端可简化为铰支，$\mu=1$，故

$$\lambda=\frac{\mu l}{i}=\frac{\mu l\times\sqrt{12}}{b}=\frac{1\times 200\text{mm}\times\sqrt{12}}{2\text{mm}}=346.4>\lambda_p$$

(3)用欧拉公式计算其临界应力。

$$\sigma_{cr}=\frac{\pi^2 E}{\lambda^2}=\frac{\pi^2\times 200\times 10^9\text{Pa}}{(346.4)^2}=16.5\times 10^6\text{Pa}$$

9.3 压杆的稳定计算

压杆的稳定计算常用安全系数法。要使杆件不丧失稳定，不仅要求压杆的工作应力(或压力)不大于临界应力(或临界力)，而且还需要有稳定安全储备。定义临界应力(或临界力)与压杆的工作应力(或压力)之比为压杆的工作稳定安全系数 n，它应大于或等于规定的稳定安全系数$[n]_{st}$，即

$$n=\frac{\sigma_{cr}}{\sigma}=\frac{F_{cr}}{F}\geqslant[n]_{st} \tag{9-6}$$

考虑到压杆存在初曲率和不可避免的载荷偏心等不利因素，规定的稳定安全系数$[n]_{st}$比强度安全系数要大。通常在常温、静载荷下，$[n]_{st}$取下列参考数值：钢材，1.8～3.0；铸铁，4.5～5.5；木材，2.5～3.5。对于具体的工程结构件，有关设计规范中另有规定。

当压杆的横截面有局部削弱(如开孔、刻槽等)时，除进行稳定计算外，还必须进行强度校核。强度校核应按削弱后的净面积进行，但做稳定计算时，可不考虑截面局部削弱后的影响。

按式(9-6)进行稳定计算的方法，称为安全系数法。在机械设计中大多采用此法，且多用于校核稳定性和求许可载荷方面。但在土木建筑设计中大多采用折减系数法，本书不做详细介绍，读者可参阅有关书籍。

例 9.4 某机器连杆如图 9-5 所示，截面为工字型，$I_y=1.42\times10^4\ \text{mm}^4$、$I_z=7.42\times10^4\ \text{mm}^4$、$A=552\text{mm}^2$。材料为 Q235 钢，连杆所受的最大轴向压力 $F_P=30\text{kN}$，取规定的稳定安全系数$[n]_{st}=4$。试校核压杆的稳定性。

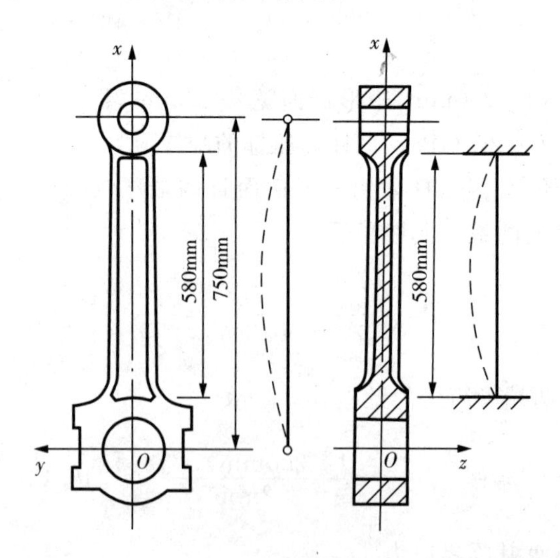

图 9-5 机器连杆

解：连杆失稳时，可能在 xOy 平面内发生弯曲，这时两端可视为铰支；也可能在 xOz 平面

内发生弯曲，这时两端可视为固定。此外，在上述两平面内弯曲时，连杆的有效长度和惯性矩也不同。故应先计算出这两个弯曲平面内的柔度 λ，以确定失稳平面，再进行稳定校核。

(1)柔度计算。在 xOy 平面内失稳时，截面以 z 轴为中性轴，柔度

$$\lambda_z=\frac{\mu_1 l_1}{i_z}=\frac{\mu_1 l_1}{\sqrt{I_z/A}}=\frac{1\times 750}{\sqrt{7.42\times 10^4/552}}=64$$

在 xOz 平面内失稳时，截面以 y 轴为中性轴，柔度

$$\lambda_y=\frac{\mu_2 l_2}{i_y}=\frac{\mu_2 l_2}{\sqrt{I_y/A}}=\frac{0.5\times 580}{\sqrt{1.42\times 10^4/552}}=58$$

因 $\lambda_z>\lambda_y$，表明连杆在 xOy 平面内稳定性较差，故只需校核连杆在此平面内的稳定性。

(2)稳定性校核。工作压力 $F_P=30\text{kN}$。由于 $\lambda_z=64<\lambda_p$，属中长杆，需用经验公式。现按抛物线公式算得临界应力为

$$\sigma_{cr}=275-0.00853\lambda^2=275-0.00853\times 64^2=240\text{MPa}$$

则临界力为

$$F_{cr}=\sigma_{cr}A=240\times 10^6\times 552\times 10^{-6}=132.5\text{kN}$$

代入式(9-6)得

$$n=\frac{F_{cr}}{F}=\frac{132.5}{30}=4.4>[n]_{st}$$

故连杆的稳定性足够。

例 9.5　托架受力和尺寸如图 9-6a 所示，已知撑杆 AB 的直径 $d=40\text{mm}$，材料为 Q235 钢，两端可视为铰链支座。规定稳定安全系数 $[n]_{st}=2$。试根据撑杆 AB 的稳定条件求托架载荷的最大值。

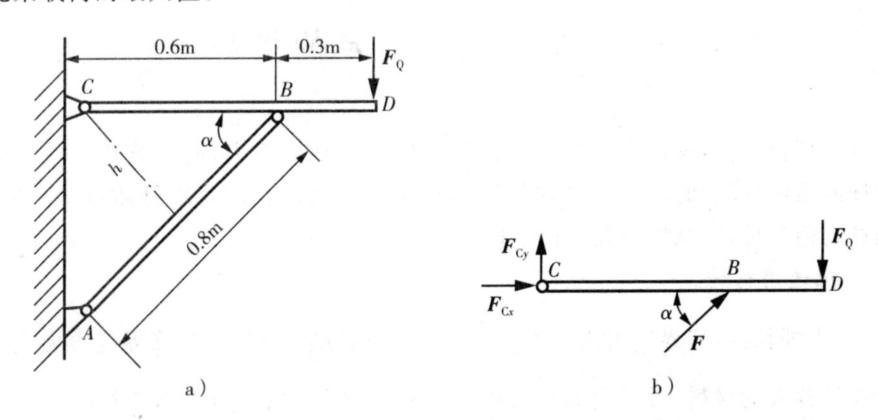

图 9-6　托架受力和尺寸

a)简图　b)受力分析

解　(1)求撑杆的许可压力。

$$i=\sqrt{\frac{I}{A}}=\frac{d}{4}=10(\text{mm})$$

$$\lambda=\frac{\mu l}{i}=\frac{1\times 800}{10}=80$$

$\lambda_s<\lambda<\lambda_p$，属中长杆，现用直线公式计算临界应力和临界力。查表 9-2 得 $a=304\text{MPa}$，$b=1.12\text{MPa}$，则

$$\sigma_{cr}=a-b\lambda=304-1.12\times 80=214.4\text{MPa}$$

$$F_{cr}=A\sigma_{cr}=\frac{\pi}{4}\times 40^2\times 10^{-6}\times 214.4\times 10^6=269.4\text{kN}$$

由式(9-6)可得其许可压力

$$F=\frac{F_{cr}}{[n]_{st}}=\frac{269.4}{2}=134.7(\text{kN})$$

(2)求托架载荷的最大值 $F_{Q\max}$。根据三角形 ABC 求得

$$\sin\alpha=\frac{0.53}{0.8}$$

$$h=0.6\times 10^3\times\sin\alpha=0.4\times 10^3(\text{mm})$$

作 CD 杆的受力图，如图 9-6b 所示，由平衡方程

$$\sum M_C=Fh-F_{Q\max}CD=0$$

$$F_{Q\max}=\frac{Fh}{CD}=\frac{134.7\times 0.4\times 10^3}{0.9\times 10^3}=59.87(\text{kN})$$

9.4 提高压杆稳定的措施

提高压杆稳定性，关键在于提高压杆的临界力或临界应力，而影响临界应力的因素又与压杆的截面形状和尺寸、压杆的长度和约束条件及压杆的材料性质有关。因此，要提高压杆的稳定性，需从以下几方面予以考虑。

1. 合理选用材料

(1)对于细长杆，临界应力为 $\sigma_{cr}=\frac{\pi^2 E}{\lambda^2}$。压杆材料的 E 愈大，其临界应力愈大。故选用弹性模量较大的材料，可以提高压杆的稳定性。必须注意，由于细长杆临界应力与材料的强度指标无关，且一般钢材的弹性模量 E 大致相同，故选用高强度钢并不能起到其稳定性的作用。

(2)对于中长杆，由临界应力的经验公式可知，材料屈服极限或极限强度的增长可引起临界应力的增长，故选用高强度材料能提高其稳定性。

(3)对于粗长杆,本身就是强度问题,选用高强度材料当然可提高其承载能力。

2. 减小压杆柔度

当材料选定以后,压杆的临界应力随柔度 $\lambda=\frac{\mu l}{i}$ 的减小而增大。故在可能的条件下,减小压杆的柔度,通常可采用下列方法:

(1)改善杆端约束情况

压杆两端约束越强,μ 值就越小,柔度也就越小,临界应力就越大。因此,尽可能加强杆端约束的刚性,可提高压杆的稳定性。

(2)减小压杆的长度

减小压杆长度 l 是提高其稳定性的有效措施。如图 9－7a 所示,两端铰支的细长压杆,若在杆的中点增加一铰支座,变为如图 9－7b 所示的情形,相当于计算长度减小一半,则其临界应力将增加为原来的 4 倍。

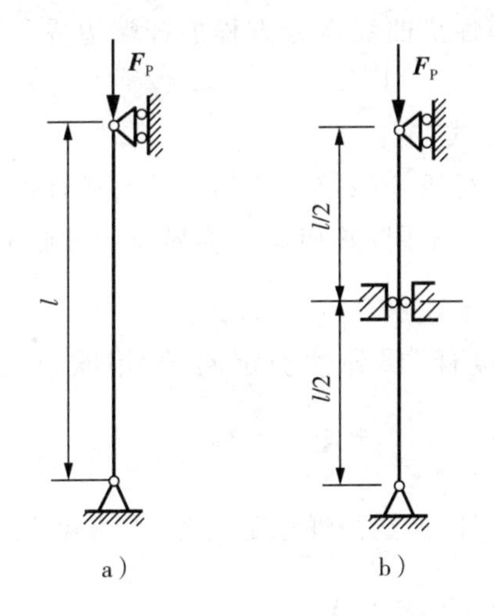

图 9－7　两端铰支的细长压杆

(3)选择合理的截面形状

由欧拉公式可知,截面的惯性矩 I 愈大,其临界力愈大,则稳定性愈好。因此,压杆截面的合理形状应是使材料尽量远离形心轴。例如,在面积基本不变的情况下,空心的圆截面(见图 9－8a)比实心的(见图 9－8b)稳定性要好。

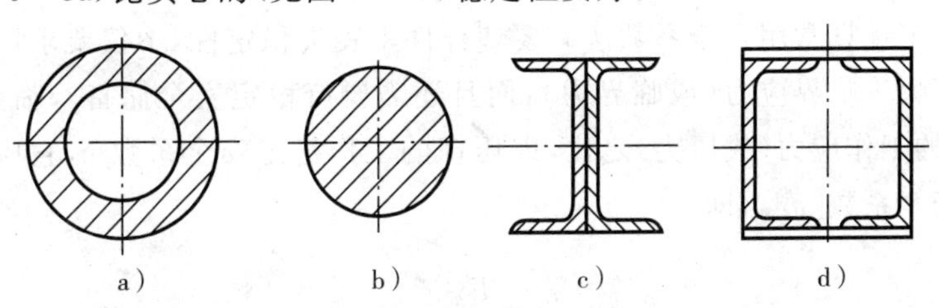

图 9－8　压杆截面的形状

a)空心圆　b)实习圆　c)工字型　d)空心方型

当压杆在各个弯曲平面内的约束情况都相同时，应尽量使其截面对任一形心主轴的惯性矩都相等，这样可使压杆在各个弯曲平面内都具有相同的稳定性（称为等稳定性设计）。如果压杆在两个互相垂直的弯曲平面内的约束条件不同，可采用 $I_y \neq I_z$ 的截面来与约束条件配合，使其在两弯曲平面内的柔度值相等（即 $\lambda_y = \lambda_z$），以保证压杆在这两个方向上有相同的稳定性。

本章小结

1. 压杆稳定的概念

在讨论压杆的临界力和临界应力公式及稳定性计算方法时，涉及的基本概念有压杆的稳定与失稳、临界力与临界应力、长度系数、柔度。要注意弄清楚稳定性问题与刚度问题在性质上的区别以及由弹性挠曲线微分方程加杆端边界条件推导临界力欧拉公式的方法。

2. 压杆的临界力计算公式

确定压杆的临界力是进行压杆稳定计算的关键。压杆的临界力与压杆的柔度和材料性质有关。压杆的柔度大小不同，其相应的临界应力和临界力计算公式也不同，分为三种情况：

(1)细长杆（又称大柔度杆）属弹性稳定问题，用欧拉公式计算，即 $\sigma_{cr} = \frac{\pi^2 E}{\lambda^2}$，$F_{cr} = \frac{\pi^2 EL}{(\mu l)^2}$。

(2)中长杆（又称中柔度杆）属塑弹性稳定问题，用经验公式计算，即

① 直线公式：$\sigma_{cr} = a - b\lambda$，$F_{cr} = \sigma_{cr} A$。

② 抛物线公式：$\sigma_{cr} = a_1 - b_1\lambda^2$，$F_{cr} = \sigma_{cr} A$。

(3)短长杆（又称小柔度杆）属强度问题，用压缩公式计算，即 $\sigma_{cr} = \sigma_s$（或 $\sigma_{cr} = \sigma_b$），$F_{cr} = \sigma_{cr} A$。

3. 压杆的稳定计算

压杆的稳定计算常用安全系数法。要使杆件不丧失稳定性，不仅要求压杆的工作应力（或压力）不大于临界应力（或临界力），而且还需要有稳定安全储备。临界应力（或临界力）与压杆的工作应力（或压力）之比，即压杆的工作稳定安全系数 n，它应大于或等于规定的稳定安全系数 $[n]_{st}$，即

$$n = \frac{\sigma_{cr}}{\sigma} = \frac{F_{cr}}{F} \geqslant [n]_{st}$$

习　题　九

一、填空题

1. 压杆的稳定性是指受压杆件________时的稳定性。

2. 压杆的柔度集中地反映了压杆的________、________、________对临界应压力的影响。

3. 压杆可根据其柔度大小分为三类即________、________、________。

4. 压杆处于临界状态时横截面上的平均正应力称为________。

二、判断题

1. 压杆的临界压力(或临界应力)与作用载荷大小有关。(　　)

2. 两根材料、长度、截面面积和约束条件都相同的压杆,其临界压力也一定相同。(　　)

3. 压杆的临界应力值与材料的弹性模量成正比。(　　)

三、选择题

1. 在材料相同的条件下,随着柔度的增大(　　)。

A. 细长杆的临界应力是减小的,中长杆不变。

B. 中长杆的临界应力是减小的,细长杆不变。

C. 细长杆和中长杆的临界应力均是减小的。

D. 细长杆和中长杆的临界应力均不是减小的。

2. 在下列有关压杆临界应力 σ_{cr} 的结论中,(　　)是正确的。

A. 细长杆的 σ_{cr} 值与杆的材料无关

B. 中长杆的 σ_{cr} 值与杆的柔度无关

C. 中长杆的 σ_{cr} 值与杆的材料无关

D. 粗短杆的 σ_{cr} 值与杆的柔度无关

四、问答题

1. 细长杆、中长杆、粗短杆是如何定义的?

2. 什么是稳定平衡? 什么是不稳定平衡? 什么是临界力? 临界力与哪些因素有关?

3. 压杆失稳后产生的弯曲变形,与梁在横力作用下产生的弯曲变形,两者在性质上有何区别?

4. 压杆临界力的欧拉公式是如何推导出来的? 压杆两端的约束条件对临界力有何影响?

5. 欧拉公式的适用范围是什么? 如超范围继续使用,则计算结果是偏于安全还是偏于危险?

6. 试述压杆柔度的物理意义及其与压杆承载能力的关系。

7. 对于圆截面细长压杆，当(1)杆的增加 1 倍；(2)直径增加一倍时，其临界力将怎样变化？

8. 如图 9－9 所示四根压杆均为细长杆，材料和截面也相同。试判断：哪根杆的临界力最小？哪根杆的临界力最大？

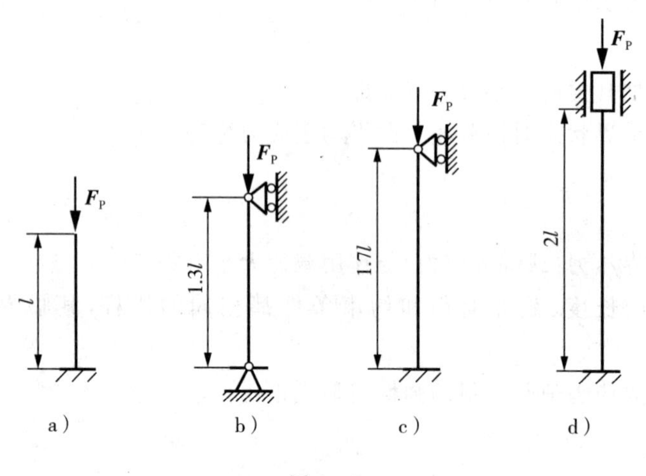

图 9－9

五、计算题

1. 如图 9－10 所示一压杆上端饺支，下端固定，其端面为 14 号工字钢。材料的比例极限 $\sigma_P=200$MPa，弹性模量 $E=206$GPa。试求此压杆适用欧拉公式时的最小长度。

2. 如图 9－11 所示结构由两根直径 $d=20$mm 的圆杆组成，两杆材料均为 Q235 钢，其 $\sigma_P=200$MPa，$E=206$GPa，$h=400$mm。试求作用于 A 点的垂直载荷 $\boldsymbol{F}_P$的临界值。

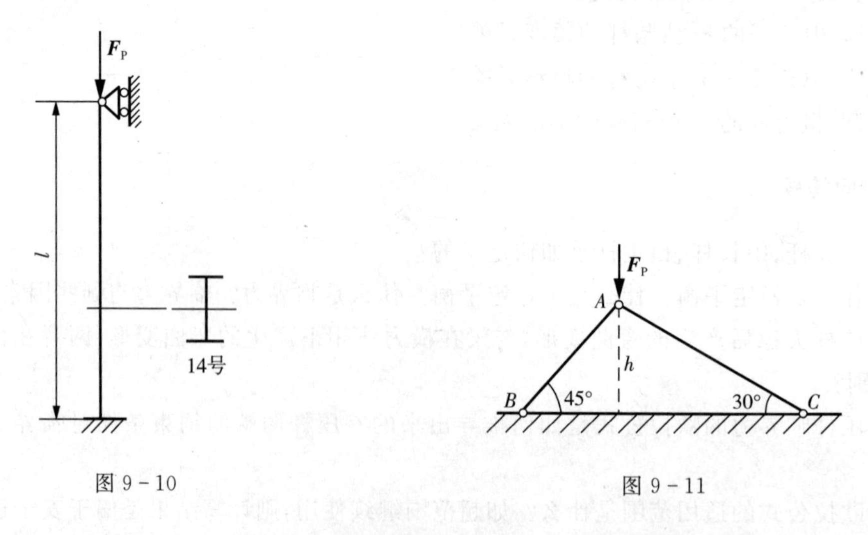

图 9－10　　图 9－11

3. 如图 9－12 所示由两根 10 号槽钢组成的压杆。试问：欲使压杆在 xOy 和 xOz 平面内有相等的稳定性，a 值应为多少？

4. 如图 9-13 所示，某千斤顶的最大承重量 $F_P=150\text{kN}$，丝杠内经 $d_1=52\text{mm}$，长度 $l=500\text{mm}$，材料为 Q235 钢，其 $Q_0=200\text{MPa}$，$E=206\text{MPa}$。试求此丝杠的工作稳定安全系数。

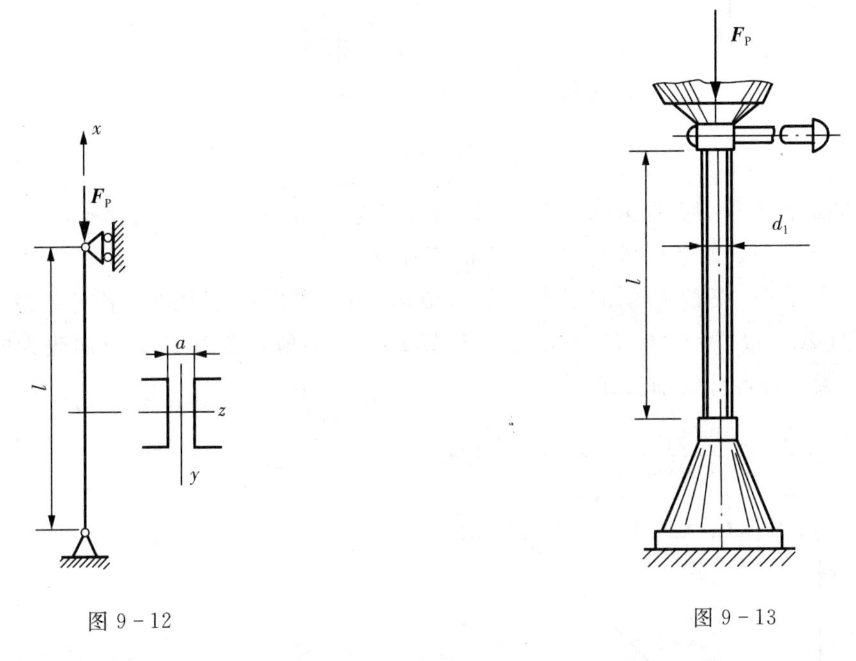

图 9-12　　　　图 9-13

5. 某型柴油机的挺杆长度 $l=257\text{mm}$，圆形横截面的直径 $d=8\text{mm}$，钢材的 $E=210\text{GPa}$，$\sigma_P=240\text{MPa}$，挺杆所受最大压力 $F=1.76\text{kN}$。规定的稳定安全系数 $[n]_{st}=3$。试校核其稳定性。

6. 图 9-14 所示蒸汽机的活塞杆 AB，所受的压力 $F=120\text{kN}$，$l=180\text{cm}$，横截面为圆形，直径 $d=7.5\text{cm}$，钢材的 $E=210\text{GPa}$，$\sigma_P=240\text{MPa}$，活塞杆规定的稳定安全系数 $[n]_{st}=8$。试校核其稳定性。

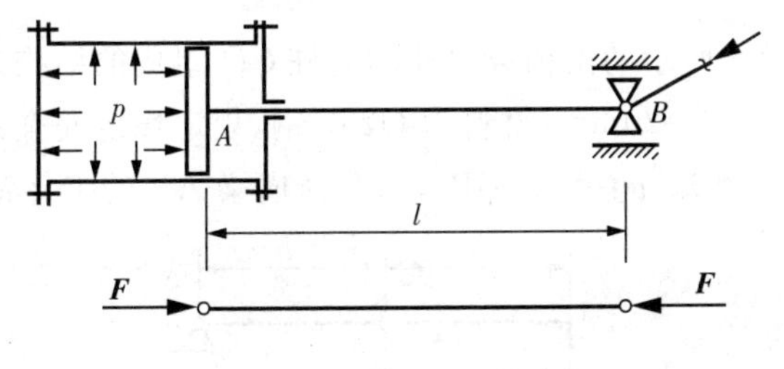

图 9-14　蒸汽机的活塞杆

7. 如下图 9-15 所示的结构中，AB 为圆截面杆，直径 $d=80\text{mm}$，A 端固定，B 端铰支；BC 为正方形截面杆，边长 $a=70\text{mm}$，C 端铰支。两杆材料均为 Q235 钢，$Q_P=200\text{MPa}$，$E=206\text{MPa}$，$l=3000\text{mm}$，规定稳定安全系数 $[n]_{st}=2.5$。试求此结构的许可

载荷。

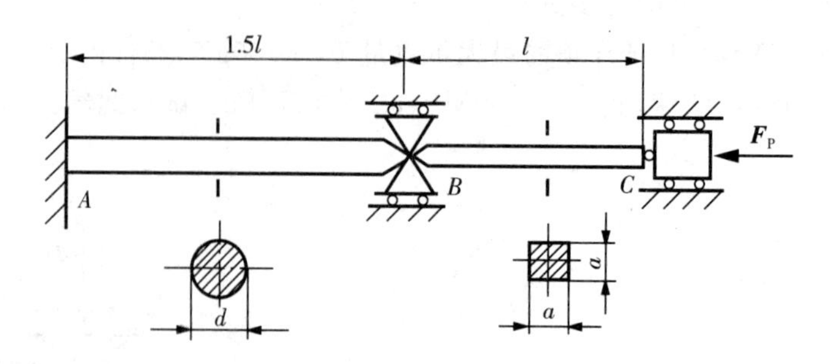

图 9－15

8. 在如下图 9－16 所示的托架中，撑杆 BC 为圆截面钢杆，两端铰支，钢材的 $E=200\text{GPa}$。试按稳定性条件求此撑杆所需的直径 d。

9. 在如下图 9－17 所示的正方形平面结构，由五根杆铰接组成。若各杆的 E、I、A 均相等，且 $AB=BC=CD=DA=a$，试求载荷 $\boldsymbol{F}_P$ 的临界值。若力 $\boldsymbol{F}_P$ 的方向改为向外时，其值为多大？设各杆属细长杆。

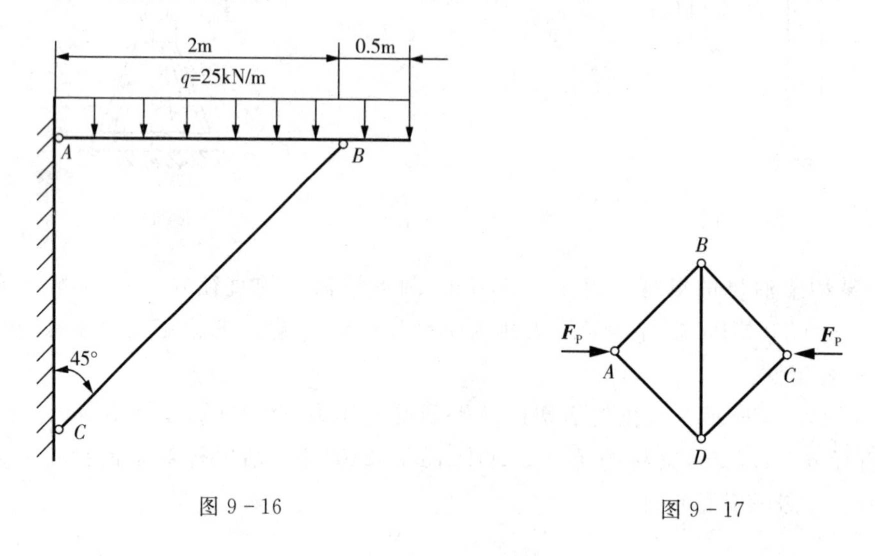

图 9－16　　图 9－17

10. 在如下图 9－18 所示的由横梁 AB 和立柱 CD 组成的结构。载荷 $F_P=10\text{kN}$，长度 $l=600\text{mm}$，立柱直径 $d=20\text{mm}$，材料为 Q235 钢，规定稳定安全系数 $[n]_{st}=2$。(1)试校核立柱的稳定性；(2)已知 $[\sigma]=120\text{MPa}$，试选择横梁 AB 的工字钢型号。

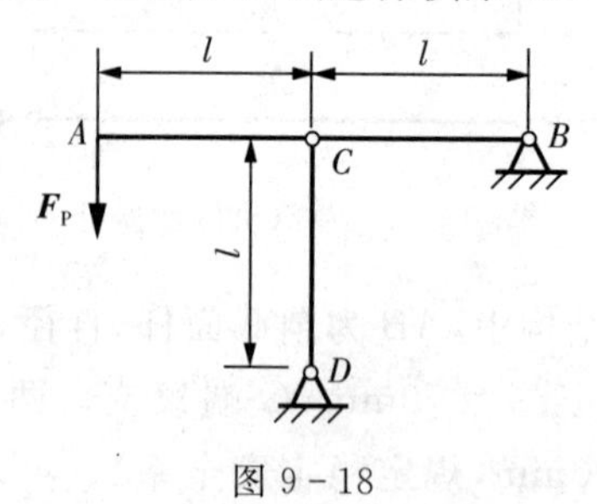

图 9－18

11. 在如下图 9－19 所示的结构由两根圆杆组成，两杆的直径及材料均相同。问当载荷由零开始逐渐增大时，哪根杆先失稳（只考虑平面内弯曲）？

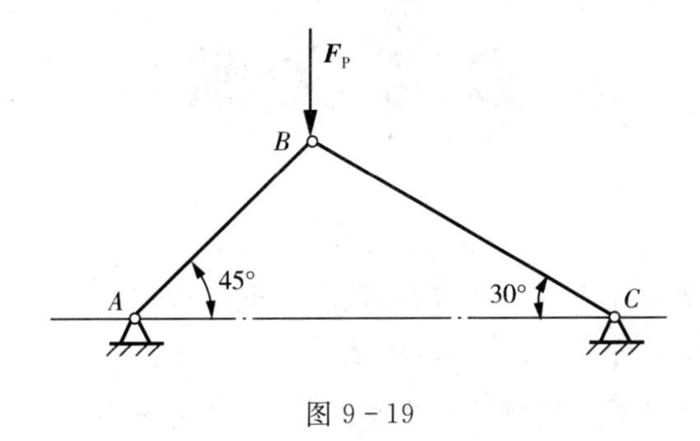

图 9－19

参考文献

[1] 隋明阳．机械设计基础．北京:机械工业出版社,2004.
[2] 孙宝均．机械设计基础．北京:机械工业出版社,1995.
[3] 吴建蓉．工程力学与机械设计基础．北京:电子工业出版社,2003.
[4] 龚良贵．工程力学．北京:清华大学出版社,2005.
[5] 景荣春．工程力学．北京:清华大学出版社,2007.
[6] 劳动部培训司．工程力学．北京:机械工业出版社,1992.
[7] 周水铭．工程力学辅导教程．北京:清华大学出版社,2005.